茶道·茶经

李春深◎编著

天津出版传媒集团
天津科学技术出版社

图书在版编目(CIP)数据

茶道·茶经 / 李春深编著. --天津 ：天津科学技术出版社, 2020.5
ISBN 978-7-5576-5683-6

Ⅰ. ①茶… Ⅱ. ①李… Ⅲ. ①茶文化-中国 Ⅳ. ①TS971.21

中国版本图书馆 CIP 数据核字（2018）第 180798 号

茶道·茶经
CHADAO CHAJING
责任编辑：王朝闻
出　　版：天津出版传媒集团
　　　　　天津科学技术出版社
地　　址：天津市西康路 35 号
邮　　编：300051
电　　话：(022) 23332390
网　　址：www.tjkjcbs.com.cn
发　　行：新华书店经销
印　　刷：三河市恒升印装有限公司

开本 670×960　1/16　印张 20　字数 500 000
2020 年 5 月第 1 版第 1 次印刷
定价：68.00 元

前　言

如今，茶已经成为全世界人民喜爱的饮料之一。究其原因，不仅在于它独特的口味，更在于它具有滋养身心、防病祛病等保健作用。据现代医学研究发现，茶中含有诸如茶多酚、生物碱等多种微量元素，具有杀菌消炎、抑制细胞衰老、改善五脏功能等功效。经常饮用适合自己的茶饮，我们将会减少与过敏性疾病、癌症等遭遇的机会，并可以达到清热排毒、美容养颜的目的。

既然喝茶有如此多的妙处，那么到底该怎样做才能喝到适合自己的茶饮呢？在寻找茶饮的过程中需要注意哪些问题呢？如果患有某种疾病还可以喝茶吗？时尚缤纷的花草茶为何成为美容养颜人士的大爱？《茶道·茶经》将会为上述问题提供详尽的解答。

本书以喝茶养生作为总领全书的主线，从介绍茶学的基本知识出发，依次从茶性、季节、不同人群、花草茶等各个方面来对科学喝茶的诸多事宜进行解说。

具体而言，虽然喝茶可以养生是我们原本就熟知的观点，但到底该如何使茶保健的效果最大化，却是人们常忽略的问题。对此，告知科学喝茶的出发点便成了本书所要解决的首要问题。本书以喝茶养生过程中所要注意的“两养”“三知”“四因”“五应”“六忌”为起点，逐步渗入茶的世界，使喝茶者同泡茶、茶艺、茶道亲密接触，最后落脚于茶与养生保健的关系之上。

当了解到茶与养生保健的关系之后，我们便可以踏上喝茶养生之旅了。不过，若要保证这一旅程一路畅通，我们还需要做到知己知彼。所以，下一步的工作就是要了解茶性。只有熟谙茶性的人才能更好地鉴茶、泡茶和品茶。当然，仅仅了解这些仍然是不够的。我们若要真正实现以茶养生，还要知道如何科学饮用适合自己的茶。要知道，对于茶饮的选择不是随心所欲的，如果做出的选择并不符合饮茶的原则或是自己的身体情况，“喝茶养生”就成了一句空话，甚至会适得其反。出于这方面的考虑，本书设计了应季而饮、因人而异等内容。这样，喝茶者就可以在喝茶养生之旅上获得各方助力，顺利前行。这些也是本书最实用的内容所在。

另外，本书还对当今的喝茶养生有所涉猎。花草茶如今已经成为茶饮养生领域的新时尚，很多人尤其是爱美的女士们喜欢去买花草茶。本书专门对目前流行的花草茶加以介绍，可以帮助爱美的人士选择美容养颜、纤体瘦身、抗衰防老、保持年轻活力的香茶。如此也使得本书内容兼顾实用与时尚两方面。

正如古人所说：“诸药为各病之药，茶为万病之药。”茶可以预防和治疗多种疾病，而各种药物只能治疗与药效对应的疾病。所以，若想强身健体、延年益寿，不妨去选择一款适合自己的茶品吧。

目　录

第一篇　茶与养生：走进茶，认识茶

第一章　喝茶养生五要素 ………………………………………………… 2

两养：养身与养心………………………………………………………… 2

三知：知茶品、知茶技、知茶意………………………………………… 3

四因：因茶、因时、因人、因症………………………………………… 4

五应：应五行、应五脏、应五色、应五味、应五经…………………… 6

六忌：忌过浓、忌隔夜、忌冷饮、忌送药、忌空腹、忌饭后………… 8

第二章　走进茶的世界……………………………………………………… 12

茶的渊源 ………………………………………………………………… 12

茶的发展历史 …………………………………………………………… 15

茶区的分布 ……………………………………………………………… 16

茶叶成分与判断标准 …………………………………………………… 18

基本茶类与再加工茶 …………………………………………………… 20

茶的各种分类 …………………………………………………………… 22

六大茶类的茶性特征 …………………………………………………… 24

茶的鉴别 ………………………………………………………………… 25

茶的一般制作流程 ……………………………………………………… 27

饮茶方式的演变 ………………………………………………………… 29

中国特色的名茶概述 …………………………………………………… 30

茶叶的选购与收藏 ……………………………………………………… 32

饮茶的习俗 ……………………………………………………………… 35

第三章　冲泡茶的技艺……37
冲泡法的由来……37
泡茶的原理……38
泡茶前的准备……40
泡茶的基本步骤……42
第四章　茶艺与茶道……44
何为茶艺……44
茶艺的前世今生……45
多种多样的茶艺道具……47
茶中的礼仪……50
什么是茶道……52
丰富多彩的茶文化……53
茶艺与茶道的关系……54
第五章　茶与保健养生……56
茶的养生功效……56
茶与中医养生理论……57
饮茶与精神保健……58
茶饮与美容养颜……60

第二篇　了解茶性，看茶喝茶

第一章　了解清香绿茶……62
西湖龙井……62
碧螺春……64
黄山毛峰……65
黄山毛尖……67
信阳毛尖……68
六安瓜片……70
太平猴魁……71
午子仙毫……73
庐山云雾茶……74
双龙银针……76

花果山云雾 …… 77
都匀毛尖 …… 79
崂山绿茶 …… 81
麻姑茶 …… 83
休宁松萝 …… 84
第二章　了解浪漫红茶 …… 86
祁门红茶 …… 86
九曲红梅 …… 88
荔枝红茶 …… 89
正山小种 …… 91
白琳功夫 …… 93
政和功夫 …… 95
宁红功夫 …… 96
坦洋功夫 …… 98
英德红茶 …… 99
金骏眉 …… 101
银骏眉 …… 103
滇红 …… 105
第三章　了解浓香青茶 …… 107
安溪铁观音 …… 107
武夷大红袍 …… 109
凤凰水仙 …… 111
黄金桂 …… 112
冻顶乌龙 …… 114
高山乌龙 …… 115
本山茶 …… 117
毛蟹茶 …… 118
永春佛手 …… 120
八角亭龙须茶 …… 121
白芽奇兰 …… 123
水金龟 …… 124
闽北水仙 …… 126

铁罗汉……………………………………………………………………… 127
第四章 了解鲜醇白茶 ………………………………………………… 130
白毫银针……………………………………………………………………… 130
白牡丹茶……………………………………………………………………… 132
白毛猴茶……………………………………………………………………… 133
福鼎白茶……………………………………………………………………… 135
贡眉……………………………………………………………………………… 136
第五章 了解淡雅黄茶 ………………………………………………… 138
霍山黄芽……………………………………………………………………… 138
君山银针……………………………………………………………………… 139
蒙顶黄芽……………………………………………………………………… 141
沩山毛尖……………………………………………………………………… 142
莫干黄芽……………………………………………………………………… 144
海马宫茶……………………………………………………………………… 145
鹿苑毛尖……………………………………………………………………… 146
温州黄汤……………………………………………………………………… 148
广东大叶青…………………………………………………………………… 149
第六章 了解醇厚黑茶 ………………………………………………… 151
宫廷普洱茶…………………………………………………………………… 151
安化黑茶……………………………………………………………………… 153
六堡茶………………………………………………………………………… 154
云南普洱茶…………………………………………………………………… 156
七子饼茶……………………………………………………………………… 158
黑砖茶………………………………………………………………………… 160
生沱茶………………………………………………………………………… 162
熟沱茶………………………………………………………………………… 163
茯茶…………………………………………………………………………… 164
湘尖茶………………………………………………………………………… 166
藏茶…………………………………………………………………………… 167

第三篇　应季而饮，全年香茶均有时

第一章　春季养生茶饮 …… 170

立春喝养肝护肝茶饮…… 170

雨水喝缓解春困茶饮…… 171

惊蛰喝滋润肌肤茶饮…… 174

春分喝温补阳气茶饮…… 176

清明喝调节血压茶饮…… 178

谷雨喝调理肠胃茶饮…… 179

春夏之交的养生茶饮…… 182

第二章　夏季养生茶饮 …… 184

立夏喝滋养阴液茶饮…… 184

小满喝清利湿热茶饮…… 186

芒种喝清热降火茶饮…… 188

夏至喝退热降火茶饮…… 190

小暑喝裨益消化茶饮…… 191

大暑喝预防中暑茶饮…… 193

夏秋之交的养生茶饮…… 194

第三章　秋季养生茶饮 …… 196

立秋喝养胃润肺茶饮…… 196

处暑喝清热安神茶饮…… 198

白露喝滋阴益气茶饮…… 200

秋分喝调养脾胃茶饮…… 202

寒露喝强身健体茶饮…… 203

霜降喝滋肺润肺茶饮…… 205

秋冬之交的养生茶饮…… 206

第四章　冬季养生茶饮 …… 209

立冬喝补充热量茶饮…… 209

小雪喝缓解心理压力茶饮…… 211

大雪喝预防哮喘茶饮…… 213

冬至喝滋补养生茶饮…… 214

小寒喝补肾壮阳茶饮…………………………………………… 215
大寒喝有益心血管茶饮………………………………………… 217
冬春之交的养生茶饮…………………………………………… 219

第四篇　因人而异，沏杯属于自己的健康茶

第一章　女人的健康茶饮 ………………………………………… 222
红花茶：活血化瘀……………………………………………… 222
玫瑰花茶：疏肝解郁…………………………………………… 225
葛根茶：补充雌激素…………………………………………… 228
桃花茶：行气活血……………………………………………… 230
益母草茶：活血利尿…………………………………………… 232
芍药花茶：养血滋阴…………………………………………… 234
第二章　老年人的健康茶饮 ……………………………………… 237
生姜茶：活血暖身……………………………………………… 237
菖蒲茶：益智延年……………………………………………… 239
西洋参茶：养阴调肺…………………………………………… 241
罗布麻茶：软化血管…………………………………………… 243
甜叶菊茶：养阴生津…………………………………………… 244
雪茶：平肝养心………………………………………………… 246
银杏茶：润肺止咳……………………………………………… 247
山楂茶：健脾益胃……………………………………………… 249
四药茶：气血双补……………………………………………… 250
第三章　特殊人群的健康茶饮…………………………………… 252
常接触电脑者的健康茶饮……………………………………… 252
应酬族的健康茶饮……………………………………………… 255
体力劳动者的健康茶饮………………………………………… 257
脑力劳动者的健康茶饮………………………………………… 258
经络损伤者的健康茶饮………………………………………… 260
教师的健康茶饮………………………………………………… 261
准妈妈的健康茶饮……………………………………………… 262
哺乳期女性的健康茶饮………………………………………… 265

中年男士的健康茶饮…………………………………………………… 268

第五篇　美丽花草茶，留住青春芳华

第一章　美容润肤茶饮 …………………………………………………… 272
润白雪奶红茶…………………………………………………………… 272
杞枣冰糖养颜茶………………………………………………………… 273
柠檬甘菊美白茶………………………………………………………… 274
桃花消斑茶……………………………………………………………… 275
桑叶美肤茶……………………………………………………………… 276
桂花润肤茶……………………………………………………………… 278
清香美颜茶……………………………………………………………… 279
第二章　纤体瘦身茶饮 …………………………………………………… 280
柠檬茉莉茶……………………………………………………………… 280
荷叶茶…………………………………………………………………… 281
三叶茶…………………………………………………………………… 282
玲珑消脂茶……………………………………………………………… 283
塑身美腿茶……………………………………………………………… 284
车前草陈皮茶…………………………………………………………… 285
山楂茶…………………………………………………………………… 286
茉莉香草茶……………………………………………………………… 287
双花蜜茶………………………………………………………………… 288
洛神花蜂蜜饮…………………………………………………………… 289
绞股蓝乌龙茶…………………………………………………………… 290
第三章　抗衰防老茶饮 …………………………………………………… 291
维 C 抗衰老茶 ………………………………………………………… 291
茯苓蜂蜜饮……………………………………………………………… 292
玫瑰乌龙茶……………………………………………………………… 293
迷迭香草茶……………………………………………………………… 294
玲珑保健茶……………………………………………………………… 294
绿茶玫瑰饮……………………………………………………………… 295
灵芝枸杞茶……………………………………………………………… 296

玫瑰香橙茶…………………………………………………………………… 297
柠檬草蜜茶…………………………………………………………………… 298
第四章　保持年轻活力茶饮 ……………………………………………… 299
迷迭香蜂蜜茶………………………………………………………………… 299
茉莉薄荷茶…………………………………………………………………… 300
菩提甘菊茶…………………………………………………………………… 301
罗汉果绿茶…………………………………………………………………… 301
五味子绿茶…………………………………………………………………… 302
莲子心茶……………………………………………………………………… 303
素馨花玫瑰茶………………………………………………………………… 304
陈皮提神茶…………………………………………………………………… 305
西洋参枸杞茶………………………………………………………………… 306
薰衣草茉莉茶………………………………………………………………… 306
菊普活力茶…………………………………………………………………… 307
薄荷醒脑茶…………………………………………………………………… 308

第一篇

茶与养生：走进茶，认识茶

自从神农将野生的茶叶采来当作解毒的药物，茶就进入了我们的生活。几千年来，茶的角色几经变迁，从最初的茶药变成了日常生活的饮料，又变成了当代的养生佳品。如今，喝茶养生已经成为社会生活中最流行的时尚之一。可如何才能让茶的养生功效发挥到极致呢？这就需要我们了解喝茶养生的常识，真正走进茶的世界，了解茶文化与中医养生的前世今生。唯有如此，我们才能体味到喝茶养生的真谛，使自我的身心得到良好的滋养。

第一章　喝茶养生五要素

当喝茶养生成为社会生活的流行风尚之后，各种养生保健茶饮层出不穷。这种情形让渴望滋养自我身心的人士眼花缭乱，无从下手。他们不禁在心中感叹：想喝明白一杯健康养生茶真是太难了。其实，只要我们掌握喝茶养生的五要素："两养""三知""四因""五应""六忌"，这个难题即可迎刃而解，轻松找到自己所需的茶品。

两养：养身与养心

中国自古以来就有饮茶的风俗习惯。民间也一直流传着"百姓开门七件事：柴米油盐酱醋茶"的俗语。如果仅仅把茶看作日常生活中的必需品，那么，人们就不会过多地关注"喝什么茶、怎么来喝"的问题。然而，如果真正谈到用茶来养生，要发挥茶的保健功效时，我们就要区别于一般意义上的饮茶，这时候的喝茶也就变得没那么简单了。

首先，我们要清楚茶养生的内容——两养，即我们所谈的茶养生包括两方面：养身与养心。

所谓养身，即指茶具有强身健体、祛病疗伤之功效。所谓养心，即精神上的调养。在唐代的医者和茶人眼中，喝茶就不仅仅具有滋养身体的功效，而且还能怡养心神，调摄情志，润剂生活等。茶圣陆羽提到的"精行俭德之人"就是通过喝茶来进行修养心性的人。

唐代《本草拾遗》记载："诸药为各病之药，茶为万病之药。"当时人们既然将茶视为万病之药，当然是既可治身又可治心了。从此，茶的养身与养心功效便开始被人们逐渐熟知。

时至今日，追求健康的人们越来越意识到养身与养心的双重重要性，而茶也因其对两养的重要贡献而成为我们日常生活中不可或缺的健康饮品之一。

三知：知茶品、知茶技、知茶意

“两养”为我们打开了以茶养生的大门，但是真正做到以茶来滋养身心，并不是一件容易的事。这就需要我们对茶本身要有所了解，至少要知茶品、知茶技、知茶意。唯有掌握了这“三知”，我们才能开启自己的以茶养生之旅。

知茶品是“三知”当中的第一步，也是其他“两知”得以实现的重要前提。只有对茶有所了解之后，我们才能冲泡出富有养生效力的茶汤，使自己的身心与茶完全契合。

茶在我国已经有了几千年的历史，到如今已经形成了六大基本茶类。其中，仅是有名有姓的茶就有上千种之多。若是再加上各个地方的茗品，简直没法用具体的数字来形容。这么多的种类，这么多的茶品，即使花上几年的时间也未必能够一一数清。不过请放心，一般的饮茶者根本无须费大气力去深入研究，我们只需对自己喜欢的、需要的几种茶有所了解就可以了。

鉴于这种情况，我们就需要了解茶的类别与属性。这就如同医生对症下药一般，当对茶有了深入的了解之后，我们就可以学到更多与茶相关的知识，懂得更多茶性的知识，知道对应什么样的时节该喝什么样的茶，等等。这样，我们就完成了“三知”中的第一步——“知茶品”。

对茶的种类和属性有所了解之后，我们就要开始“三知”的第二步——“知茶技”了。所谓“茶技”就是指冲泡茶品的不同方法。只有掌握了冲泡自己喜欢的茶的方法，茶性才能被最大限度地激发出来，我们也才能更好地达到滋养身心的目标。

其实，关于茶如何冲泡、如何滋养身心的探索从古代就已开始。在唐代，茶迎来了它在历史上的第一次辉煌。茶圣陆羽所著的《茶经》中第一次全面地介绍了茶的分布、生长、种植、采摘、制造和品鉴。在唐代，由于蒸青绿茶的一统天下，煎茶法得以完善，并广泛流传。到了宋代，点茶法盛行一时。茶发展到了明代，出现了散茶。散茶的风行天下成就了撮泡法的辉煌。茶技在明清时期进入了完备的时代。如今，茶技已经成为了冲泡茶的技艺与境界的结合体。所以说，茶的冲泡说难不难，说易也不易。不过，只要遵循如何才能将茶性发挥出来这一关键，我们就可以轻而易举地做到以茶养生，而不必去理会那些种类繁多的茶艺表演或是高深的茶道理论。

“知茶意”是“三知”的最后一环，也是“三知”中最难的。它要求我们精确了解茶的精神属性，并在品茶之时将自己的心与茶融为一体，以此来达到清神养心、参禅悟道的境界。

“知茶意”对于品茶者提出了更高的要求。我们要对茶的基本情况了如指掌，更要对茶的意境有深刻的体味。一杯香茶带来的不仅是身体的舒适，更带来了袅袅余香。佛说：境由心生。当用心体味茶品之时，人与茶就合二为一。人生如茶，茶如人生。

所以，知茶品和茶技是以茶来滋养身心的前提，而知茶意才能使我们以茶悟道，体悟“禅茶一味”的真谛。

四因：因茶、因时、因人、因症

对茶滋养身心的功能及基本常识有所了解之后，我们就要开始接触以茶养生的基本原则和具体方法，这就是“四因”。所谓“四因”就是指因茶饮茶，因时饮茶，因人饮茶和因症饮茶。其中，了解茶性是以茶养生的先决条件。

古谚有云：“茶是生命。”要想通过茶来滋养身心，最重要的前提就是我们先要对这个“生命”有所了解，欣赏并热爱这个“生命”，不断地同它进行沟通和交流。唯有如此，我们才能真正与茶融为一体，才能运用它舒润自己的身心。

那么茶的本质特征和主要功效又是什么呢？

茶圣陆羽的《茶经》中早有明确的记载：“茶之为用，味至寒，为饮，最宜精行俭德之人。”饮茶入口，我们就可以在略带苦味的茶水中品味出淡淡的清香，沁人心脾，回味无穷。同时，这丝苦味也时刻提醒着饮茶者不要“饱暖思淫欲”。只有茶的“至寒”之性才更适合“精行俭德之人”。然而，人的体质却各有不同，有些人根本无法适应“天性至寒”的茶。随着寒性体质人群的不断扩大，单一的寒性之茶逐渐不能满足饮茶者的需要。因此，从明清时期开始，人们就不断改善茶品，使之满足更多人的需求。

经过二百多年的时间，我国的茶品终于形成了今日六大基本茶类、各种特质的佳茗百花齐放的盛况。这样，我们就可以在了解每一类茶的属性之后，再根据自己的身体情况选择相应的茶来喝。这便是“因茶饮茶”。

古人讲究天人合一。无论是治病，还是养生，都非常注意要与时节相应。喝茶养生也不例外。春季是自然界中的阳气不断萌动和增长的时节，能够帮助机体提高免疫力、调节新陈代谢的花茶是此时的最佳饮品。而夏季不仅是阳气最为旺盛的时节，也是阳邪多发之季。此时，具有清热祛暑功效的绿茶便成为最好的选择。到了秋季这个全年最多变的季节，我们在喝茶的时候也需要随时改变策略，初秋时可以仍以绿茶为主，仲秋之后则要改喝乌龙茶。冬季是储备精气、蓄势待发的阶段。此时，具有温暖滋养作用的红茶和好的熟普洱是不错的选择。总之，一年四季，周而复始。若是能够按照时令安排茶饮，按照“春生、夏长、秋收、冬藏”的规律来滋养身心，就可以使自己的阴阳二气得到很好的养护，一年四季都精力充沛，精神饱满。这便是“因时饮茶”。

其实，无论是因茶饮茶也好，还是因时饮茶也罢，它们都是从饮茶的主体——饮茶者之外的角度来提出对饮茶的要求。接下来，就让我们一起进入“四因”的第三个环节——因人饮茶。虽然茶香清雅，沁人心脾，但并不是所有人都适合饮茶。不同体质的人对于茶品的选择各不相同。即便是同一个人在不同的时期对于茶品的要求也并不一致，这就需要我们从自身具体情况出发，根据情况的变化来不断调整滋养自我身心的茶饮。饮茶者的年龄、性别、体质及特殊生理期都会对他们的饮茶活动造成一定的影响。在众多的饮茶者当中，急需补钙的老人和儿童会因为无节制地喝茶造成钙质的流失，怀孕的女性会因为大量饮茶而导致贫血的出现，体质偏寒的人们会因为没有饮用适合自己的茶而加重自身的寒气。只有对自身情况有了深入的了解，我们才可能做到科学地喝茶养生。

不过，对于饮茶者而言，即便对自身情况有了大致的了解，也还不足以完全掌握以茶养生的基本原则和具体方法。我国古代的《新修本草》《本草纲目》《本草拾遗》等书中还记载着茶叶具有“清神”“止渴”“消食”“解酒”等功效。由此可见，茶还对预防疾病以及对病症的辅助治疗有着重要的作用。因此，在喝茶的时候，我们还要注意因症饮茶。这也是“四因”中的最后一环。日常生活中，很多体质比较虚弱的人士会受到高血压、高脂血、糖尿病等常见病的侵袭，而许多患者早已厌倦了药物治疗，这时，养生茶便可以帮助他们摆脱单纯的药物治疗所带来的烦恼。比如，当被称为“国人第一病”的高血压来袭时，我们就可以通过饮用绿茶和乌龙茶来调和阴阳二气，但要避免喝浓茶；而当血脂过高的症状出现时，我们则需要选乌龙茶、绿茶、普洱茶等传统茶饮。这种对症的大众养生茶有很好的辅助治疗作用，而那些具体针对各个病症的药茶方，更是积极有效的对症祛病途径之一。当然，在因症饮茶过程中，饮茶者一定要在医生的指导下科学喝茶，避免造成病症的恶化。

正如茶被人们尊为“万药之药”“养生之源”，它不仅能帮助人们达到解渴、提神、去火、消食的目标，更对人们的保健、养颜和心情的陶冶方面有着深远的影响。当对“四知”有了深入了解之后，我们便可以找到以茶养生的方向，领悟喝茶智慧的源起。

五应：应五行、应五脏、应五色、应五味、应五经

古人云：“茶中蕴五行，养生有讲究。”只要了解自身的身体情况，选择适合自己饮用的茶品，使茶与五行、五色、五脏、五味、五经相对应，使五行相和谐，我们才能达到养生的目的。这就需要我们在选择养生所饮的茶品时要做到上述“五应”。

五行即是我们平时经常提到的金、木、水、火、土。它最早出自于《尚书》，是一种整体的物质观。五行学说认为五行是构成万物的基础，只有它们相互联系在一起，世间万物才能欣欣向荣。后来，我国古代中医的重要典籍《黄帝内经》将“五行”引入了中医。《黄帝内经》认为：五行和脏腑是相配属的，即五行与五脏是一一对应的。而茶有改善五脏功能、预防脏腑器官疾病的功效，所以，在选择用于养生的茶品之时，也需要与五行、五脏一一对应。

另外，在传统中医的理论中，五行与五色、五味与脏腑、脏腑与五经之间也是相互配属的。如此，五行、五色、五味、五脏与五经之间便形成了一个相互关联的脉络。随着五行相生相克关系的不断变化，与五行直接相关的脏腑器官、经络、味道与颜色也会发生相应的变化。这样，若是不能选择合适的健康茶饮，整个人就会陷入一种养生不成而适得其反的情形当中。要想避免这种情况出现，我们就需要在选择茶饮之时，通盘考虑茶品与五行、五脏、五色、五味、五经之间的对应关系。

茶与五行、五脏、五色、五味、五经之间的对应关系具体表现在以下几个方面：

1. 火→心→苦→红色→心经

火对应心。心对应的味道是苦，颜色是红色。在人体脏腑器官中，心是与小肠互为表里的。一旦出现心火过旺或过衰，或者是小肠能量失衡的情况，心经就会发生紊乱，我们就很容易患上小肠、心脏、肩、血液、经血、脸部、牙齿、腹部和舌部等方面的疾病。

此时，我们只有首先做到心静，才能达到养心的目的。而五行中属火的茶饮，如红茶等，口感苦，气味焦香，能够深入心经，并对小肠经发生作用。所以，茶性温和的红茶等是一种养心佳品。

2. 木→肝→酸→绿色→肝经

木对应肝。肝对应的味道是酸，颜色是绿色。肝最常见的功能是滤除血液中的代谢废物，调节人体的血液供应，维持免疫防御机制。同时，肝脏还是人体内能量的储存场所，负责调节神经系统的机能。

而绿茶等五行中归木的茶，口感酸，气味清香，能够深入肝经。长饮这类茶，我们会感到神清目明，肝火下降，就连患上血栓病的概率都大大降低了。

3. 土→脾→甜→黄色→脾经/胃经

土对应脾。脾对应的味道是甜，颜色是黄色。脾脏主要负责调控人体内的养分与能量的转化、输送与储存。同时，脾脏也承担着调节血液总量的生理功能，并且是人体滋养能量的储存场所。这样，脾脏就成了人体消化、想象与创造力的重要中枢。

有些茶在五行中属土，如黄茶等，口感甜润，气味香腻，能够深入脾经与胃经。脾胃不佳的人若能选择合适的属土之茶，就能够使自己的脾胃得到调理，治疗慢性肠胃疾病，并能开胃助消化。

4. 水→肾→咸→黑色→肾经

水对应肾。肾对应的味道是咸味，颜色是黑色。肾脏的功能主要集中在两个方面：一是储存元气，二是调控体液。与肾脏直接相关的情绪是恐惧。当恐惧的情绪弥漫于我们的全身时，肾脏的能量就会失衡。

像黑茶等五行归水的一类茶，能够深入肾经，并影响膀胱经。常饮这些茶有利于延年益寿，减肥降脂。

5. 金→肺→辣→白色→肺经

金对应肺。肺对应的味道是辣味，颜色是白色。肺在人体脏腑器官中是整个呼吸系统的代表，对于脉象和人体内的能量活动均起着至关重要的作用。与肺直接相关的情绪是悲伤。当悲伤主导了我们的情绪时，肺的功能就会受到严重的影响。咳嗽、哮喘、呼吸困难等疾病就会找上门来。

那些五行属金的茶，如白茶等，口感辛香，气味鲜香，能够深入肺经，打通大肠经。常饮这些茶可以生津润肺、止咳化痰，调养呼吸道。

以上便是挑选养生茶品时所应遵守的“五应”原则。当所选茶品符合“五应”原则的时候，体内的阴阳二气便可以得到真正的调和，我们就可以在日常的喝茶中体味到身心舒畅的滋味。

六忌：忌过浓、忌隔夜、忌冷饮、忌送药、忌空腹、忌饭后

茶品虽然种类众多，提神健气，清雅宜人，却并非百无禁忌。比如一位饮茶者患了肺炎，他所喝的茶水应该保持温热，此刻若是奉上一杯凉茶，茶中多酚类化合物就不能很好地发挥作用，也就无法达到消火去热的效果。因此，要想真正做到以茶养生，不仅要了解茶的功能，了解用茶滋养身心的方法和原则，更要了解其中的禁忌。

熟知以茶养生的禁忌，我们就可以减少茶在功效方面的流失，使茶在滋养身心方面发挥出最大的效力。具体来说，喝茶中的禁忌主要表现在六个方面：忌过浓、忌隔夜、忌冷饮、忌送药、忌空腹、忌饭后，简称“六忌”。有它们保驾护航，再加上前面的积累，我们便可以迈入以茶养生的大门了。现在，就让我们逐一认识“六忌”吧。

1. 忌过浓

现代社会的节奏很快，无论是在工作方面，还是在生活方面，人们都面临着极大的压力和挑战。为了缓解来自工作和生活上的压力，很多人都选择了用喝浓茶的方式来提神醒脑，缓解疲劳。饮茶提神并没有错。一杯茶水，一瓣心香，随着茶叶慢慢地散开落入杯底，心中的烦恼和忧愁也慢

慢化去。但如果饮茶太浓，身体却会受到很大的伤害。

茶中含有较高比例的咖啡碱。咖啡碱进入人体之后，会对中枢神经系统产生强烈的刺激，从而提高人体的代谢速率，促进胃液的分泌。当过浓的茶进入身体的时候，胃酸和肠胃液就会在咖啡碱的刺激下大量分泌，使人进入极度亢奋的状态。时间久了，我们会对浓茶产生严重的依赖感。

更重要的是，由于咖啡因和茶碱的刺激，我们还会出现头痛、失眠等不适的症状，这就背离了我们以茶提神的初衷。浓茶非但没有减轻我们身心的疲劳，反而让我们更加劳累不堪。另外，酒醉之后也不宜喝浓茶。因为浓茶在缓解酒精刺激的同时又把更重的负担带给了肝脏，同样会对我们的身体造成损伤。

2. 忌隔夜

六忌中排在第二位的是“忌隔夜”。我国自古以来便流传下来以茶待客的传统。客人来了，奉上一杯香茶，暖手，喝上一口，暖心。如此，一杯茶就将主人对客人的一番心意传达得淋漓尽致。可是，如果来客并不喜欢喝茶，这杯茶就失去了暖心的功效，变成了一杯剩茶。客人走后，主人感到非常疲倦，没有及时清理茶具，这杯剩茶又成了隔夜茶。这杯一口未品的隔夜茶是否可以直接入口呢？

答案是“不”！隔夜茶是不适宜饮用的。究其原因，主要集中在两个方面：一是经过长时间的浸泡之后，茶中的营养元素基本上都已经流失殆尽了。失去营养价值的茶就不能再发挥出应有的滋养身心的效用了。二是隔夜茶容易变质，对人体健康造成伤害。蛋白质和糖类是茶叶的基本组成元素，同时也是细菌和霉菌繁殖的养料。一夜工夫就足以使茶水变质，生出异味。若是这样的茶进入人体，我们的消化器官就会受到严重的伤害，导致腹泻等情况。

3. 忌冷饮

茶本性温凉，若是喝冷茶就会加重这种寒气，所以饮茶时还要“忌冷饮”。盛夏时节，天气炎热，骄阳似火，人们时常会感觉口渴。这时，很多人都会选择用一杯凉茶来防暑降温。实际上，这是一个误区。有医学实验证明，在盛夏时节，一杯冷茶的解暑效果远远不及热茶。喝下冷茶的人仅仅会感到口腔和腹部有凉意，而饮用热茶的人在 10 分钟后体表的温度会降低 1~2℃。

热茶之所以比冷茶更解暑，主要有以下几个方面的原因：第一，茶品中含有的茶多酚、糖类、果胶、氨基酸等成分会在热茶的刺激下与唾液更好地发生反应，这样，我们的口腔就会得到充分的滋润，心中也会产生清凉的感觉。第二，热茶拥有很出色的利尿功能，这样，我们身体中堆积的大量热量和废物就会随着尿液排出体外，体温也会随之下降。第三，热茶中的咖啡碱能够对控制体温的神经中枢起着重要的调节作用，热茶中芳香物质的挥发也加剧了散热的过程。第四，盛夏时节饮用热茶可以促进汗腺的分泌，加速体内水分的蒸发。第五，喝热茶比喝冷茶更能促进胃壁的收缩，这样，位于胃部的幽门穴就能更快地开启，茶中的有效成分就可以被小肠快速吸收。当这一系列工作完成之后，我们就会不再口渴，同时也会渐渐感觉到不再像原来那样热了。

另外，冷茶还不适合在吃饱饭之后饮用。若是在吃饱饭之后饮用冷茶，会造成食物消化的困难，对脾胃器官的运转产生极大的影响。拥有虚寒体质的人也不适宜饮用冷茶。饮用冷茶会使他们本来就阳气不足的身体变得更加虚弱，并且容易出现感冒、气管炎等症状。气管炎患者如果再饮用冷茶就会使体内的炎痰积聚，减缓肌体的恢复。

4. 忌送药

通常情况下，人们都会有这样一种观念，就是茶可以解药，说的就是在生病吃药的时候不要用茶水来送服。其原因主要有两点：

一是因为茶水中含有鞣酸，它可以同许多药物发生化学反应，生成不易溶解的沉淀，从而影响药效的发挥。

二是因为茶水中含有咖啡因，它可以使中枢神经处于兴奋的状态，并与镇静催眠药和中枢镇咳药的作用相对抗，引起药物疗效下降；同时，咖啡因还可能使某些具有中枢兴奋作用的药物的兴奋作用加强，导致过度兴奋、失眠、血压升高等不良反应。

所以，在生病的时候要尽量避免喝茶，更不要用茶来送药。

5. 忌空腹

古人云："不饮空心茶。"由于茶叶中含有咖啡碱，空腹喝茶会使肠道吸收的过多，从而导致心慌、手脚无力、心神恍惚等症状。不仅会引发肠胃不适，影响食欲和食物消化，还可能损害神经系统的正常功能。

如果长期空腹喝茶，还会使脾胃受凉，导致营养不良和食欲减退等症状，严重的还会引发肠胃慢性病。另外，不要相信清晨空腹喝茶能清肠胃这个说法。清晨空腹喝一杯淡盐水或是蜂蜜水，才是比较好的清肠胃的方法。

6. 忌饭后

很多人喜欢在吃饱饭之后马上喝上一杯茶来帮助消食，其实这样的做法非常不科学，因为饭后马上喝茶会使正在消化食物的肠胃的负担进一步加重，而且茶叶中的鞣酸还会和蛋白质及铁质发生反应，阻止身体对蛋白质和铁质的吸收。由此可见，饭后立即饮茶不仅于消化吸收无益，反而会增加肠胃的负担。所以，饭后马上喝茶的习惯并非科学养生之举。

以上就是喝茶所要注意的“六忌”。当对喝茶禁忌的常识有所了解之后，我们就可以有效地避免一些失误，使茶滋养身心的效用发挥得更加淋漓尽致。

第二章　走进茶的世界

我国是茶的故乡。从传说中的神农尝百草开始，茶就出现在了我国的历史长河中。此后数千年中，任何一个王朝的贸易中都不会缺少茶的身影，比如唐朝繁盛一时的浮梁买茶、明朝非常著名的茶马贸易等，这些影响源远流长。我们也不难看出，从古至今，茶一直在我们的生活中占据着极为重要的地位。茶究竟有什么样的魔力呢？要想对茶有更深入的了解，下面我们就一起走进茶的世界。

茶的渊源

神农氏是传说中有史以来对茶叶最早发现、认识和利用的第一人。古时候，自然条件特别恶劣，人类的生产能力也极其低下，为了生存，只能以采摘野果、捕食野兽为生。由于对食物的品性不了解，经常会出现食物中毒的情况，有的甚至中毒身亡。当时的首领神农，即我们的祖先之一，十分爱戴自己的子民，看到这样的情景，不免心生怜意。为了不让百姓们再在食物上吃亏，神农决定冒着生命危险亲尝百草，以身试毒。他的这种善举在《神农本草经》中有所记载："神农尝百草，日遇七十二毒，得荼（茶）而解之。"

神农有一个固定的生活习惯，从来不喝生水，即使是在野外尝百草的过程中，也不怕麻烦，总是会架起铁锅，把生水煮熟了再喝。有一天，神农还在烧水，却因为尝了一种有毒的草而晕倒。醒来时，他也不知道过了多久，还闻到了一股沁人心脾的清香。神农口渴难耐，来不及弄清楚清香的气味从哪里飘来，就起身要到锅里舀水喝，却忽然发现，锅里的水变成了黄绿色，里面漂着几片绿色的叶子。原来，那沁人心脾的清香就从这锅里飘来。“这是什么草呢？难道香味是它散发出来的？”神农略微思索了一下，尽管心里担心这是一种有毒的草药，但还是果断地用碗舀了点儿汤水喝。说来奇怪，这汤水刚入口中时，神农只觉得清香中略带一丝苦意，可咽下去后，顿觉十分甘甜解渴，新奇之下，便多喝了几碗。更神奇的是，几个钟头后，神农感到神清气爽，完全没有一丝中毒的迹象！这次因祸得福的经历是神农意想不到的，他非常开心，因为终于得到了解毒的草药。可它究竟是什么呢？神农就开始从身边的植物中仔细查证，一番排查之后，发现锅的旁边有一棵枝叶茂盛的矮树，锅内的叶子就是从这棵树上飘落下来的。于是，神农就采摘了很多树叶回去。

回到部落后，神农拿这种树叶煎熬成汤水来喝，并注意自己身体的感觉和变化。坚持了一段时间以后，他发现这种树叶不仅没有毒，还有生津解渴、利尿解毒、提神醒脑、消除疲劳等作用。于是，神农就将它取名为“茶”，并将其作为部落的“圣药”。如果部落里有人中毒或者生病，神农就用茶来为他们治疗，很多病人服用茶水之后便痊愈了。就这样，茶正式走进了人类社会，走入人们的生活。

神农氏与茶的传说开启了我国人民与茶的神奇缘分。其实，茶参与人们的生活不仅仅出现在上古的传说中，我们古代的很多史料都有关于茶的记载。

早在公元前2世纪，西汉的司马相如就在《凡将篇》中提到了“荈”，“荈”就是茶。西汉末年的文学家杨雄也在《方言》中提到茶，并把它称之为“蔎”。东汉时期的《神农本草经》将茶称为“茶草”，与它同时期的《桐君录》中将茶谓之“瓜芦木”。此外，还有诧、茗等称谓，它们都被认为是茶的异名同义字。

据研究资料考证，“茶”字就是茶字的古体字之一。“茶”最早出现在《诗经》中：“谁谓茶苦，其甘如荠。”（《诗·邶风·谷风》）东晋时期的文学家郭璞在《尔雅注》中指出，“茶”就是常见的茶树，它“树小如栀子，冬生（意为常绿）叶，可煮作羹饮。今呼早来者为茶，晚取者为茗”。

而真正的“茶”字出现得比较晚，在唐代才千呼万唤始出来。茶文化在唐代迎来了第一次高潮。由于茶在日常生产生活中的应用越来越广泛，越来越重要，用作指茶的“茶”字使用的频率变得越来越高，这就使“茶”和“茶”产生了区分的必要。于是，“茶”字就从一字多义的“茶”中分化出来，成为独立的字体。

茶字第一次作为茶正式的名称出现，是在《茶经》当中。“其名一曰茶，二曰槚，三曰蔎，四曰茗，五曰荈。”在整部《茶经》当中，关于茶的提法有十余种之多，茶字是用得最多最普遍的。从此，在古今茶学书中，茶字的形、音、义也就固定下来了。

《茶经》是被人们尊称为“茶圣”的唐朝人陆羽的作品。它是世界上第一部茶学专著，全面叙述了茶区分布、茶叶的生长、种植、采摘、制造和品鉴。另外，它还为茶的起源提供了重要的佐证。《茶经》中记载了这样一个故事：

晋武帝在位的时候，有一个宣城人叫秦精，常常到武昌山去采茗（采茗就是采茶之意）。有一次，秦精在采茗的时候遇到了一个野人。这个野人长得很高大，身高一丈有余，满身都长着毛。野人把秦精带到了山脚下，把一大丛茗指给他就离开了。于是，秦精就开始采茗。不久，野人又回来了，还从自己怀中取出味道甜美的柑橘送给秦精。

故事中提到的武昌山位于今天的湖北省鄂州市西南，属我国的长江流域，与“茶者，南方之嘉木也”的说法完全契合。

另外，巴蜀一带也是茶的发源地之一。据汉代《华阳国志·巴志》记载：“自西汉至晋，二百年间，涪陵、什邡、南安（今剑阁）、武阳皆出名茶。”还有，“周武王伐纣，实得巴蜀之师……丹漆、茶、蜜……皆纳贡之”。秦始皇在一统华夏之后，也曾将六国的俘虏迁到巴蜀地区。这样一来，中原地区和当时地处偏僻的巴蜀地区就有了进行交流的可能，也向巴蜀地区的茶文化敞开了传播的大门。这说明，巴蜀地区早在西周时期就有了人工种植的茶园，并将茶作为进献给周天子的贡品。明末大儒顾炎武也在他的作品《日知录》中提供了旁证——“自秦人取蜀后，始知有茗饮之事”。

有关巴蜀地区茶文化的盛行，最直接的证据可以从西汉王褒所写的《僮约》中找到。王褒是汉宣帝在位时期的谏议大夫。神爵三年（公元前59年），王褒从成都一个姓杨的寡妇府中买了一个叫做便了的家奴，《僮约》就是为便了所立，约中规定了便了需要去做的种种劳役，其中就包括了“烹茶尽具”“武阳买茶”两条。由此可知，饮茶不仅在当时的四川地区已经深入人们的生活，并且还出现了武阳这样的茶叶市场。综合后来的文献记载来看，成都可能在秦汉乃至魏晋时期都是我国茶叶生产和制作的中心以及茶文化的发祥地。

其实，巴蜀一带作为茶叶的发源地不仅有文字记载为证，更有适应茶叶生长的气候条件。这里气候温暖湿润，原始森林茂盛，土壤肥沃，这样的条件非常适合茶树的生长。在远古时代的冰川时期，很多动植物都因为不适应气候的骤变而陆续死去，而茶树却因为滇贵川特有的自然气候条件而得以生存。

时至今日，云、贵、川一带还长有众多的野生茶树。其中，1961 年在滇南勐海县大黑山原始丛林中发现的高达 32 米、迄今世界上最大的野生茶树。同样在云南的哀牢山，在千家寨的原始森林中，还发现了迄今为止世界上最古老的茶树，据专家考证，这棵大茶树已经有 2700 多年的历史了。

因此，有科学家指出，茶是以中国的滇贵川为中心向其他区域辐射传播的。更有观点认为，地球北纬 45°以南、南纬 30°以北区域内所种植的茶树，大部分都源于我国的滇贵川地区。

茶的发展历史

在日常生活中，我们早已习惯了以茶待客，希望通过一杯热茶来传达自己的情谊。其实，茶最初出现在世人面前的时候并不是一种饮品，而是一种药。从传说中的神农尝百草以茶解毒一直到春秋时代之前，我们的先人们还只是把这种咀嚼起来略带苦味的植物当作一种药或药引。

春秋时期之后，茶开始作为一种食物出现在人们的餐桌上。据《诗疏》记载："椒树、茱萸，蜀人作茶，吴人作茗，皆合煮其中以为食。"在汉代之前，人们就把茶当作一种蔬菜，并把它做成菜肴或是汤羹来享用。不过，对于最初的"茶食"而言，它的药用价值仍要大于实用价值。

随着时间的推移，茶在三国时期成为一种奢侈的饮品，只在宫廷和贵族之间流传，普通百姓根本喝不起茶。就是富贵之家也只是来了尊贵的客人，才端茶待客。这种情况到东晋时期发生了改变。据《世说新语》记载，一位郁郁不得志的名士在东晋南渡不久之后去建康（今南京）朋友家里做客，主人吩咐仆人端茶待客，客人感到很吃惊，因为他的这位朋友只是当时的一位名士，算不得豪富之家，于是他就问他的朋友这是不是茶。正是在东晋这个时期，茶脱离奢侈品的行列，成为建康和三吴地区的一般待客之物。同时，茶还在这一时期成为酒的替代品，江东的一些豪族常常以茶代酒来标榜自己的清廉。

唐朝是封建文化的顶峰，也是茶文化形成的主要时期。茶在唐朝迎来了第一个发展高峰。在唐代，上至皇宫显贵、王公大臣，下至僧侣道士、文人墨客、黎民百姓，几乎全都是饮茶爱好者。不仅如此，嗜茶如命的文人们开始用自己最为擅长的文学体裁来表达自己对茶的热爱之情。世界上第一本完整的茶书——《茶经》，也于这个时期出现。同时，制茶的技术也得到了长足的进步。茶宴逐渐成为一种流行于皇宫、寺院、文人雅士之间的重要交际形式。此外，还有饼茶和串茶两种新型的茶品在唐朝问世。茶在这一时期成为人们交流的纽带。

到了宋朝之后，茶文化迎来了第二个发展高峰。做工精巧的“龙凤团茶”就是在这一时期出现的。龙凤团茶无论是制作还是饮用都非常繁琐。到了宋朝中后期，随着用蒸青法制成的散茶的出现，团饼一统天下的局面被打破。散茶后来居上，成为茶叶生产的主流。

元朝定鼎中原之后，茶的发展一度陷入沉寂。不过，此时茶又重新回到了平民百姓的日常生活中。茶事活动也不再像以前那样具有浓郁的文人风雅之气，而是融入了更多的市井色彩。另外，茶肆的兴盛使得茶事和说唱话本产生了非常紧密的联系。茶文化开始呈现出民俗化的特点。

元末战乱不休，农民出身的朱元璋统一了全国，建立起大明王朝。朱元璋对农事十分关心，当发现制作“龙凤团饼”过于劳民伤财时，他就下令停止制作团饼，只许制作散茶。朱元璋的命令引发了茶界有史以来最大的革命，其影响一直持续到今天。明朝的茶叶发展史上主要出现了四件大事：一是诞生了沿用至今的撮泡法，二是出现了茶艺中所用的经典茶具——紫砂壶，三是形成了新茶类不断涌现的潮流，四是涌现了大批量的专业茶书。

到了清朝之后，我国的茶文化完成了从鼎盛走向顶级的转化。茶文化在这一时期深受推崇，散茶开始成为茶叶的主要形式。七大茶系在这一时期已经初步形成。我们今天常说的绿茶、红茶、白茶、黄茶、黑茶、乌龙茶和花茶在当时均已出现。茶和人们之间的关系变得更加紧密。

以上便是一部完整的茶的发展史。纵观逝去的这些岁月，茶经历了药用、食用及饮料等阶段之后，最终成为日常生活中深受人们喜爱的饮品。

茶区的分布

我国不仅是公认的茶的发源地，更是世界上的产茶大国。2007 年之后，茶叶的年产量已经突破了 100 万吨。能够有如此高的产量，一方面是先进的技术、优良的品种及茶农的努力的原因，另一方面也与茶区广布有着密不可分的联系。

茶是一种常绿灌木，适应能力极强。它一般喜欢在亚热带及热带的气候中生长，在20~25℃长势最旺。茶树的适应能力特别强，从海拔几十米的丘陵到海拔数千米的高山到处都有它的身影，而我国幅员辽阔，气候多样，正为茶的生长提供了非常便利的条件。茶的足迹遍布全国18个省区，而且不同的地方所产的茶各不相同，各有千秋。为了便于研究管理，全国产茶的地方被划分为西南茶区、华南茶区、江南茶区和江北茶区。下面就让我们来一一认识这四个茶区。

西南茶区是我国最古老的茶区，地理上包括了云贵川三省和西藏东南部。其中云贵高原是茶的原产地。该地区地形复杂，气候差异较大，土壤类型多样，茶树的种类也很多。大多数茶树都属于灌木型和小乔木型，只有部分地方有乔木型的茶树。另外，茶树品种资源丰富也是该区的一大特点。代表茶品有云南红碎茶、普洱茶、毛尖、蒙顶茶、蛾眉毛峰等。

华南茶区是中国最适宜茶树生长的地区。该区水热资源丰富，大多地方为赤红壤，土壤肥沃。从范围上来看，两广、福建、台湾、海南等地区都属该区。华南茶区品种资源丰富，各种类型的茶树品种在此均有分布。代表茶品有福鼎的功夫、武夷岩茶、安溪的铁观音、潮州的凤凰单枞、福鼎的白毫银针和白牡丹等。

江南茶区位于长江中下游南部，是我国茶叶的主产区，每年产量占据全国总产量的三分之二。这里四季分明，年平均气温在15~18℃，且地形以丘陵低山为主，仅有少数如庐山、黄山等海拔较高的地区，土壤主要是红壤。生长在这一茶区的茶树多为灌木型中叶和小叶种。代表茶品有西湖龙井、黄山毛峰、庐山云雾等。

江北产区是我国最接近北方的茶区，位于长江中下游的北部。这里地形复杂，土壤的酸碱度比其他茶区偏高，降水偏少，常使茶树遭遇干旱的危机。幸好有少数比较良好的小区域气候保证了茶的品质。生长在这一地区的茶树以灌木型中叶种和小叶种为主。代表茶品有六安瓜片、信阳毛尖等。

以上便是我国茶区的概况。世界上的产茶大国除了中国之外，还有亚洲的印度和斯里兰卡，非洲的肯尼亚等。下面就让我们一起来了解一下世界其他茶区的情况。

1903年，肯尼亚出现了第一片人工种植的茶林。但是，在很长一段时间之内，茶叶产量的增长速度都很缓慢，直到20世纪50年代后期，情况才有所改观。肯尼亚的茶叶种植区主要集中在肯尼亚高原海拔1500~2700米的地区，丰沛的雨水为优质茶叶的生长提供了便利的条件。在肯尼亚，茶树全年都能发芽，都可以生长，但是要想得到优质的茶，就得选择1月后期和2月、7月初期采摘的茶叶做原料。正是这个气候上的优势使得肯尼亚成为世界上主要产茶国之一。CTC（crush tear curl的首字母缩写，意为碎茶）红茶是肯尼亚的代表茶品。

1823年，一名来自苏格兰的雇佣兵发现了印度当地的土著居民正在饮用野茶制作的饮料。1835年，印度开始在种植园中大规模种植茶叶。1838年，首批8箱阿萨姆茶运抵伦敦。1852年，印度的茶叶生产开始获利。从此，茶叶种植业在印度蓬勃发展起来。

现在，印度已经成为世界上的茶叶生产大国，拥有13000多个专门用来种植茶叶的种植园。印度生产的红茶约占世界红茶产量的30%，CTC茶约占65%。印度的茶区主要集中在大吉岭、阿萨姆、尼尔吉里斯山一带。代表茶品有大吉岭茶、阿萨姆茶和尼尔吉里茶。

斯里兰卡原来是咖啡的主要产地。1867年，茶树的种子首次在斯里兰卡播种。1870年，斯里兰卡出产的优质茶在伦敦拍卖行卖出了很高的价格。从此，茶叶种植业在斯里兰卡飞速发展。如今，斯里兰卡也成为世界上主要的产茶大国之一。

斯里兰卡有6个主要的茶叶生产区：加勒，位于斯里兰卡南部；拉特纳普拉，在首都科伦坡以东55千米处；康提，位于古都附近低海拔地区；努沃勒埃利耶，地处海拔最高的地区，生产斯里兰卡最优质的茶叶；丁比拉，处于中部山区的西部；乌沃，位于丁比拉东面。代表茶品有肯尼尔渥斯茶、艾伦山谷茶和加拉波达茶等。

除了我国和上述三国之外，世界上的产茶大国还有亚洲的越南、欧洲的俄罗斯和大洋洲的巴布亚新几内亚等国。这些产茶大国每年生产茶叶的数量大约要占到世界茶叶年产量80%的比重。正因为茶区在这些产茶大国广泛分布，世界人民的喝茶需求才能得以保障。

茶叶成分与判断标准

茶是我们平日饮用养生的佳品。茶之所以有如此功效，都是由茶叶的内含物质决定的。换言之，就是茶叶的成分决定了它具有适于饮用和滋养身心的功效。

茶叶的成分包括各种营养物质在内有十一大类之多，细分起来有上百种。它们的效用广泛，对于茶叶的香气、色泽、滋味以及营养的保持和疾病的预防都有着决定性的影响。

具体来说，茶的营养物质包括热能、蛋白质、碳水化合物、脂肪、维生素、矿物质等。茶是一种低热能的食物。在以泡茶为主的饮茶方式的主导下，茶叶中所含的热能大部分都流失殆尽。又因茶叶中的蛋白质大部分都不溶于水，所以在饮茶过后吃掉茶叶有助于吸收茶中的营养。另外，茶叶中所含的碳水化合物、脂肪、维生素等在为人体提供热量的同时，还能起到护肝解毒的功效。

除了营养物质，茶中所含的茶多酚、咖啡碱等物质还具有多种药理作用，正是这些药用成分的存在才有了茶的特性。而构成其特性的物质主要包括两大类：

一类是茶多酚。它又称为茶单宁，占茶内质总量的20%~30%，是茶的主要物质。其中儿茶素又占茶多酚的60%~80%。茶多酚的功能众多。它可以增强毛细血管的功能；可以抵抗细菌和炎症，抑制病原菌的生长，拥有灭菌的作用；可以缓和胃肠紧张，防炎止泻；可以与重金属盐和生物碱结合起到解毒除毒的作用；能够影响甲状腺的功能，有抗辐射损伤作用；能够作为收敛剂用于治疗烧伤；可以影响维生素C代谢，刺激叶酸的生物合成；能够增加微血管韧性，防治坏血病，并有利尿作用。

另一类是生物碱。它占总量的3%~5%，包括咖啡碱、茶碱和可可碱等。咖啡碱能够兴奋中枢神经系统、消除疲劳、提高劳动效率；可以调节体温，消除支气管的痉挛现象；能够护肝解毒；可以降低胆固醇和防止动脉粥样硬化。最重要的是咖啡碱与多酚类物质复合使其具有咖啡碱的药效而无咖啡碱的副作用。

对茶叶的成分有所了解之后，我们就对茶有了更进一步的认识。但是无论是了解茶的成分也好，茶树的三种形态也罢，都还只是纸上谈兵。现在，我们就要一起进入与茶亲密接触的地带——判断茶叶的好坏。

我国茶品种类众多，仅就六大茶类、十大名茶再加上不同工艺加工的茶品，就令我们眼花缭乱。到底选哪一种好呢？如何选择才能得到自己最中意也最适合自己的茶呢？

其实，对于茶叶好坏的判断主要根据两个方面：一个是茶的品质，另一个是茶的级别。

自古道“好山好水出好茶”，优秀的生态环境是出产好茶的先决条件。

山清水秀之地多产好茶，比如西湖龙井、碧螺春、六安瓜片等都是如此。适宜的温度、湿度、日照时间、特殊的土质再加上优良的品种，一代好茶就此诞生。

古人曾用“橘生淮南则为橘，橘生淮北则为枳”来形象地说明环境与物种之间的关系，这个道理对于茶同样适用。我国的茶叶原产于云贵川的大山当中，适于在亚热带气候中生长。它能够在10℃以上开始萌芽，20~30℃是茶最适宜生长的温度，30℃以上，茶就会生长缓慢甚至停止生长。不过，有时候，尽管只是一小段路程的差距也会直接影响茶叶的品质。

让我们以大家比较熟悉的太平猴魁为例。“两叶抱一芽”是上等太平猴魁的特点之一，也就是说，制成太平猴魁的茶叶要选左右两片迅速生长的，这样制成成品之后就可以将芽头抱在两叶中间。可是，经过实地考察之后，我们会发现所谓的“两叶抱一芽”只有太平猴魁最好的产地猴坑山上的茶叶才有这样的特点，与猴坑山相隔不远的山中所产的茶却无法做到。

为了解开这一谜团，曾有专家建议将原产南方的茶移植到北方去。但是，就像古人所说，“叶徒相似，其实味不同”。茶的级别并不是由地域决定的，而是与采摘的时间和部位有关。通常情况下，采摘时间早的要优于采摘时间晚的，比较嫩的芽头要优于相对较老的枝叶。但是，需要注意的是并非所有的茶都是如此。不同的茶品有自己不同的特性。以十大名茶之一的六安瓜片为例，制作它的最佳原料并不是最嫩的芽头，而是谷雨前几天长出的第二片叶子。相反，最嫩的芽头却只能成为“金寨翠眉”的加工原料。而后者要比前者在品质上差很多。

另外，茶的级别高低还直接受加工程度的影响。即使是同一天采摘的鲜叶，即使制作茶叶的是同一个人，也会因为茶加工程度的不同而成为不同等级的茶。

基本茶类与再加工茶

一茗一茶香，一味一人生。种类繁多的茶品为我们带来百味人生。茶有众多的划分标准，比如可以按照地区分为江苏茶、浙江茶、四川茶等；可以按季节分为春茶、夏茶、秋茶、冬茶；可以按照加工程度分为毛茶和成品茶。综合以上的划分标准，我国的茶叶可以分为基本茶类和再加工茶类两大部分，其中基本茶类有六种。

这六大基本茶类就是我们常见的红茶、绿茶、黄茶、黑茶、白茶和乌龙茶，它们是以鲜叶在加工中是否经过发酵及发酵程度如何进行分类的结果。所谓发酵，就是一种生物氧化的过程。

茶的发酵通常有这样几种形式：湿热氧化、菌类发酵、酶促氧化和自然陈化。其中六大茶类中的黄茶是湿热氧化的产物，黑茶是菌类发酵的产物，乌龙茶和红茶是酶促氧化的产物。正是发酵程度的不同才造就了各种不同的茶类。

在六大茶类中，绿茶是完全不发酵的茶。它是我国产量最多的一类茶叶，遍布于全国 18 个产茶省区。我国的绿茶无论是花色还是品种均居世界之首，每年出口的数量大概要占到国际茶叶市场销售量的 70%左右。尤其是传统的眉茶和珠茶深受国内外消费者欢迎。

白茶是仅次于绿茶的微发酵茶，是我国的特产。它的加工方式也与其他茶类略有不同，只将细嫩、叶背满茸毛的茶叶晒干或用文火烘干，而使白色茸毛完整地保留下来。白毫银针、白牡丹是白茶中的极品。

发酵程度排在第三位的是黄茶。黄茶属轻度发酵的茶，因为在制茶过程中经过了闷堆渥黄，所以形成了黄叶、黄汤。代表茶品有君山银针、霍山黄芽。

青茶即乌龙茶，是半发酵的茶。它是制作时适当发酵，使叶片稍有红变，介于红茶和绿茶之间的一种茶类。我们常见的铁观音、大红袍、凤凰水仙、冻顶乌龙等都是乌龙茶的代表茶品。

红茶是六大茶类中全发酵的茶，发酵程度达到了 90%～100%。红茶与绿茶最大的区别在于加工方式。红茶加工时并没有经过杀青，却多了萎凋的工序。红茶的代表茶品是祁门红茶和正山小种。

黑茶是六大茶类中最与众不同的茶品。它属于后发酵茶，即黑茶的发酵过程属于微生物发酵，发酵度达到了 80%～90%。黑茶是藏、蒙、维吾尔等兄弟民族不可缺少的日常必需品。黑茶的代表茶品有广西六堡茶，云南的紧茶、扁茶、方茶和圆茶等。

而所谓的再加工茶是在以上六大基本茶类基础上发展而来。它是将各种毛茶或精制茶进行再加工的产物，主要包括花茶、紧压茶、液体茶、速溶茶及药用茶等。其中花茶和药用茶是我们平时生活中最常见的。

花茶是用花香增加茶香的一种产品，在我国很受喜欢。它根据茶叶容易吸收异味的特点，以香花为窨料加工而成。一般是用绿茶做茶坯，少数也有用红茶或乌龙茶做茶坯的。茉莉花茶是我们平时最常见的花茶。

药茶是将药物和茶叶拌在一起加工而成，主要用于提升药效，调和药味。这种茶种类很多，比较常见的有“午时茶”“姜茶散”“益寿茶”“减肥茶”等。

再加工茶使得茶在基本茶类的基础上又有了进一步的发展，催生了众多新的茶品。不过，从世界范围来看，在上述茶类中，红茶的数量是最多的，绿茶排在次席，而白茶是最少的。

茶的各种分类

经过数千年的培育和利用，茶已经从野生变成可以大量培育的品种。随着茶品的不断丰富，数次变迁，茶的分类也出现了很多种标准。按照不同的分类方法，茶的种类也不相同。我们可以按照发酵程度、制造程序、焙火程度等来为茶分类。其中，国际上较为通行的标准是按照发酵程度对茶进行分类，而按茶色不同来进行划分是我们最耳熟能详的方法。下面就让我们来一一认识一下茶的不同分类方法。

首先，让我们来看一看最为常见的按茶色不同来划分的方法。一般来说，茶可以按照茶色分为绿茶、红茶、青茶、黄茶、黑茶、白茶这六大类，其中绿茶是最多和最常见的。

绿茶是我国古代最主要的茶类品种。直到明代，其他茶类才陆续加入。直到如今，绿茶还是诸多茶品当中产量最大的。我国的绿茶基地主要分布在浙江、安徽、江苏三省。绿茶是不发酵茶，根据干燥和杀青方法的不同可以分为烘青绿茶、晒青绿茶、蒸青绿茶和炒青绿茶。

我国是世界红茶的发祥地。红茶在我国分布广泛，遍布福建、广东、云南、台湾、浙江等省。红茶种类较多，主要可以分为小种红茶、工夫红茶和红碎茶三大种类。

青茶就是乌龙茶。优质的乌龙茶素有“绿叶红边镶”的美誉。主要分布在福建的闽北、闽南及广东和台湾三省。

黄茶远在唐朝时期就成为贡品，是我国特有的茶类。它主要分布在湖南、湖北、四川一带。

黑茶生产历史悠久，花色品种丰富，以云南普洱茶最负盛名。主要分布在湖北、湖南、四川、云南等省。

白茶是福建省的特产，是我国茶类中的特殊品种，被视为茶中珍品。

在其基本工艺中，萎凋是形成白茶品质的关键。

按茶色不同划分的方法是我们最常见的分类方法。对它有所了解之后，再让我们一起来看一下按发酵程度分类的方法。这种分类法是国际上比较通行的标准。茶按照发酵程度的不同可以分为不发酵茶、半发酵茶和全发酵茶。生活中常见的红茶就是全发酵茶，而绿茶则是不发酵茶，青茶是位于二者之间的半发酵茶。

不过，需要注意的是茶叶发酵程度的高低会有小幅度的误差，并不是绝对的。一般情况下，红茶的发酵程度为95%，黄茶的发酵程度为85%，黑茶的发酵程度为80%，白茶的发酵程度为5%～10%，绿茶是完全不发酵的。此外，还有两种特殊情况，一是青茶中的毛尖并不发酵，二是绿茶中的黄汤有部分发酵的情况。

除了上面两种分类法外，还有其他几种分类方法。

第一种便是按照制茶的原材料进行分类。

茶农通常会选择新鲜的茶树叶作为制茶的原料。不同的茶对于原料有着不同的要求。有的茶要求用鲜嫩的芽头作为原料，这种茶制成之后就被称为“芽茶”。芽茶以白毫作为特色，并以茸毛的多寡来决定品种的归属。我们平常熟悉的龙井、白毫、毛峰等都属于芽茶。有的茶要求用新鲜的茶叶作为制造原料，这种茶制成之后就被称为“叶茶”，典型的代表就是铁观音。

第二种是按照薰花分类。

茶有一个特性，就是容易吸收别的气味。如果茶的旁边放着一罐油漆，不久之后，茶中就会混有油漆的气味。我们可以利用茶的这种特性将茶与各种花拌在一起，使茶将花香吸入其中。按照是否经过薰花这道工序，茶有素茶和花茶的分别。所谓素茶就是没有经过薰花的茶叶，而经过薰花的茶叶则称为花茶。

第三种是按照制造工序分类。

按照制造程序的先后，茶可以分为毛茶和精茶两类。各种茶进行初制之后就成了毛茶。毛茶的外形比较粗放，含有大量的黄片和茶梗。当毛茶经过分筛、拣梗之后，成品形状整齐，品质划一，这时，毛茶就变成了精茶。

第四种是按照焙火程度进行分类。

焙火是成茶精制过程中的关键步骤，它决定着茶汤的品质好坏。正确的焙火能够将茶汤的品质有效地提高。按照焙火程度的不同，成茶可以分为生茶、半熟茶和熟茶三种。制取生茶比较简单，只需轻焙火，将茶中的水分焙干到5%以下就可以了。若想得到熟茶就要保持持续的长时间焙火。而半熟茶的火候在生茶和熟茶之间，需要的焙火程度要比生茶稍高，需要的时间也略长一些。

第五种是按照萎凋程度来进行分类。

所谓萎凋是茶叶制作过程中的一道工序。它的位置排在杀青之前，用来排解茶叶中的水分。根据萎凋的程度不同，茶可以分为不萎凋茶和萎凋茶。我们常见的六大茶系中，绿茶、黑茶和黄茶属于不萎凋茶，而白茶、青茶和红茶属于萎凋茶。

俗语说："在又苦又甜的茶里，可以领悟到生活的本质和哲理。"对茶的分类有所了解之后，我们就可以在琳琅满目的茶品中游刃有余，根据自己的需要选择满意的茶品了。

六大茶类的茶性特征

唐代药学家苏敬在编撰《新修本草》时曾写下了这样的文字："茗，苦茶，味甘苦，微寒无毒。"后世的《茶经》《本草拾遗》《本草纲目》等都延续了这一说法。由此可知，茶性本寒在古代已经成为一种广为流传并被普遍接受的观念。

不过，苏敬的这一论述却是具有一定的局限性的，因为在我国古代，绿茶占据了茶叶市场的大半。我国古人关于茶性的论述绝大多数是以绿茶作为论述对象的，而绿茶恰恰是保存茶的基本属性最多的茶品。

茶性本寒，喝茶者的体质多种多样，有些人的体质根本无法适应茶的寒性。于是，为了使茶适应更多不同体质的喝茶者，人们便开始了对茶性的改造，不断改良和培育新的茶品。就这样，随着时光的不断流逝，我们现在最为熟悉的六大茶类陆续出现了。

六大茶类的陆续出现为不同体质的喝茶者带来了福音，也使茶真正走进了人们的生活。茶不再是某些特殊体质者的禁忌，反而成了他们滋养身心的好帮手。从此，人们可以自由地根据自己的身体情况来选择适合自己的茶品了。

那么究竟怎样做才能选到适合自己体质的茶品呢？现在就让我们一起去了解一下六大茶类的茶性吧。

绿茶是我国传统的茶类，对茶的本质属性保持得最为完整。绿茶味苦性寒，能够清热去火，生津止渴，消食化痰，对于轻度胃溃疡还有加速愈合的作用，并且能降血脂、预防血管硬化。所以，容易上火、身形较胖的实热体质的人比较适合饮用绿茶。

红茶是茶性被改造得最彻底的茶类。它味甘性温，可养人体阳气，并能生热暖腹，增强人体的抗寒能力。同时，红茶还是助消化、去油腻的好帮手。所以，一些肠胃和身体比较虚的人可以选择刺激性较小的红茶作为自己的饮品。

青茶就是我们常说的乌龙茶。它是介于红茶和绿茶之间的茶类，既有绿茶的清香和天然花香，又有红茶醇厚的滋味，不寒不热，温热适中。多饮乌龙茶可以帮助人们润肤、润喉、生津、清除体内积热，使人体能够快速适应自然环境的变化。

黄茶与绿茶的制作工艺相似，不过多了一道闷黄的工序。它茶性微寒，适合体热者饮用。夏天天气酷热，选择黄茶可以起到祛暑解热的功效。若是工作繁忙时，饮上一杯黄茶，可以很好地缓解疲劳。

白茶是我国茶叶中的珍品。外形芽毫完整，满身披毫，毫香清鲜，味道清淡，茶性偏寒。白茶中富含氨基酸、茶多酚、维生素等多种营养和药用成分，可以提高人体的免疫力，拥有防癌、抗癌、解毒、防暑的功效。肥胖人群、发烧患者和老年群体中的免疫力低下者适合饮用白茶。

黑茶是后发酵茶。因为有了后发酵这道工序，黑茶的茶性变得更加温润，去油腻、消脂肪、降血脂的功效十分显著。平常喜欢以肉制品作为饮食主体的人们可以选择喝黑茶。

除此之外，六大茶类中还有一些特殊的茶品，它们的茶性同所属的茶类略有不同，这是我们在选择茶品时需要特别注意的。

从茶性本寒，到由寒转凉，到由凉转平，到由平转温，茶性发生了巨大的变化。了解茶性的变化是以茶养生的基础，我们只有熟悉茶性，才能顺应茶性的规律选择最适宜自己的茶品，才能使茶滋养身心的功效充分发挥。

茶的鉴别

茶叶品种繁多，规格各异，要想从中选出优质的茶叶，并非易事。可以说，茶的鉴别工作是一个非常有技术含量的工作。不过，作为普通的喝茶者，我们并不需要像专业人士那样对于茶的每一个细节都面面俱到，一般只要做到用眼看、用鼻闻、用嘴尝这三点就足够了。

1. 用眼看

所谓用眼看，就是观察茶叶的外形，检查它的条索、嫩度、色泽和净度是否合乎成茶的规范。

条索就是条形茶的外形。具体评判的标准为：凡是外形紧细、圆直、匀齐、身骨重实的就是佳品，凡是外形粗松、松散、短碎的就是次品。检查茶叶的嫩度主要是看芽头的多少、原叶质地的老嫩和条索的光润度。通常情况下，各种茶叶的成品与茶汤都有各自标准的色泽。不过，好的茶汤都清澈鲜亮，并且有一定的亮度；而用次品泡出的茶汤则浑浊或有沉淀物。检查茶叶的净度是用眼看的最后一道工序。所谓检查净度就是看茶叶中是不是含有茶梗、茶末或是其他非茶类的杂质在其中。

2. 用鼻闻

我们常说一杯香茶，或是茶香沁鼻。可见，茶香是茶的一个非常重要的标志。我们可以利用自己的嗅觉来审评茶香是否纯正和持久。任何好茶都是没有异味的，这是以茶香来辨别茶叶好坏的关键所在。优质的干茶，闻起来一定是清香扑鼻，醒脑清目。而茶汤的香气则是以纯和浓郁作为佳品的规范。若是有油臭味、焦霉味或是其他异味的就是次品。

另外，我们还要注意在闻花茶茶汤香气的时候要分三次去闻。第一次称为热闻。速度一定要快，要在闻到茶气的一瞬间去捕捉它最重要的特征——鲜灵度。第二次称为细闻，一定要细细地品味茶气是否香醇。第三次称为冷闻。在这一过程中一定要使劲，因为要确定此茶的香气是否持久、浓厚。

3. 用嘴尝

当前两步完成之后，我们对茶已经有了一定的感性认识。不过，若要真正了解茶的奥秘，我们还需要去亲自品一品茶的滋味。

人们常说，品茶是一种艺术享受。喝一口茶，闭目细品，当茶香和味蕾交织在一起之时，我们就会感受到茶的清香、甘美、厚重、滑润。不同的茶类有着不同的滋味，但是，有一个标准却是放之四海而皆准的，那就是苦涩味少、略带甘滑醇美之味，能在唇齿间留下香气的就是佳品，而苦涩味重、陈旧味浓或是火味重的则是次品。

经过了眼、鼻、嘴三关之后，我们与茶叶之间已经建立起非常紧密的联系。茶的一叶一芽、清香余韵都深深地留在我们心中。这样，我们就可以运用自己学到的这些关于茶的鉴别的知识来为自己选一些好茶了。

茶的一般制作流程

站在茶庄或超市的茶专柜前面，我们常常会对琳琅满目的茶品心生赞叹，总会在满足自己欣赏的欲望之后，才会拿着选好的茶品依依不舍地离开。其实，我们见到的那些或精美或古朴的茶品都是经过了若干道工序加工之后的成品。那么茶到底是怎样制成的呢？下面就让我们来了解一下茶的一般制作流程吧。

茶青是制作成茶的原料。所谓茶青就是从茶树上刚采摘下来的芽或叶子。一般的铁观音讲究要用“一芽双叶”的茶青作为原料。目前采摘茶青的方式主要有两种：一种是手工采，一种是机采。手工采包括直接手摘、镰刀/小剪刀采割和大剪刀收采三种方式。不过，在这些采摘方式中，大剪刀收采和机采的方式很难诞生极品茶。另外，采摘茶青的时候一定要注意采摘的时机，既不能太老，也不能太嫩。

茶青采好之后，就可以进入成茶的制作流程了。一般情况下，茶青要经过萎凋——发酵——杀青——揉捻——干燥等众多工序之后才能成为初制茶。成茶之后，若要使外观变得更加美观，口感变得更加有味道，初制茶还需要被进一步地精制。精制之后，经过包装，我们在茶庄或是茶专柜见到的成品茶就出现了。

以上就是茶制作的一般过程。不过，茶的种类不同，制作步骤和制作工艺也会有所不同，不能一概而论。尽管如此，这些步骤还是会在各类茶的加工过程中出现。所以，对这一流程进行详细的认知并不会扰乱我们的视听，反而会带给我们一份对于茶品的更加感性的认识。

1. 萎凋

所谓萎凋就是把采下的鲜叶（即茶青）按照一定的厚度摊放，通过晾晒，使鲜叶呈现萎蔫状态失去水分的过程。因为只有使茶青失去一部分水分，空气中的氧气才能同叶胞中的成分发生化学变化。这种化学变化发生作用的范围极广，对于茶叶的香气、滋味、汤色都有着决定性的影响。

另外，茶青采摘后，要立即摊开，避免堆置。目前普洱茶的制作中常会出现叶底变红的现象就与堆置不当有着直接的关系。为了避免类似现象发生，萎凋的时间和方式要按照茶青的采摘时间、鲜叶的嫩度、季节、气候以及厂家的设施和观念来确定。通常的萎凋方式有日晒萎凋、热风萎凋、静置萎凋、摊浪萎凋等四种。

2. 发酵

发酵是制茶过程中一道非常重要的工序。我国的六大基本茶类就是综合了茶色和发酵程度的标准进行划分的。其实，发酵的过程并不复杂，因为它只是一种单纯的氧化作用，所以只需要将茶青放在空气中就可以。

就茶青的每个细胞而言，必须要先经过萎凋才能引起发酵，然而，若是从整片叶子来看，发酵是随萎凋的进行而进行的，略有不同的地方是发酵过程中的搅拌和堆厚会在萎凋的后段加速进行。

3. 杀青

所谓杀青就是通过高温来杀死叶细胞，抑制发酵的发生。目前通行的杀青方式主要有两种。一种就是炒青。我们平常喝的茶绝大部分都是炒青的杰作。另一种叫做蒸青。日本的玉露、煎茶、抹茶等多是蒸青的产品。

4. 揉捻

等茶青成熟之后，从表面上看，茶青似乎已经干了，但实际上却还是潮湿的。这时就需要将成熟的茶青像揉面一样用力揉，使里面的茶汁流出，这就是制茶的第四道工序——揉捻。虽然揉捻是帮助成熟的茶青除去多余的水分，但是还要注意用力大小的问题，不能将茶青揉破或是揉碎，同时，也必须注意不能使茶汁流失得过多，以免影响成茶的品质。

5. 干燥

所谓干燥就是将制作完毕的茶青滤去水分的过程。它的情况有很多种。有些茶采用的是利用阳光进行曝晒烘干，如需后发酵的普洱；有些茶采用的是低温干燥法，如“捻茶”。不过，大部分茶还是在揉捻之后进行干燥的。

完成了上述五步之后，成品茶就制成了。只要再加上包装，它们就会变成人们眼中琳琅满目的花色茶品。我们就可以将自己中意的茶品带回家了。

饮茶方式的演变

当茶叶被我们的祖先发现之后，随着历史的不断发展，对于茶的利用方式也先后经历了几个阶段的发展演化，才有了如今这种“开水冲泡散茶”的饮用方式。

在远古时代，我们的先人们仅仅将茶叶当作药物。饮用方式也非常简单。当时的人们从野生的茶树上砍下枝条，采下芽叶，直接放在水中煮，然后再喝煮过的汤水。这就是原始的“茶粥法”。如此方法煮出来的茶水保持着最原始的茶气，味道清香中带有一丝苦涩之味。所以，人们称之为“苦茶”。煎茶汁治病，是饮茶的第一个阶段。在这个阶段中，茶是药。当时，茶的产量非常小，常常作为祭祀时的用品。

到了先秦两汉之际，茶的角色发生了转变，从药物变成了一种饮料。相应的，它的饮用方式也发生了变化。人们创造了“半茶半饮”的制茶和用茶方法。就像郭璞在《尔雅注》中提到的：茶“可煮作羹饮”。也就是说，人们在煮茶的时候不仅要将制好的茶饼放在火上炙烤，捣碎后冲入开水，还要再加上葱姜橘子等调料进行调和。这种在茶中加入调料的饮法被称为“羹饮法”。

这种饮茶方法一直沿用到唐代。至今这种饮茶方法还在我国的部分民族和地区中沿袭。比如傣族所饮的“烤茶”就是在铛罐之中冲泡茶叶之后，再加入椒、姜、桂、盐、香糯竹等调和而成的。

大约在三国时期前后，饮茶方式第三次发生了革命。这种饮茶方式被称为“研碎冲饮法”，始于三国，流行于唐，盛于宋。三国时代魏国的张揖曾在他的作品《广雅》中记载了“研碎冲饮法”的全过程：“荆巴间采叶作饼。叶老者，饼成以米膏出之。欲煮茗饮，先炙令赤迹，捣末，置瓷器中，以汤浇覆之，用葱、姜、橘子笔之。其饮醒酒，令人不眠。”也就是说，采下茶叶之后，需要先制成茶饼，等到需要喝的时候，我们再将茶饼捣碎，研成末，并用沸水冲泡。这种饮茶的方法同今天饮砖茶的方法是相同的。但那时以汤冲制的茶，仍要加“葱、姜、橘子”之类拌和，这是从羹饮法过渡的明显痕迹。

当冲饮法发展到唐朝之后，茶圣陆羽就明确地提出品茶要品茶的本味，不应在饮茶时加入其他调料。唐朝人将单纯用茶叶冲泡不加调料的茶称之为“清茗”。饮过“清茗”之后，还要咀嚼一下茶叶，才能品出其中的滋味。冲饮法在宋朝盛极一时，冲泡清茗在当时成为主导力量。

到了明朝，散茶在众多的制茶方式中脱颖而出，成为茶叶发展的主流。此时，人们不必再将茶制成工艺非常麻烦的团茶、饼茶，而只需采取春天茶嫩芽，经过蒸焙之后制成散茶，饮用时用全叶冲泡即可。此种饮茶方式也由此得名——“全叶冲泡法”。全叶冲泡法始于唐代，到了明清时代才取代冲饮法成为主流。这种方法使得人们在茶的利用方式上得到了简化。散茶的品质极佳，饮后清香宜人，引起人们极大的兴趣。为了品评茶，人们逐渐发展出一整套集品评茶的色香味为一体的方案。此种饮茶方法一直沿用到现在。

如今，茶叶的发展又出现了新的变化。速溶茶、袋茶等新的制茶方式不断涌现。也许，它们会在不久的将来成为新的饮茶方式的开端。

中国特色的名茶概述

作为茶的原产地和世界上的产茶大国，我国的茶品种类众多，仅是名茶就不少于二百种。这些茶各有特色，闻之香气扑鼻，品之回味无穷，令人爱不释手。舍下哪一种，我们心中都会怅然若失；而若要全部记载下来，费上几年的工夫也不能够完成。为了避免这样的遗憾，我们将以茶学教授陈文怀先生的观点作为依据，挑选中国的十大名茶作为中国特色名茶的代表略作介绍。

所谓中国的十大名茶就是指西湖龙井、铁观音、祁红、碧螺春、黄山毛峰、白毫银针、君山银针、蒙顶茶、冻顶乌龙茶和普洱茶。它们不仅涵盖了六大基本茶类，还个个都是我国茶中的极品，正合普通的喝茶者对于祖国名茶的探访之意。下面就让我们一起走进中国的十大名茶吧。

色香味俱佳的西湖龙井排在了十大名茶之首。它是因产地而得名，古时是进贡皇家的贡品。龙井茶的采摘要求十分严格，特别是高级龙井茶的原料一定要在清明前后来采摘。明前龙井被称为龙井中的极品。由于生产条件和制茶技术的差异，龙井茶的风格各异。现在有狮、龙、梅三个品目，以狮峰龙井品质最佳。

排在第二位的铁观音是我国乌龙茶中的极品，又称安溪铁观音。它的大名早已传至国外，特别受各国华侨的青睐。铁观音冲泡之后，会因为香气浓郁和滋味醇厚而形成一种特殊的“观音韵”。这种“观音韵”是乌龙茶爱好者的最爱。也正是因为香气浓郁和滋味醇厚才为铁观音赢得了“青蒂、绿腹、红娘边，冲泡七道有余香”的盛誉。

被称为“茶中英豪”的祁红排在第三位。红茶是世界上消费量最大的茶品。红茶品种众多，祁红却能脱颖而出。这与它集中了天时、地利、人和的优越生产条件有着莫大的关系。时至今日，祁门一带的人们大部分还是以茶为业。高香是祁红最大的特点。正是这种高香使得祁红深受各国客人的喜爱。皇家贵族也以它作为时髦的饮料。

我们日常用来招待贵客的碧螺春排在第四位。它原产于江苏太湖的洞庭山。碧螺春有一种天然的果香，外形卷曲好像毛螺一样。同西湖龙井一样，碧螺春中的极品也要在清明之前或是清明时节采摘。不过，它的采摘时间更短，季节性更强。

人们常说“五岳归来不看山，黄山归来不看岳”，黄山自古以来就有“天下第一奇山”的美誉，并以奇松、怪石、云海、温泉四绝名扬天下。可是，除此之外，黄山还有一绝，那就是位列十大名茶第五位的黄山毛峰。黄山毛峰还有一个别名叫做“黄山云雾茶”，因为它在冲泡之后总会冒出雾气，雾气会在头顶处慢慢凝结。另外，它还有一个特点就是耐冲泡。尽管已经冲泡了五六次，它的香味却并不散去。

白毫银针是白茶中的极品，位列十大名茶第六位。白茶的数量十分稀少，因此，身为白茶中极品的白毫银针就显得更加珍贵。它的用料非常讲究，要用福鼎大白茶和政和大白茶等优良茶树品种春天萌发的新芽。它的采摘也要求得非常严格，号称“十不采”。

君山银针出产于八百里洞庭的湖中小岛——君山之上，排在第七位。早在清代，君山银针就有了“尖茶”和“兜茶”之分。所谓尖茶就是要将采回的芽叶进行拣尖，将芽头和幼叶分开。而兜茶就是经过拣尖后剩下的幼嫩叶片。尖茶曾经是供奉朝廷的贡品。君山银针外形挺直，色泽金黄鲜亮，并伴有清纯的香气。

十大名茶的第八位是我国最古老的名茶——蒙顶茶。它又被称为“茶中故旧”。蒙顶茶并非一种单纯种类的茶品，而是蒙山所产的各色名茶的统称。它早在唐朝时期就已成为进献朝廷的贡品。蒙顶茶大部分都是雷鸣、雾钟等细嫩的散茶，后来又有龙团凤饼等花色的紧压茶，民国初年，蒙顶黄芽成为蒙顶茶的代表。

排在十大名茶第九位的是有我国台湾“茶中之圣”美誉的冻顶乌龙。它的鲜叶来自青心乌龙品种的茶树上，故此得名。冻顶乌龙中的佳品外观色泽墨绿鲜艳，干茶具有浓郁的芳香，冲泡之后香味近似桂花香，味道醇美甘甜，与文山包种是姊妹茶。

独具特色的普洱茶排在第十位。普洱市本身并不出产茶叶，只是一个重要的茶叶集散地而已。它的产地主要集中在西双版纳一带。现代的普洱茶，包括普洱散茶和普洱紧压茶两大类。滇青茶是它主要的原料来源。两类普洱茶最大区别就在于普洱紧压茶在制作的过程中还要加上其他不同等级的粗茶。我们平时熟悉的沱茶、饼茶、方茶、紧茶、圆茶等都是普洱紧压茶的花色。

相信对我国的十大名茶有所了解之后，你就会感觉那些名茶不再是“可远观而不可亵玩焉”的莲花了。那么现在就让我们一起出发寻找自己喜欢的名茶吧。

茶叶的选购与收藏

茶叶的选购并不是一件容易的事，要想买到令自己满意的好茶，非得下一番苦功，费一番心思不可。不过，对于普通的喝茶者而言，选购茶叶就不需要掌握那么多精致的技巧，只需要从四个方面入手就可以了。这四个方面就是色、香、味、形。

第一，我们需要学会从茶叶的颜色来识别茶的好坏。

无论是哪一种茶品都会有一定的色泽要求。比如绿茶是翠绿色，黑茶是黑油色等。此外，任何种类的好茶都有一个统一的要求，就是要色泽一致、光泽鲜亮、油润鲜活。若是不能达到这一点，就说明原料的性质并不统一，做工不佳，品质较差。

第二，我们可以从茶叶的外形来进行识别。

任何一种茶品都会有一定的外形规格要求。我们可以通过观察各种茶叶的外形是否均匀一致，色泽油润、含碎茶和枝梗等杂质的多少来对它进行品评。比如，就绿茶而言，绿润显毫是上品，若能带有白茸毛则最佳，若是叶色枯暗甚至是死红色则为劣质茶。至于茶汤是以明亮色为最佳。此外，有一些名茶具有独特的外形，比如西湖龙井通常情况下就是表现为光平扁直，呈糙米黄色。

第三，我们可以从茶叶的香味来辨别。

每种茶都有特定的香气。因此，闻茶叶的香气也可以作为品评茶叶品质的标准。方法分为干闻和湿闻两种。干闻的时候，若是优质茶叶当无青草气或异杂味。茶叶泡开之后，湿闻茶汤之时，优质茶叶泡出来的茶汤令人闻之感到一股鲜灵清香之气，一股厚重之感，并无异味。

第四，我们可以以样茶泡开的茶汤作为观察对象进行区分。

一般情况下，喝下之后感到浓醇甘爽、回味中略带甜味的茶汤所用的茶叶为茶中佳品，而味道淡泊苦涩的所用茶叶是次品。另外，我们还可以滤去茶汤来观察叶底。凡是叶底呈现完整、柔软、厚实、鲜嫩的形状的就是好茶，而叶底单薄、粗硬、色泽晦暗的就是次品。

另外，选购茶叶之时，我们还应该看茶叶是否是正宗产地出产的，以及是不是包装上所示的品种。

以我国的十大名茶为例。西湖龙井的主要产地是杭州西湖一带的狮峰、梅坞、龙坞区；碧螺春的产地是江苏无锡洞庭湖畔；乌龙、铁观音则产于福建安溪。

即使在同一产地，高山云雾茶和平地茶品质特征也并不相同。高山茶芽叶肥壮，节间长，颜色绿，茸毛短，耐冲泡；平地茶芽叶小，叶底坚薄，叶张平展，叶色黄绿，欠光润，条索较细瘦，身骨较轻，滋味较平淡。

掌握以上标准之后，我们就可以轻松地选到自己想要的茶。接下来，我们就要进入下一步——如何将选来的茶收藏好。

俗语说：茶性易染。说的就是茶容易吸收与自己接近的物体的味道，失去自己本来的清新之气。所以，了解影响茶叶变质的因素是做好收藏茶叶工作的重中之重。据科学研究发现，水分、温度、氧气、光线和异味等都很容易影响茶叶的品质。

在对茶叶变质的主要因素有所了解之后，我们就可以因地制宜地采取措施，以尽可能地延长茶叶的保质期。对于一般喝茶者而言，家庭贮藏是最佳的选择。常见的家庭储藏方法有以下几种：

1. 生石灰贮茶法

无论是受潮，还是氧化反应，都是茶叶发生质变的必经过程。因此，在贮藏茶叶时，我们需要注意必须做到与水分、氧气的隔绝。此时，除了要选好密闭的贮茶容器之外，还要选好吸湿剂。而生石灰不仅吸水性能良好，采购也较为方便。所以，采用生石灰贮茶法是一个不错的选择。

首先，准备一个瓦缸或是木桶、陶瓷坛之类的容器，在容器的底部铺上一层生石灰。其次，将茶叶用透气性较好的纸包裹，放在石灰层上面。

茶叶和生石灰的比例以不超过 5 : 1 为宜。装满后将容器口密封。一段时间之后，就更换一次石灰。这样，茶叶就不会因为吸潮而变质。

另外，我们还需要注意一点：不同品种的茶叶要分开放。如果混在一起，会出现互相串味、互相影响的现象。

2. 热水瓶贮茶法

可以用保温性能良好的热水瓶来保存比较高档的名优茶品。只需把茶叶装进热水瓶，尽量装满之后塞进盖子后即可。对于不急于饮用的茶叶，可以用石蜡或不干胶封住瓶口。这样就可以使茶叶在数月乃至一年的时间内保持清香不散。

3. 冰箱贮茶法

研究发现，如果能将温度控制在 5℃以下，茶叶的质量就能保存完好。因此，通风阴凉的地方更适于茶叶的存放。放在这些地方的茶叶会因自动氧化速度的减缓而减少变质的可能性。而此时拥有优良隔热性的冰箱便是一个很好的选择。

我们可以先把茶叶装入茶罐，再在外边套上一个干净的塑料袋扎紧，直接放入冰箱内贮存。不过，采用此法时须注意一点：一定要待茶叶的温度升至室温之后再打开。这样，就可以避免因茶叶与气温的差异而导致茶叶吸湿受潮。冰箱贮茶法最适于用来贮藏名优绿茶和花茶。

4. 塑料袋贮茶法

塑料袋在生活中最常见不过，我们生活中几乎超过 80% 的东西都会用塑料袋来包装。所以，采用塑料袋来贮茶是目前家庭贮茶方法中最为经济适用的一种。

采用塑料袋贮茶时，要做好四个方面的工作。第一，要选择包装食品用的食品袋。第二，要保证袋子本身手感厚实，耐磨耐用。因为若是袋子上有洞或是出现异味会直接影响茶叶的品质。第三，用柔软干净的纸将要贮藏的茶叶包好，放入塑料袋中，并将袋口扎紧。这样做可以使茶香散失的程度减缓，也可以起到防潮的作用。第四，在进行完第一次包装之后，最好再用一个塑料袋进行反方向的包装。然后，我们将扎紧的茶叶袋放到阴凉干燥的地方就可以了。

除去以上四种比较常见的家庭贮茶法之外，还有两种比较切实可行的专业贮茶法。

1. 真空贮茶法

氧气始终是茶叶贮藏过程中的大敌。所以，为了保证茶叶与氧气最大限度上的隔离，我们可以先将茶叶装进事先准备好的袋子里或茶罐中，再用真空包装机将袋中或罐中的空气全部抽走。这样，装茶的容器内便形成了一个密闭的真空环境。由于氧气被抽走，所以茶叶自身无法发生氧化反应，也就不会变质了。

使用真空贮茶法最重要的是要选择好贮茶的工具。最好能选用阻气、阻氧性能比较好的铁质或铝制的拉罐或是用铝箔等材料制作的包装袋。

2. 充氮贮茶法

除了制造真空贮茶环境之外，利用空气中的其他成分来阻止茶中成分与氧气的充分接触也不失为一个好办法。因此，人们便采取向装有茶叶的封闭容器中充入氮气的方式来贮茶。氮气不仅有隔绝氧气与其他物质发生反应的功用，它本身还具有抑制微生物生长繁殖的作用。

有实验表明，绿茶在使用充氮贮茶法贮藏之后，6 个月后维生素 C 的含量可以保持在 96% 以上。不过，在使用这种贮茶法的时候，一定要注意一点：必须保证在充气过程中装茶容器的密封程度。

以上便是几种简单易行的常见贮茶法。学会了这几种方法，我们就可以放心大胆地选购自己喜欢的茶品，同时又不必担心茶叶变质的问题了。

饮茶的习俗

随着饮茶方式的不断演变，饮茶习俗也在不断地发生变化。尽管饮茶的习俗千姿百态，但是如果将茶与调料、饮茶环境之间的关系作为观察的切入点，当今的饮茶习俗主要分为三种类型。

第一种就是讲究清雅怡和的饮茶习俗。这种饮茶习俗讲究用煮沸的水来冲泡茶叶，清饮雅尝，并不添加任何调料，追求茶的原汁原味。在饮茶的过程中，饮茶者要深深体味顺乎自然的意境。此种习俗同我国古老的“清净”思想不谋而合。典型代表有我国江南一带的绿茶、北方地区的花茶、西南地区的普洱茶和闽粤一带的乌龙茶等。潮汕的乌龙茶是其中的重要代表之一。

乌龙茶在闽南及广东的潮州、汕头一带非常流行。几乎家家户户、老老少少都喜欢用小杯装着乌龙茶来细细品味。对于当地人而言，品乌龙茶有很多讲究。首先，必须要有烹茶四宝相助。所谓“烹茶四宝”就是指品乌龙茶时需要用的茶具，包括风炉、烧水壶、茶壶、茶杯。其次，泡制乌龙茶必须要用甘洌的山泉水作为原汤，同时还必须满足沸水现冲的要求。整个乌龙茶的泡制过程要经过温壶、置茶、冲泡、斟茶入杯众多过程之后才算完成。

然而，这并不算最奇特的，最奇特的当属品茶的方式。品茶人先要将茶杯举起来闻香，在浓郁的茶香透进鼻孔之后，要用拇指和食指按住杯沿，中指托住杯底，将茶汤倾入口中。然后口含茶汤不断地回味，直至茶的余香慢慢升起。这种饮茶方式，其目的并不在于解渴，主要是在于鉴赏乌龙茶的香气和滋味，重在物质和精神的享受。

第二种就是兼有调料风味的饮茶习俗。特点就是在烹茶之时加上各种调料。此种习俗是唐代茶文化的遗存。典型代表有侗族的打油茶、土家族的擂茶及其他民族地区的酥油茶、盐巴茶和奶茶。其中蒙古族的奶茶是我们最为熟悉的，牧民是喝奶茶的主力。

牧民喝茶非常讲究配套，除了主角奶茶之外，炒米、酥油、奶酪、白糖样样不能少。冬天的时候往往还会有肉。按照蒙古族的习俗，客人来到家中之后一定要献茶。当客人入座之后，主人要站起来，双手捧着茶碗向客人敬茶。客人也要站起，用右手接过，放于桌上。随后，主人要再用双手奉上一杯鲜奶。客人则要先用右手接过，之后换到左手，同时用右手的无名指蘸上少量鲜奶，向天弹洒之后并将手指放在口中舔一舔。

除此之外，饮用奶茶还对端茶、倒茶、茶具等方面有很多讲究。首先，端茶的时候，主人一定要保证自己穿着整齐得体，仪态端庄大方。其次，客人使用的茶碗不能有丝毫瑕疵，否则就被视为不吉利。最后，倒茶的时候，不能将茶斟得过满，并且方向不能向南向外；当在座的客人中有老人或贵宾时，主人要先将客人的茶碗接过来，再为客人添茶。

第三种就是讲求多种多样享受的饮茶风俗。此种风俗中不仅仅包括喝茶，还融合了歌、乐、舞、茶点等多种形式。典型代表是北京的“老舍茶馆”。

除了以上三种主要的饮茶习俗之外，随着生活节奏的加快，茶的各种现代变体如速溶茶、袋泡茶出现了。这种务实的现代文化将会将饮茶习俗带向一个崭新的方向。

第三章　冲泡茶的技艺

自古以来，泡茶待客就是我国最重要的待客礼仪之一。每当主人将暖暖的茶汤倒进客人的茶杯时，一股浓浓的情意便从茶汤中流泻而出，融入双方的生命里。如今，时光已经流逝了千年，泡茶也越来越多地出现在各种场合之中。一杯茶的好坏不再只关乎情意的传达，而是包蕴了涵养、健康等更多的内容和目的。那么，如何才能泡出一杯令人满意的好茶呢？最佳选择就是掌握过硬的冲泡茶技艺。

冲泡法的由来

说到喝茶，我们眼前总会浮现出这样的情景：装满茶汤的杯子不断地冒着热气，茶叶在杯中浮浮沉沉，散发出缕缕清香，各色的茶汤映着白色的杯子内壁煞是好看。端起茶杯，从各种不同的角度来观察那些形状各异的茶叶，也是一种享受。而在这种享受的背后，那高提水壶、让水直泻而下的冲泡，更是美中一绝。

这种集美、技与艺于一体的冲泡法在当今非常常见。不过，它并非是古已有之的。关于此法的来历，我们还要从明朝开始说起。

始自明朝的全叶冲泡法是我国茶史上的一次重要变革，并奠定了当代饮茶方式的格局。而明朝之前的饮茶方式是与此有很大区别的。自从茶叶进入人们生活的那一天起，饮茶方式便诞生了。只是因为在开始的时候，茶没有作为独立的饮料出现，所以并没有引起人们的重视。这种不重视饮茶方式的情况直到唐朝才得以改观。

随着茶文化的兴起和发展，茶在唐朝发展成为深受社会各阶层喜爱的饮品。饮茶也随之成为一种全民性的习惯。就在这一时期，茶圣陆羽发明了煎茶法。到了宋仁宗年间，煎茶法逐渐被点茶法代替。尽管饮茶方式已经发生了变化，但是由于茶的制作方式并没有改变，还是以饼茶为主，所以无论是煎茶法，还是点茶法，在煮茶之前都必须先将茶饼研碎。这就使得煮茶的程序变得繁琐。

另外，自宋代开始，龙团凤饼开始流行。这是一种制作工序复杂、制作成本很高的饼茶。它的出现使得茶远离了平民百姓的生活，变成了一种只能为皇室贵族和富人享用的饮料。到了元代之后，由于统治者对中原文化并不热衷，所以茶又重新回到了平民的领域。除了少数文人保持了旧日典雅的茶文化，茶事活动更多地融入了市民的生活中。茶文化在此时呈现出一种民俗化的特征。不过，龙团凤饼流行的整体趋势并没有改变。

明朝建立之后，各地都要向朝廷进贡茶叶。当时各地的贡茶沿袭的是宋朝的做法，所有的茶叶都要碾碎之后揉制成龙团。与茶有着极深渊源的朱元璋认为这种制茶方式过于劳民伤财，会挫伤茶农的积极性。于是，他就在洪武二十四年（1391 年）九月正式下令停止龙团的制作，改用芽茶作为贡茶。这道命令使得散茶成为今后茶业发展的潮流。

龙团停止生产之后，人们喝茶之前再也不需要将茶饼碾碎，而可以直接利用散茶成品。制茶方式的变化直接引发了茶具茶器的变化，饮茶方式也随之发生变化，人们可以直接用开水来冲饮茶叶。于是，一种全新的饮茶方式——全叶冲泡法诞生了。

全叶冲泡法开启了一个崭新的时代。时至今日，我们的饮茶方式还是深受全叶冲泡法的影响。不过，由于茶品的种类繁多，各地风俗不一，冲泡法也变得多姿多彩起来。

泡茶的原理

茶，几乎人人爱喝，但若是冲泡方法不得当，茶汤就会变得苦涩难喝。这样的茶不仅失掉了大半营养，还会令喝茶者心生不快，破坏品茶的意境。所以，对于喝茶者而言，学会如何泡茶便成了需要重点学习的内容。

其实，要想泡出一杯好茶并不难，只需要掌握泡茶的原理就能做到。而要掌握泡茶的原理就需要做到以下几点：

第一，要掌握茶叶用量。

到底每次应该放多少茶叶才算合适呢？每次泡茶的时候，我们都会为这个问题纠结很久。实际上，茶叶的用量并没有统一的标准，它主要是根据茶叶的种类、茶具大小以及消费者的饮用习惯来定的。

我国的茶叶品种繁多，种类各异，自然用量也并不相同。比如，饮用的是普洱茶，一杯要放 5~10 克；饮用的若是红茶或绿茶，茶和水的比例就要掌握在1：50至 1：60 之间。乌龙茶是用量最多的，几乎要占据容器容量的一半。

通常情况下，茶与水之间的比例要随着茶叶的种类和喝茶者的情况而有所不同。嫩茶、高档茶的用量要少一些，粗茶要多放一些。另外，乌龙茶和普洱茶的用量也要更多一些。对于一般饮茶者而言，茶与水之间的比例控制在 1：80 至1：100之间即可。喝乌龙茶时要注意增加茶叶的量，茶与水的比例掌握在 1：30 为宜。

另外，消费者的年龄结构、饮茶历史和饮用习惯也会对用茶量造成很大的影响。年轻人初学喝茶的人比较多，一般比较喜欢淡茶，所以用茶量要少一些；而中老年人饮茶的时间相对较长，喜欢喝较浓的茶，所以用茶量要多一些。茶被新疆、西藏这些民族地区的人们视为生活上的必需品，他们普遍喜欢喝浓茶，所以用茶量要比其他地区人们的用茶量要多一些。值得注意的是，我国广东、福建、台湾等省的人们比较喜欢功夫茶，虽然所用茶具较小，但用茶量较多。

总之，泡茶用量的多少，关键是掌握茶与水的比例，茶多水少，则味浓；茶少水多，则味淡。

第二，要关注泡茶的水温，掌握泡茶的火候。

古人对于泡茶水温非常讲究。宋代的蔡襄就曾在《茶录》中提到“候汤最难”，讲的就是泡茶的水温很难掌握。

现代泡茶水温的掌握主要由喝茶者所喝的茶决定。比如高级的绿茶就不宜用沸水冲泡，而是要用 80℃左右的水为宜。而泡饮各种花茶、红茶和中、低档绿茶，要用 100℃的沸水冲泡。另外，少数民族的朋友喜欢饮用砖茶，对水温要求更高，因为要将砖茶敲碎放在锅中进行熬煮。有时，为了保持和提高水温，还要在冲泡前用开水烫热茶具，冲泡后在壶外淋开水。

通常情况下，泡茶时的水温和茶叶中的有效物质在水中的溶解度是呈正比的。水温越高，溶解度就越大，茶汤就越浓；反之，溶解度就会越小，茶汤就会越淡。

第三，要控制泡茶用水的标准。

我国人民自古以来就爱好品茶，但是好茶还须好水泡。有了好水的辅助，我们才能泡出有滋有味的茶来。关于好水的标准可以从水质是否清、活、轻，水味是否甘、洌五个方面来判别。

第四，要控制冲泡的时间和次数。

在泡茶原理的诸多因素中，冲泡的时间和次数是最难掌握的。因为无论是茶叶的种类、泡水的水温，还是用茶的数量、饮茶习惯，都可以轻易地影响它。据研究发现，一般的茶叶在泡第一次时，它的可溶性物质会浸出50%~55%；泡第二次，能浸出30%左右；泡第三次，能浸出10%左右；泡第四次，基本上就所剩无几了。所以，喝茶时并非冲泡时间越长越好，通常情况下，茶泡三次就可以了。

泡茶前的准备

如何才能泡出好茶呢？从做好泡茶前的准备开始吧。它是我们迈出与好茶零距离接触的第一步。做好了泡茶前的准备，我们就能排除泡茶过程中的各种干扰，使茶叶甘美清香的滋味和滋养身心的效果得到最大限度的发挥。那么泡茶之前究竟需要准备哪些东西呢？现在就让我们来逐一了解一下。

1. 选茶和鉴茶

泡茶之前，先要选茶和鉴茶。因为只有对自己要饮用的茶叶做出正确的鉴定和区别，我们才能知道使用怎样的冲泡方法。

我国是世界上的茶叶大国，茶品种类繁多，分类标准也多种多样。目前，按照茶色差异进行划分是最通行的标准。我们通常所讲的绿茶、红茶、青茶、白茶、黄茶、黑茶等六大基本茶类就是由这个标准得来的。除了六大基本茶类之外，还有花茶等一批再加工茶。我们可以根据自己的兴趣选择茶品，并根据茶品所属的类别找到适宜的冲泡方法。

2. 选择合适的水

自古以来，茶人就十分重视泡茶的水，爱水入迷。他们认为水和茶之间的关系，就如同水和鱼之间的关系一样，所不同的只是“鱼得水活跃，茶得水有其香，有其色，有其味”。

水是茶的载体。无论是喝茶时产生的愉悦，还是无穷的回味，都要通过水来实现。水质的好坏直接影响着茶汤的质量。若是水质欠佳，茶叶中的营养成分会大量流失，我们就不能体味到茶的清香甘醇。因此，我们在泡茶之前一定要选择合适的水。

在日常生活中，煮沸的自来水是泡茶用水的主力，我们只需要注意通过加热去除其中的消毒气味和部分不溶解的杂质就可以了。此外，我们还可以选择纯净水和未被污染的江河湖水作为泡茶用水。

3. 选用合适的茶具

人们常说："良具益茶，恶器损味。"所以，好茶叶当然要选择好的茶具进行泡制。在选用茶具的时候，我们需要注意以下几个方面的问题：

一是要注意冲泡所用茶叶的品质和特点。比如要想泡一杯好的功夫茶就一定要选紫砂壶。紫砂壶保温性能好，用沸水冲泡时不易起沫，不会使茶香流失。

二是要考虑茶具的色彩和质地。人们常说一杯好茶就如谦谦君子，温润如玉。只有为茶叶选择适当的茶具来进行泡制，茶品才会显出自己本来的风采，才能达到完美的品茶境界。

三是要将茶具摆放整齐，不要失去秩序和层次感。

四是不能将壶嘴对着客人。

4. 选择品茶的环境

环境对于泡茶来说也同样重要。关于适于品茶的环境，历代茶人均有提及。明代冯可宾所著的《茶录》相当系统地提出了七种不宜饮茶的环境：

一是泡茶者没有掌握煮水或泡茶方法的环境；

二是没有正确选择茶具的环境；

三是主人和客人都缺少修养的环境；

四是将品茶视为一种与他人应酬的环境；

五是有鱼肉荤腥夹杂其中的环境；

六是忙于应酬无心品茶的环境；

七是房间布置凌乱令人心中生厌的环境。

目前，我们品茶的环境一般情况下可以分为两类：一类就是在自己或他人的家中，另一类就是在外边的茶室或会所当中。这时，我们需要注意的是：如果将品茶环境选在比较私密的家中，主人需要保持室内的干净整洁，最好能选择靠近阳台的一面作为品茶的地点；若是将品茶环境选择在家之外的地方，邀请者就需要选择一处安静轻松的地点，自然风景优美最佳。

当完成以上四步之后，我们就做好了泡茶前的准备。下一步的工作就是努力泡一杯让主宾尽欢的好茶了。

泡茶的基本步骤

了解了泡茶的原理之后，我们就可以开始进入泡茶的步骤了。由于绿茶是我国目前饮用量最大的茶品，冲泡程序与其他茶类相比也更具有普遍性。所以，下面我们将以绿茶为例来感受一下如何才能泡出好茶来。

绿茶按照条索的舒展紧致程度大体上可以分为两种冲泡方式：

1. 外形紧结重实的茶

第一步，烫杯。这一过程也称为“洁具”。向备用的茶杯中注入约为容器 1/3 容量的沸水，然后令水在杯子中滚一圈后倒入茶海中。烫杯主要有两个目的：一是表示对客人的尊重，二是提升杯具的温度，以便使茶叶的色香味更好地发挥出来。

第二步，先倾入合适温度的水，再将茶投入杯中，不加盖。这样便于干茶吸收水分，展现出自己本来的风姿。

第三步，当茶汤凉到可口的程度时，开始品茶。一泡完成。

第四步，将一泡的茶汤喝至剩余 1/3 续水。二泡完成。

第五步，将二泡的茶汤喝至剩余 1/3 续水。三泡完成。一般情况下，饮至三泡，茶味就变淡了。

适用茶品：碧螺春、平水珠茶、涌溪火青、都匀毛尖、君山银针、庐山云雾等。

2. 条索舒展的茶

第一步，烫杯。与上同。

第二步，将适量的茶叶倾入杯中。

第三步，倒入适当温度的水至杯容量的 1/3 处，若不足 1/3，至少要没过茶叶。

第四步，约两分钟之后，等干茶全部伸展开之后，再将水加满。

第五步，待茶汤到了不烫口的程度时，品茶开始，一泡也就完成了。

第六步，完成二泡。

第七步，完成三泡。

适用茶品：六安瓜片、黄山毛峰、太平猴魁、舒城兰花等。

有些条索不是特别紧结亦非特别松展的茶，两种方法均可。

以上便是泡茶的基本步骤。我们如果能对泡茶的原理和步骤做到了然于胸，就可以有条理地冲泡出一杯令自己舒心满意的好茶来。

第四章 茶艺与茶道

自古以来，喝茶就被视为一件赏心悦目的事情。喝茶者总是精心地准备着泡茶的一切事宜，唯恐有所缺憾。待茶泡好之后也并不急于牛饮一番，而是慢慢地静下来，品茶味，闻茶香，荡涤心中的尘垢。就在这样的氛围中，一种崭新的技艺形式——茶艺从传统的饮茶方式中分离出来。几乎就在同时，茶与传统精神的宁馨儿——茶道也诞生了。伴随着种茶和用茶技术的发展，两者都在不断发展和进步，它们的影响如今已经遍布世界上的每个角落。

何为茶艺

提到茶艺，我们脑海中就会浮现出这样一幅图景：一位年轻貌美的女子穿着旗袍，手捧瓷杯向大家展示泡茶的技艺。她举止得体，动作优雅，一出场就会引发人们的种种羡慕和赞叹。这幅图景带着一份震撼的美深深地留在我们的记忆中，使我们久久不能忘怀。于是，我们在心中暗暗认定这就是茶艺。那么它究竟是不是茶艺呢？我们不妨用茶艺的定义去验证一下。

所谓茶艺是一种在饮茶活动中形成的文化现象，是包括茶叶品评技法和艺术操作手段的鉴赏，以及品茗美好环境的领略等整个品茶过程的美好意境。它拥有悠久的历史和深厚的文化底蕴，并同社会中的种种文化及宗教结缘。

茶艺有广义和狭义之分。其中狭义的茶艺是指掌握泡好一壶茶的技艺，并能感受到其中弥漫的艺术的魅力。实际上，它就是将人们日常饮茶的习惯进行艺术加工之后，展现给喝茶者及宾客。人们将从泡茶者或茶艺员展示的冲、泡、饮的技巧中提升自己的感悟，并赋予茶更强的灵性和美感。

而广义的茶艺是指通过钻研产茶、制茶、买卖茶、饮茶的方法和探究茶的原理和法则来满足人们的物质精神需要的一种学问。具体来说，就是要将茶艺从一种冲泡茶的技巧上升为一种人生艺术和文化——人生如茶。人们可以在繁忙工作的间隙为自己泡上一壶好茶，并在细细品味这壶茶的过程中感悟充满酸甜苦辣的人生，净化自己的心灵。

不过，无论是广义的茶艺，还是狭义的茶艺，作为它们载体的形式都是相同的。从形式上来讲，茶艺包括了选茗、择水、烹茶技术、茶具艺术、环境的选择创造等一系列内容，而这些内容的要求都十分严格和讲究。

我们以品茶的环境为例。品茶的环境包括很多方面，通常情况下是由园林、建筑物、摆设等几方面组成的。若是要举行比较高级的聚会茶宴，我们就需要找到室内摆设讲究、富有建筑特色的地点作为品茶环境。若是在家中请要好的朋友喝下午茶，我们就需要尽量将自己室内环境布置得安静、舒适、清新、干净。若是按照比较传统的方式饮茶，我们就需要找一些自然风景比较优美的场所。

总之，茶艺是形式和精神的完美结合。在茶艺优美的技巧展现当中，我们将从中读出传统的美学观点，体悟和谐的审美情趣，获得重要的精神寄托。我国传统的茶艺综合了人自身的经验和辩证统一的自然观，能够帮助人们在灵与肉交融的过程中对于自己需要面对的问题做出明确的判断。现代的茶艺内容十分丰富，形式也多种多样。但是，它的功用依然没有改变。现代的茶艺将在带给人们更多新鲜的视觉感受的同时，带给人们更多的审美情趣和精神寄托。

茶艺的前世今生

虽然茶很早就出现在了人们的生活当中，但是到了唐朝之后，“茶艺”一词才出现。至于“茶艺”到底从何而来，各家的说法并不一致。唐代茶学大家刘贞亮认为，茶艺就是通过饮茶来提高人们的道德修养，诗僧皎然认为茶艺是一种修炼的手段，通过茶艺可以达到修身的目的；而封演认为茶艺只是一种喝茶的方法。不过，这些不同的说法并没有影响人们对于茶艺的热爱。从唐朝开始，茶艺随着茶走进千家万户，开始蓬勃发展起来。

唐代的茶艺是以鉴水为主要特色的。茶圣陆羽就曾提出了一个煎茶用水的标准——“山水上、江水中、井水下”。刘伯刍也曾从煎茶用水的角度对天下名水进行了评估。他认为就煎茶用水的角度来看，南零水应该排在首位，惠山泉次之，虎丘寺朱水第三。此外，唐朝人还非常注意煮水的程度，讲究“一泡、二泡、三泡”。在他们看来，只有探究水质等一切影响茶汤品质的因素才能使茶汤的品质发挥到极致，才能使人们的人文精神得以关照。

到了宋代，我国茶文化迎来了它的鼎盛时期。茶叶生产得以较快发展，制茶技术不断创新，饮茶方式也逐渐趋于精致。由于上至皇帝贵族，下至黎民百姓都对茶充满了极高的热情，因此，有宋一代，饮茶在精神领域中成为一种广为流传的时尚。这时，茶艺也逐渐形成了一套规范的程式，这便是南宋大诗人陆游诗中写到的“晴窗细乳戏分茶”中的“分茶”。宋代名臣蔡襄和宋徽宗赵佶均有作品对分茶进行详细的说明。

其中蔡襄的《茶录》以福建茶区的实践经验为依据记录了分茶的具体程序。要想点一杯好茶，第一要严格选茶，不能使用黄白色或是添加香料的茶作为原料。第二，要对成品茶进行炙烤碾罗的再加工。第三，点汤。点汤时要严格控制茶汤与茶末之间的比例关系，投入茶叶和注入沸水的先后顺序以及水温、茶盏的质地颜色等。

而赵佶所著的《大观茶论》则是宫廷茶艺的实录。该书专门在“点茶”一章对因操作失败导致点茶失败的各种情况进行了详细的分析，并记录了冲点一杯好茶的要诀。

皇帝的率先垂范使得分茶在全国得以广泛传播，特别是文人士大夫都把分茶作为一种高雅的时尚。另外，分茶也是宋代商业文化的一个亮点。宋室南渡之后，除了传统的分茶之外，更突出了娱乐休闲和交际的功能。这样，本来繁琐复杂的分茶技艺从此走向了平民化。

随着散茶取代龙团凤饼成为茶叶的主流之后，饮茶方式在明代发生了重大变革，其影响一直延续至今。而这一时期的茶艺也出现了新的形式和内容。出身皇家的朱权是明初茶艺的代言者，在他所著的《茶谱》一书中表达了这样的思想：饮茶活动是一种表达礼仪的方式，而贯穿于饮茶活动中的茶艺则是通过动作行为的规范和礼仪素养来提升个人修养的形式。

到了明代后期，特别是崇祯年间，饮茶变得讲究“泉实玉带，茶实兰雪，汤以旋煮，器皿时涤，无秽气，其火候，有天合之者”。清雅洁净成为这一时期的鲜明特点。论茶者一般认为，饮茶过程中所用的原料茶一定要精致干燥，所用的水一定要洁净，所处的环境一定要典雅。此时，茶艺已经远离了茶道最初的意义，开始向今日的茶艺趋近。

由于饮茶活动在明代后期逐渐变得简明，又加之满族文化的影响和融入，清代茶艺向品茶活动发展的趋向更加明显。与前人相比，清代的饮茶者更加重视茶叶的产地和茶味对于饮茶活动的影响。这种重视主要体现在两个方面：一是对于茶叶、茶具、饮茶用水的精美程度的讲究；二是更加重视品茗赏景的精神愉悦。就这样，重实际的茶艺逐渐取代前代重视人文精神的茶艺成为茶文化发展的潮流。这种潮流对于今天茶艺的形成与发展产生了重要的影响。

改革开放之后，随着社会生产力的迅猛发展，曾经一度沉寂的茶艺重新焕发了生机。新时期的饮茶者开始讲究喝名茶，喝好茶，并逐渐开启了会喝好茶的品茶活动的风气。这就使得饮茶活动变成了更多社会科学内容及具有观赏性和精神文化内容的载体。

20 世纪 80 年代后期，我国国内开始出现了茶艺演示与表演。这种演示和表演集中反映了一定的饮茶习俗和人们对于观赏美的需求，同时又结合了对于科学的沏茶方法的感悟。另外，它们对于泡茶过程中所用的茶具、音乐及泡茶者的动作、服饰、礼仪均有特定的要求。

茶艺发展到如今已经成为一种艺术和文化的象征。很多人希望通过这种在饮茶过程中的艺术实践，来完善个人的品德修养，实现自我追求和谐、健康、纯洁、快乐的崇高境界。

多种多样的茶艺道具

我国的茶艺种类繁多，所用的茶艺道具也是多种多样。出色的道具不仅可以泡出一杯令人回味无穷的香茶，更能方便泡茶过程的操作，增强其中的美感。下面我们就将对各种各样的茶艺道具进行简单的了解。

1. 茶盘

茶盘是用来摆放茶具、辅助泡茶工作的盘子。它的材质一般以竹制、木制、金属制、陶瓷制和石制居多，形状通常以规则形、自然形、排水形为主。

2. 奉茶盘

用来盛放茶杯、茶碗、茶具、茶食的用具。用奉茶盘将以上东西端送给品茶者，显得洁净高雅。

3. 茶巾

茶巾是用来擦洗茶具的棉织物。它的主要作用是托垫杯底，吸干壶底与杯底的残水，或者将泡茶、分茶时溅出的水滴擦干。

4. 茶巾盘

用来放茶巾的器具，一般用竹、木、金属、搪瓷等材料均可制作。

5. 桌布

桌布的主要材质是各种纤维织物。它是一种铺在桌面上并向四周下垂的饰物。

6. 泡茶巾

泡茶巾通常用棉或丝织物制成，一般用作个人泡茶席或是茶具上的覆盖物。

7. 茶箸

形状像筷子，主要用途有三：一是刮去一泡时壶口的泡沫，二是夹出茶渣，三是用来搅拌茶汤。

8. 茶荷

古代称之为茶则，主要材质是竹、木、陶、瓷、锡。茶荷的主要功用是控制置茶量，同时还可用作观看干茶样品和置茶分样的器具。

9. 茶匙

常同茶荷配合使用，主要用途有二：一是从贮茶器中提取干茶，二是在添加茶叶时用于搅拌。

10. 茶针

多用竹木制成，是防止茶叶阻塞使出水畅通的工具。

11. 渣匙

多用竹木制成，常与茶针相连，是从泡茶器具中取出茶渣的用具。

12. 茶食盘

多用金属、竹、瓷制成，是用来放置茶食的用具。

13. 箸匙筒

用来插放箸、匙、茶针等用具的有底的筒状物。

14. 茶叉

多用金属、竹、木制成，是用来取茶食的用具。

15. 茶拂

用来刷净茶荷上所沾茶末的用具。

16. 餐巾纸

用来擦拭杯沿、垫取茶具、擦手。

17. 计时器

用来计算泡茶时间的工具，以能计秒的工具为佳。定时钟和电子秒表都可以用作计时器。

18. 消毒柜

主要用途有二：一是烘干茶具；二是消毒灭菌。

19. 滤网组

主要用途是过滤茶渣，由一个滤网和一个滤物架组成。

20. 茶道组

包括茶匙、茶针、茶漏、茶则和杯夹。

21. 茶船

泡茶之时使用的主茶台，主要用来摆放茶具和承接使用过的水。

22. 紫砂壶

紫砂壶是用来冲泡普洱茶、乌龙茶等需要较高水温茶类的重要泡茶工具。透气性好、能够调节茶味是它最大的特点。

23. 盖碗

盖碗又被称为三才碗，可以用来冲泡各种茶品。它的盖托杯分别预示着天地人三才。

24. 品茗杯

用来喝茶的小杯子，评茶时经常用到。

25. 杯托

用来放置品茗杯的器具。

26. 公道杯

公道杯又被称之为茶海，是用来盛放茶汤的器具。它适于在评茶时用来观赏茶汤的色泽和浓度。

27. 闻香杯

冲泡乌龙茶特有的茶具。多为瓷质制品。传统茶道讲究一嗅、二闻、三品味，其中最重要的道具就是闻香杯。闻香杯的好处主要集中在两个方面，一是保温效果好，二是茶香味散发较慢，可以令喝茶者尽情地去玩赏品味。

多种多样的茶艺道具是茶艺的重要组成部分。合适道具的参与将使茶艺发挥得更加淋漓尽致，为饮茶者带来视觉和精神上的双重享受。所以，根据茶品和品茶者的饮茶习惯选择茶艺道具就成了茶艺表演开始前的头等大事。

茶中的礼仪

在茶艺表演中，我们的目光总会追寻一个人的身影，这个人就是茶艺员。随着她（或他）举手投足间的动作神情的变化，我们就会感到一种凝结着古香古韵的美妙之感时时萦绕在自己心怀。这种美好的感觉令我们如痴如醉，久久不能忘怀。其实，造就这种美妙感觉的就是茶艺中的各种礼仪。

我国自古以来就被称为礼仪之邦，向来有客来敬茶的习俗。茶是礼仪的使者，可以融洽人际关系。所以，各种各样的茶艺表演均有礼仪上的规范。随着茶艺的不断发展，礼仪已经逐渐成为茶艺表演中的重头戏。

在当代茶艺表演中，礼仪主要分为三种：一是泡茶前的礼仪，二是泡茶中的礼仪，三是品茶中的礼仪。

1. 泡茶前的礼仪

在茶艺表演中，茶艺员的双手就是舞台上的主角。因此，在泡茶开始之前，茶艺员一定要做好双手的清洁，不能让双手沾染异味，也不可使指甲过长或是在指甲上涂上指甲油。

除去双手之外，茶艺员还需要注意自己的妆容、服饰和头发。简约和谐是整个茶艺表演的主旋律。因此，茶艺员在泡茶之前不要穿着过于鲜艳的服装或是使用气味过重的化妆品。另外，头发也要梳紧，避免其散落到胸前破坏整个泡茶流程的完整性。

以上皆是对茶艺员外在的要求。实际上，心性的培养也在泡茶前的礼仪中占据着相当重要的地位。茶宴讲究清新雅致、祥和温馨的气氛，因此，茶艺员只有做到神情、心性与技艺上的统一，才会将舒适温馨的美感带给饮茶者。

2. 泡茶中的礼仪

泡茶中的礼仪分为肢体语言和动作规范两部分。

肢体语言主要包括行走、站立、坐姿、跪姿、行礼等诸多方面。

行走在茶艺中代表一种动态的美。茶艺员在行走过程中要注意双肩放松，两眼平视，下颌微收，不要随意扭动上身。这样才能走出茶艺员的风情与雅致。

站立是茶艺表演中仪表美的起点和基础。挺拔的站姿会将一种优美高雅、庄重大方、积极向上的美好印象传达给大家。

坐姿在茶艺表演中代表一种静态之美。它是指屈腿端坐的姿态。

跪姿主要出现在日韩等国的茶艺表演中。另外，举行无我茶会时也会采用此种姿势。（无我茶会是一种茶会形式，它最大的特点就是参与茶会的人都要自带茶叶、茶具，每个人都要泡茶、敬茶、品茶，讲究一味同心。）跪姿就是指双膝着地，臀部坐于自己小腿的姿态。

鞠躬是行礼中最常见的表现。在一般情况下，行礼还预示着茶艺表演的开始。

泡茶中的动作规范主要可以归结为五条：

一是茶艺员或泡茶者一定要保持美丽优雅的姿势，不能随意乱晃。

二是在泡茶过程中茶叶和壶嘴等东西不可直接用手触碰。

三是要注意礼貌，不能将壶嘴朝向客人。

四是茶艺员或泡茶者在整个泡茶过程中尽量不要说话，以免对茶性的发挥造成影响。

五是倒茶姿势不能过大，以免对优雅的姿势造成影响。

3. 品茶中的礼仪

常见的品茶礼仪有伸掌礼、寓意礼、鞠躬礼、叩手礼等四种。

伸掌礼是品茗过程中使用频率最高的礼节。它所表达的意思是请和谢谢。所以，这是宾主双方都可以使用的一种礼仪。在行伸掌礼的时候，行礼人需要四指并拢，虎口分开，手掌略向内凹，并同时欠身微笑。

寓意礼就是有着美好祝福暗示的礼仪动作，最常见的是“凤凰三点头”。所谓“凤凰三点头”就是指用手提着水壶高冲低斟反复三次，它的寓意是向客人三鞠躬来表示对客人到来的欢迎。

鞠躬礼是我国的传统礼节。它主要出现在茶艺表演开始前的迎宾及开始和结束之时。值得注意的是主客双方都需要行鞠躬礼。鞠躬礼的主要形式有站式、坐式、跪式三种。

叩手礼是用手指轻轻叩击桌面来行礼。手指叩击桌面的次数与参加品茶者的情况直接相关。

茶中自有真性情，而茶艺表演中的礼仪正是以一种规范的模式将茶的这种真性情带到了我们身边。熟知茶艺表演中的礼仪将使我们有机会实现与茶的亲密接触，感受着从古老历史中走来的文化馨香。

什么是茶道

茶道是当代茶文化中最闪亮的一朵奇葩。它是一种以茶为媒介的生活礼仪，同时也是一种修身养性的方式。它是通过沏茶、赏茶、品茶活动来表现一定的礼节、美学观点和精神思想的一种饮茶艺术。

徜徉在茶道的世界里，你会感到以往那些困扰自己的私心杂念正在隐去，一种清静恬淡的感觉正在从心中慢慢升起。正因为如此，茶道成为茶文化的灵魂，它的爱好者也遍及世界各地。

我国是茶道的故乡。茶道在我国已经有了将近两千年的发展历史。早在饮茶习俗刚刚确立的唐朝，茶道就在我国的茶叶发展史上出现了。在它出现的过程中，诗僧皎然做出了不可磨灭的贡献。

诗僧皎然第一次以诗歌的形式提出了茶道的概念，解释了什么是茶道。在皎然看来，“三饮便得道”。所谓“三饮便得道”就是指“饮茶之道，饮茶修道，饮茶得道”。皎然将佛家的禅定般若的顿悟、道家的羽化修炼、儒家的礼法、淡泊等有机结合融入了“茶道”，开启了中华茶道的先河。

除了皎然之外，唐朝诗人卢仝也为中华茶道的兴起做出了杰出的贡献。他的《七碗茶歌》将皎然开创的茶道进一步发扬光大，并成为日本茶道的开山典籍。

茶道在宋明两代达到了鼎盛时期。宋代是一个全民热爱饮茶的时代，上至皇帝贵族，下至黎民百姓，均将饮茶作为一件日常生活的大事。斗茶之风在民间盛极一时。无论是处于庙堂之高的皇帝贵族，拥有巨额财富的富贵人士，还是身处寺庙道观的佛道人士，才华横溢的文人墨客都是各种茶宴、茶会的举办者和参加者。另外，在宋代，茶道还形成了三点、三不点的品茶法则。所谓三点就是指新茶、甘泉、洁器为一，天气好为一，风流儒雅、气味相投的佳客为一；反之，是为“三不点”。

到了明代之后，随着散茶的兴起，茶道迎来了另一个辉煌的发展时期。出身皇族的朱权是明代初期茶道的代表。他主张顺其自然，回归本性。到了明朝后期，尤其是崇祯年间，茶道变成了文人标榜自身高洁、躲避时政的道具。

清代之后，茶道进入了全面衰落的时期。当代以来，茶道出现了全面复兴的态势。如今的茶道主要包括两个方面的内容，一是备茶品饮之道，二是思想内涵。当品茶至一定境界，从生理感受上升到心理感受，再上升到精神感受之后，我们便可以进入茶道修行的境界。

丰富多彩的茶文化

随着茶艺和茶道的不断发展演进，我国逐渐形成了丰富多彩的茶文化。时至今日，历史悠久、种类繁多的茶文化已经成为我们与世界其他各国人民交往联系的重要纽带。不少外国朋友慕名而来，只为一睹最原汁原味的茶文化的风采。为什么茶文化会有这么大的魅力呢？茶文化的真正内涵又是什么呢？你若是想早点解除心中的疑惑，那就请随着我们一起踏上茶文化的国度吧。

说到茶文化，茶自然是其中的第一主角。我国是茶叶产销大国，光是有名有姓的茶品就有数千种之多。它们不仅有着美味可口的滋味，背后更有着美丽动人的传说。相传位于十大名茶之首的西湖龙井就是因为治好了太后的病才成为御茶的。而且除去美丽的传说之外，茶还与文人墨客有着不解之缘。

我国历史上许多著名的诗人、学者、文学家都是茶中好手。南宋著名诗人杨万里就是其中之一。杨万里一生嗜茶，为茶写下了很多诗文。他曾在《武陵源》的词中写道："旧赐龙团新作祟，频啜得中寒。瘦骨如柴痛又酸，儿信问平安。"茶性天性至寒，杨万里所处的年代还没有出现经过茶性改良的茶。可是，由于他对茶过分热爱，竟然到了不顾自己身体的程度。

更为难能可贵的是杨万里还从澄澈碧绿的茶水中悟出了为人处世之道。他在广东任职之时，曾用自己的薪俸帮助贫苦民众缴纳税赋。同时，杨万里还结交人性如茶的朋友，并用茶的清明来赞赏朋友的风骨。

杨万里嗜茶如命，以茶之道为人处世只是茶与文人墨客缘分的一角。二者之间的缘分还表现在其他几个方面：第一，历代茶学专家写下了无数茶学专著，为茶道的发展打下了坚实的基础。唐代陆羽所作的《茶经》、宋代蔡襄所作的《茶录》及宋徽宗赵佶所作的《大观茶论》皆是其中的杰作。第二，历代爱茶的文人墨客还留下了无数茶诗、茶画等艺术作品。

欧阳修的《武夷茶歌》、苏轼的《种茶》、元稹《一字至七字诗·茶》、阎立本的《萧翼赚兰亭图》、赵孟頫的《斗茶图》及唐寅的《事茗图》皆堪称其中精品。

美丽的传说与文人墨客的推崇将茶文化引领到了一个新的高度。同时，各种充满民间风情的茶俗、茶馆等也为茶文化的发展增添了几抹亮色。具体说来，我国的茶俗主要有维吾尔族的香茶、藏族的酥油茶、布依族的"姑娘茶"、白族的三道茶等。而遍布我国上海、北京、广州、杭州、苏州、香港等各地的茶馆、茶室、茶楼等也在扮演着传承古今茶文化的角色。如在上海的茶馆中，人们可以一边喝茶，一边欣赏自己与朋友带来的精品名画；在天津的茶园中，人们可以一边喝茶，一边欣赏曲艺节目；在广州的茶楼，人们可以一边喝茶，一边交换商业信息。

形式多样的茶文化使茶成为一种极具象征意义的文化符号。每当我们与茶文化相遇时，一股清新宁静之气就会从心中升起。人们在茶文化的国度中找回迷失的自己。

茶艺与茶道的关系

茶艺和茶道就像是茶文化发展史上的"双子座"。它们几乎同时产生，同时遭遇低谷，又同时在当代复兴。喝茶的养生保健功效是联系它们的纽带，并为它们的发展提供了广阔的群众基础。也正因为有了茶艺和茶道的存在，饮茶活动的目的才具有了更高的层次，人们才可以在最普通的日常喝茶中培养自己良好的行为规范及与他人和谐相处的技能。

然而，茶艺与茶道二者却有本质上的区别。而对于品茶的不同侧重则是这种区别最直接的表现。俗语说：三口为品。品茶主要在于运用自己视觉、味觉等感官上的感受来品鉴茶的滋味。在关于品茶的问题上，茶艺更加讲究茶品的资质、泡茶用水、茶具及品茶环境等。若能找到茶中佳品、优质的茶具或是清雅的品茶之地，茶艺就会发挥得更加完善。因此，茶艺侧重的是外在的物质方面。而当品茶达到了一定境界之后，我们就将不再满足于感官上的愉悦和心理上的愉悦了，只有将自己的境界提升到更高的层次，才能得到真正的圆满和解脱。于是，茶艺就在这一时刻演化成更加注重探究人生奥秘的茶道了。同茶艺相比，茶道更加重视通过品茶来提升自己的精神境界，达到“茶人合一”的高度。

除了对于品茶的侧重点不同之外，它们还在其他两个方面有着明显的不同之处。

一方面，茶艺是茶文化形式中的一种，而茶道则是对于茶文化精神内涵的一种探索。茶艺发展到当代之后形成了向“形式化”发展的趋势。如今，很多饮茶者都将茶艺视为一种技艺的代名词。茶技师和茶艺师的区别也由此而来。而茶道则继续传承了自古以来修身养性的传统，并开始成为当代茶文化的代名词。

另一方面，从二者的发展历程来看，茶道自问世至今已经形成了前后传承的完整脉络、思想体系与精神内涵。更值得注意的是茶道早已成为我国传统文化中的重要组成部分。而茶艺虽然出现较早，却是直到明清时期才形成了专门的冲泡技艺的范式。到了当代之后，茶艺更是发展为一门集泡茶、音乐、舞蹈、表演等多种形式于一体的艺术。

虽然茶艺与茶道有这么多的不同，但是它们还是同属于茶文化这一整体。随着二者的不断发展，茶文化的内涵与外延也在不断地扩大，茶文化传播的范围也变得越来越广。相信在不久的未来，茶文化会以更加多彩的面目出现在我们面前。

第五章 茶与保健养生

从古至今，茶已经陪伴我们走过了数千年的历史。从最初的“得茶而解之”到今日茶文化影响遍及世界各地，茶走过了一条从解毒药物到饮料再到精神力量载体的演变之路。其实，无论茶的角色如何变化，它都是人们满足自己身心不同要求的产物，与保健养生结下了不解之缘。

茶的养生功效

一提起茶，人们的嘴角常会微微翘起。那微微翘起的嘴角隐藏的是一抹淡淡的微笑。茶不仅是日常生活中常见的饮料，更是守在我们身边的保健医生。它具有“三抗”“三降”“三消”的功效。只要饮用方式合理、饮用数量恰当，我们就可以成功地降低生病的概率，完成自我身心的滋养。这便是茶的养生功效的功劳。

也正是因为茶有养生的功效，我们才得以在日常的品茶活动中滋养身心。由此，不难看出，茶的养生功效是连接茶与人们养生保健的纽带。唯有对茶的这一功效持有深入的认识，我们才能在以茶养生保健的道路上畅通无阻。

茶的养生功效主要包括以下几个方面：

第一，茶可以改善五脏功能，预防脏腑器官的疾病。

日本的研究人员发现，长期饮绿茶的男性同不饮绿茶的男性相比，总胆固醇、甘油三酯含量较低，高密度脂蛋白与低密度脂蛋白比例也较好。而高密度脂蛋白对于保护心脏有很大的作用。另外，长期适量饮茶对于预防心脏跳动过缓和传导阻滞也有一定的作用。

除去护心之外，茶还是我们健脾护胃的好帮手。有时油腻食物吃多了，我们便可以饮下一杯热茶，茶中的健康元素就会刺激中枢神经，促进肠胃的蠕动，加快消化吸收的过程，起到健脾养胃的作用。

第二，茶可以杀菌消炎，预防过敏性疾病。

茶中的健康元素对危害人体的细菌有抑制作用。因此，常饮茶之人的身体不易被细菌侵入，从而有效地抑制了炎症的发生。同时，茶还可以预防过敏性疾病。科学家曾在大白鼠身上做过花粉症预防的实验，结果发现，无论是哪一种茶类，都可以帮助大白鼠躲过花粉症的袭扰。

第三，茶能够消暑降温，清热解毒。

据科学家研究发现，在夏天饮用热茶能够加速汗腺的分泌，使大量水分通过皮肤表面的毛孔渗出体外并挥发掉。当蒸发的水分越来越多时，人们就会逐渐地凉快下来。另外，茶中的维生素 C 能够参与人体内物质的氧化还原反应，促进解毒作用。又由于二者反应生成的物质多半溶于水，会随着尿液排出体外，从而达到清热解毒的效果。

第四，茶对血液系统有良好的保健作用。

茶对血液系统的保健作用主要体现在五个方面：第一，饮茶可以维持血液的正常酸碱平衡。第二，饮茶能够预防糖尿病。第三，饮茶能预防低血压。第四，饮茶能预防坏血病。第五，饮茶能预防高脂血。

除去上述四个方面之外，茶还拥有抑制细胞衰老、防治人体癌变、美容养颜、延年益寿的养生功效。茶就像是一个取之不尽用之不竭的百宝箱。它常常会在不经意间将惊喜带给我们。唯有饮茶、爱茶、与茶心心相通，我们才能将茶的养生之功发挥到极致，才能为自己制造出一分身心愉悦的欣喜。

茶与中医养生理论

众所周知，茶最初是以药物的形式出现在人们的视野当中的。直到很久之后，茶作为日常饮料的功用才逐渐产生并在人群中普及起来。但是，在我国的茶叶发展史上，茶与中医之间一直维持着十分密切的往来。历代名医所著的医学专著上几乎都会有茶的身影。我国古代中医的集大成之作《本草纲目》中就曾记载“茶，味苦，甘，微寒，无毒”。

中医认为，甘者补而苦则泻。意思就是味道甘美的药物是用于进补的，味道苦涩的药物是用于除去身体中产生的废物的。而经过改良之后的茶恰恰同时具备了这两种特质。因此，茶在很多疾病的防治工作中都起着极为重要的作用，是一味兼补兼泻的良药。同时，也正是由于可攻可补、能入五脏的特质，茶常被用作单方或复方入药使用。

由此，我们可以得出这样一个结论：茶的药用是茶文化与中医文化结合的产物。茶通过自己独特的方式成为中医食疗队伍中的一员。使用方便、应用范围广、无毒副作用、预防效果显著、物美价廉是茶作为药用的主要优点。

茶在医药上的应用主要可以分为三种形式，一种是单味茶，一种是复方茶（即药茶），还有一种是代茶饮。不过，为了使用上的方便，我们常常会采用另一种分类法，那就是以用法作为分类标准。如果从用法上分，茶药可以分为内服、外敷与体外应用三类。

内服类是三类茶药中最常见，也是包含范围最广的。我们平日所见的茶剂、丸剂、散剂、锭剂、膏剂及片剂、袋装茶、速溶茶、茶膳、茶粥等都属内服类茶药的范围。

外敷类茶药主要是用于皮肤和黏膜的表面。它们的主要功效是治疗外科的软组织化脓性疾病、一些皮肤科疾病及眼科、口腔科、五官科等疾病。它们的应用形式包括点眼、吹喉、漱口、熏洗、调敷、末撒等。

体外应用类茶药主要是指将茶叶制成茶枕及熏烧虫害等。这类茶药并不直接作用于人体，而是通过与人体的直接或间接接触来帮助人体恢复健康。

在日常生活中，茶多是以人们习惯的饮料的身份出现的，很少展露自己在药食兼用方面的身手。而中医养生理论则为我们打开了以茶来滋养身心的新窗口。相信在茶的帮助下，我们将会很快摆脱亚健康状态，在淡淡的茶香中找回遗失已久的健康。

饮茶与精神保健

自从野生茶树被发现几千年以来，人们从来没有停止过对茶叶功能的探索。从最早的茶药同食开始，古人们便在日常生活中逐渐认识到了茶愉悦生理感官、愉悦审美感受及愉悦精神境界的功能，其中愉悦审美感受就是修养自身的心性，也就是我们今日所讲的精神保健的范畴。历代茶人都曾就茶叶与精神保健的问题在自己的专著中作了详细的论述。其中以唐代的卢仝、皎然大师与明代的徐祯卿的论述最有代表性。

作为中华茶道创始人之一的皎然大师曾在他的《饮茶歌送郑容》诗中写道："丹丘羽人轻玉食，采茶饮之生羽翼。常说此茶祛我疾，使人胸中荡忧栗。日上香炉情未毕，醉踏虎溪云，高歌送君出。"在皎然大师看来，饮茶不但能祛除身体的痰疾，荡涤心中忧虑，令人精神振奋，还能带来飞升得道的境界。

发展皎然大师茶道学说的卢仝写出了成为日本茶道始祖典籍的《七碗茶歌》。其中“两碗破孤闷”一句就形象地阐明了饮茶同精神保健之间的关系。卢仝认为饮茶是一件赏心悦目的事情，能够帮助人们祛除心中的孤独与苦闷。

到了明代之后，饮茶能够修身养性的观点得到了进一步的传承。江南四大才子之一的徐祯卿就曾在他所作的《秋夜试茶》中提到“闷来无伴倾云液，铜叶闲尝紫笋茶。”当一个人心中烦闷又无人陪伴的时候该怎么办呢？只有借着品茗来消除心中的烦闷，摆脱寂寞的困扰了。

事实上，烦恼、寂寞是人们在心情不佳时最易生出的情绪。此种忧郁的情绪会使人们出现心理失衡的情况。而心理失衡正是影响人们健康的重要原因之一。近年来，世界卫生组织曾经就全球老年人的健康问题进行了一次全面的总结。在他们看来，合理膳食、适当运动、戒烟限酒、心理平衡是人们健康的四大基石。所以，做好自我的精神保健工作便成为了一件非常重要的工作。我们如何才能完成这项工作？我们不妨选择一些合适的茶饮来帮助自己。

我国传统医学认为，人体的健康是由于体内阴阳二气调和而成。当心理失衡的状况出现时，体内的阴阳二气也就失去了协调的状态。这时，积聚二气的脏腑器官就会受到损伤。要想使受伤的脏腑器官得到修复，我们就需要为它们补充足够的营养。而茶恰恰具有深入五脏之经，滋阴益气的功效。另外，从西医的角度来看，茶本身含有多种维生素及铁、钙等营养物质。这些营养物质将会为受伤的脏腑器官提供充足的营养，促进它们的修复。所以，适当地饮茶将会使自我的精神保健工作不再成为一个难题。

不过，在选择精神保健茶饮之时，我们还要注意以下几个方面的问题：第一，选择茶饮时，我们一定要从自身实际出发，并遵从医生的指导。这样，我们就不会因为体质、时令等方面的问题而受到伤害。第二，在饮用精神保健茶品的同时，我们还需要遵守“二忘三爱”的原则。所谓“二忘”就是指忘记各种事情带来的伤害，忘记过分计较个人得失。所谓“三爱”就是指爱生活、爱他人、爱自己。

唯有如此，我们才能在鲜嫩清新的绿茶、温暖如春的红茶、典雅厚重的黑茶及含蓄宁静的乌龙茶中放下心中的烦恼，忘记人间的纷争，勇敢地去拥抱心中的太阳。

茶饮与美容养颜

能够保持青春靓丽一直是我们心中最执著的一个愿望。为了实现自己这一心愿，我们付出了种种艰辛的努力，结果却往往不尽如人意。看着自己原本白皙红润的皮肤变得干枯焦黄，望着自己的一头秀发失去了往日的光泽，一种别样的滋味渐渐涌上心头。到底该怎么办才好呢？试试美容养颜的茶饮吧。它可以让你的肌肤变得红嫩润泽，柔软细腻，从而帮助你实现美容养颜的第一步。

其实，喝茶可以美容养颜并非空穴来风。茶中包含的健康元素具有抗氧化、清除自由基、抑制有害微生物、调节血脂、提高人体免疫力的功效。这些功效将会为我们带来很多惊喜。一方面，它们可以保证我们的身体健康；另一方面，它们还可以抑制面部粉刺与黄褐斑的形成，减缓皮肤的衰老速度。

正因为茶有如此功效，美容养颜茶才会诞生，成为人们在日常生活中与衰老对抗的好帮手。美容养颜茶品种众多，我国的六大茶类都是其中的一员。其中白茶中富含维生素，能不断为面部提供充足的营养，乌龙茶则可以帮助我们减少皮下脂肪含量，提高皮肤角质层的保湿能力，从而保持皮肤的柔软度和弹性。

除去基本类型之外，美容养颜茶还包含一些特殊的茶饮，如冬季润颜茶、晒不黑的驻颜茶、克制面部斑点的消痘茶，等等。它们可以帮助我们在寒冷干燥的冬季减少面部的缺水起皮，在炎炎夏日中减少黑色素的沉淀，还可以帮助我们在青春痘和色斑肆虐之时清热解毒，赶走烦人的“深刻印象”。

尽管美容养颜茶有如此多的妙用，但是它的制作方法并不烦琐。我们可以按照自己的身体情况选择六大茶类中的任何一款茶品作为原料进行冲泡，也可以用中药、干花或食材放入砂锅中进行烹煮。

在日常生活中，常备一杯美容养颜茶，我们就可以及时排出体中的毒素，补充肌肤所需的营养，锁住肌肤中的水分。这样，我们就可以自信地走在大街上，不再害怕皮肤干燥失水或脸上长斑点了。

不过，虽然美容养颜茶对于人们的肌肤护理非常有帮助，但是也并非是适用于任何一个人的。比如具有活血化瘀散结功效的海藻茶能帮助我们消除脸上的痘痘顽疾，但不适合处于生理期和怀孕期的准妈妈们饮用。

因此，当饮用美容养颜茶时，我们一定要慎重选择。自己如果拿不准，就一定要向医生请教之后方可饮用。唯有如此，我们才能避免不必要的损伤，真正开始自己的美容养颜之旅。

第二篇

了解茶性，看茶喝茶

茶，从发现、发展至今，已有数千年之久。而中国自古以来，就有喝茶品茶的历史。茶作为一种饮料，并成为举国之饮，早已被人们所熟知；茶作为一种延年益寿、防病治病的药物，也早已应用于临床实践。如今，随着科学的进步，茶学研究的不断深化，人们对茶的重视程度也越来越高。“美酒千杯难成知己，清茶一盏也能醉人”。但是，茶究竟都有哪几大类？每类茶都有什么品质特性？我们该如何去鉴别这些茶叶？本篇将详细给你介绍相关方面的知识，让你在了解茶特性的过程中，鉴出每一种好茶，从而真正地喝出健康，喝出味道。

第一章　了解清香绿茶

绿茶，又称不发酵茶，以适宜茶树新梢为原料，经过杀青、揉捻、干燥等典型工艺过程精制而成。因为其干茶的色泽、冲泡后的茶汤，以及叶底都以绿色为主色调，所以名曰绿茶。绿茶是我国产量最多的一种茶叶，分布于我国多个省市地区，而且名优绿茶品种也极多。对此，每一种绿茶该如何鉴赏，便成了许多以茶养生的人士所关心的问题。而这，也正是我们接下来要详细阐释的内容。

西湖龙井

西湖龙井茶，是中国的十大名茶之一，主要产于浙江杭州西湖的狮峰、龙井、五云山、虎跑一带。因其“色绿、香郁、味甘、形美”四绝而著称。“欲把西湖比西子，从来佳茗似佳人”就是大文豪苏东坡称赞龙井的诗句。还有“院外风荷西子笑，明前龙井女儿红”，也堪称西湖龙井茶的绝妙写真。集名山、名寺、名湖、名泉和名茶于一体，泡一杯龙井茶，喝出的却是世上所罕见的独特而骄人的龙井茶文化。

西湖龙井茶历史悠久，最早可追溯到我国唐代。相传，在清代，乾隆皇帝下江南时，四次到西湖龙井茶区视察、品尝西湖龙井茶，赞不绝口。据说，有一次，乾隆帝在狮峰山下胡公庙前欣赏采茶女制茶，并不时抓起茶叶鉴赏。正在赏玩之际，忽然太监来报说太后有病，请皇帝速速回京。乾隆一惊，顺手将手里的茶叶放入口袋，火速赶回京城。原来太后并无大病，只是惦记皇帝久出未归，一时肝火上升，胃中不适。太后见皇儿归来，非常高兴，病已好了大半。忽然闻到乾隆身上阵阵香气，问是何物。乾隆这才知道原来自己把西湖龙井茶叶带回来了。于是亲自为太后冲泡了一杯龙井茶，只见茶汤清绿，清香扑鼻。太后连喝几口，觉得肝火顿消，病也好了，连说这西湖龙井茶胜似灵丹妙药。乾隆见太后病好，也非常高兴，立即传旨将胡公庙前的十八棵茶树封为御茶，年年采制，专供太后享用。从此，西湖龙井茶身价大涨，名扬天下。

随着西湖龙井的价值升高，市场上也随之出现了一些假冒的龙井，因此，对于长期饮茶的人们来说，如何鉴别龙井的真伪，就显得尤为重要。鉴别西湖龙井时，可以从以下几个方面把握。

第一，看外形。通常情况下，上好的西湖龙井茶都是扁平光滑、挺秀尖削、均匀整齐、色泽翠绿鲜活的。如果茶叶外形松散粗糙、身骨轻飘、筋脉显露、色泽枯黄，就是质量不过关的龙井了。

第二，闻香气。高级西湖龙井茶带有鲜纯的嫩香，香气清醇持久。这里的香气是指茶叶冲泡后散发出来的气味。西湖龙井茶的香气像兰花豆的芳香，而且其中又掺几丝蜂蜜的甜味儿，续水时那香郁的味道尤其浓烈扑鼻。

第三，品味道。西湖龙井茶的味道以鲜醇甘爽为好。首次冲泡此茶，饮到三分之一时，再续水饮至一半，这时，口感香郁而且醇厚，并有滑溜溜的细腻的独特质感，甚至有“三口不忍漱”的说法。西湖龙井茶的味道如何往往与香气关系密切，香气好的西湖龙井滋味通常较鲜爽，香气差的西湖龙井则通常有苦涩味或粗青感。

第四，试手感。这样做的目的主要是查看西湖龙井茶叶的干燥程度。随意挑选一片干茶，放在拇指与食指之间用力捻，如果很容易变成粉末状，则证明干燥度足够；反之，若为小颗粒，则干燥程度不够，或者茶叶已经变潮了。干燥度不足的西湖龙井不易存储，同时香气也不高，影响口感。

第五，观叶底。叶底是冲泡后剩下的茶渣。冲泡后，芽叶细嫩成朵，均匀整齐、嫩绿明亮，冲泡后的汤色也是清澈明亮的，就说明是上好的西湖龙井茶。而差的茶叶叶底则暗淡、粗老、单薄，汤色也会呈深黄色。

随着饮茶风尚的形成，人们越来越多地开始关注到西湖龙井的保健功效。经过长期的实践研究，发现西湖龙井茶有提神的功效，可以有效帮助人们消除疲劳、振奋精神、增进思维、提高工作效率。而且，西湖龙井茶中含有茶多酚，可以起到消炎杀菌的作用，对肠道疾病和皮肤伤患都有良好的效果。此外，西湖龙井茶中的黄酮类物质如牡荆碱、桑色素和儿茶素等，能够在不同程度上起到强心解痉、抑制动脉硬化、抑制癌细胞的作用。

但需要注意的是，西湖龙井茶在冲泡时不宜过浓，因为西湖龙井茶中的有些物质成分有收敛作用，喝浓茶会引起便秘。此外，女性朋友在经期、孕期、哺乳期和更年期的时候，也不宜喝西湖龙井茶，因为西湖龙井茶会妨碍此时期人体对铁的吸收，影响血液循环，增加心脏的负担。

碧螺春

碧螺春茶，是中国十大名茶之一，主要产于江苏省苏州市太湖洞庭山一带。那里空气湿润，土壤呈微酸性或酸性，质地疏松，特别适合茶树生长，而且此间茶树与果树套种，所以碧螺春茶叶具有特殊的花果香味，并以“形美、色艳、香浓、味醇”四绝闻名中外。据记载，碧螺春茶叶早在隋唐时期即负盛名，至今已有千余年的历史。“碧螺飞翠太湖美，新雨吟香云水闲。”即是古人对碧螺春的真实写照与赞美。

关于碧螺春茶名的由来，还有一个动人的民间传说。早年间，在太湖附近住着一位美丽聪慧而且喜欢唱歌的孤女，名叫碧螺。而在太湖的另一边，有一位勇敢正直的青年渔民，名为阿祥。二人彼此都产生了倾慕之情，却无由相见。有一天，太湖里突然跃出一条恶龙，强行劫走了碧螺。阿祥为了救出碧螺而与恶龙连续交战七个昼夜，结果身负重伤。碧螺为了报答救命之恩，便亲自护理他，为他疗伤。一日，碧螺为寻觅草药，来到阿祥与恶龙交战的地方，偶然发现长出了一株小茶树，枝叶繁茂。碧螺便将这株小茶树移植于洞庭山上并加以精心护理。阿祥的身体日渐衰弱，汤药不进。碧螺在万分焦虑之中，猛然想到山上那株以阿祥的鲜血育成的茶树，于是她跑上山去，以口衔茶芽，泡成了翠绿清香的茶汤，双手捧给阿祥饮尝，阿祥饮后，精神顿爽。碧螺从阿祥那刚毅而苍白的脸上第一次看到了笑容，她的心里充满了喜悦和欣慰。当阿祥问及是从哪里采来的“仙药”时，碧螺将实情告诉了阿祥。于是碧螺每天清晨上山，以口衔茶，揉搓焙干，泡成香茶，让阿祥喝下。阿祥的身体渐渐复原了，可是碧螺因天天衔茶，以至情相报阿祥，渐渐失去了元气，终于憔悴而死。阿祥万没想到，自己得救了，却失去了至爱的碧螺，悲痛欲绝，于是把碧螺葬在洞庭山的茶树下，并把这株奇异的茶树称之为碧螺春茶。

尽管这只是一个传说，但是从中可以领略到碧螺春茶的久负盛名。那么，相对于普通的茶来看，碧螺春茶究竟有什么独特之处呢？种植碧螺春的茶农对碧螺春描述为：“铜丝条，螺旋形，浑身毛，花香果味，鲜爽生津。”因此，我们可以从以下几个方面进行鉴别。

第一，鉴干茶。洞庭碧螺春的干茶银芽显露，一芽一叶，条索纤细，卷曲成螺状，表面的绒毛比较多，白毫中带有翠绿。而假冒碧螺春为一芽两叶，芽叶长度不齐，呈黄色，而且大都为绿色，而不是白色。

第二，鉴汤色。真品碧螺春用开水冲泡后是微黄色的，第一泡的茶汤可能有短暂的浑浊，稍等片刻后汤色就会变清，色泽比较鲜亮。而加了色素的碧螺春的汤色是碧绿的，看上去有些黄暗，像陈茶的颜色。

第三，鉴口感。品饮时，先取碧螺春茶叶放入透明玻璃杯中，以少许开水浸润茶叶，待茶叶舒展开后，再将杯斟满。碧螺春茶的滋味鲜美甘醇，鲜爽生津，细细品味，兼有花朵和水果的清香。在口感上，素有“一酌鲜雅幽香，二酌芬芳味醇，三酌香郁回甘”的说法。假冒的碧螺春茶则不会有如此清香雅致的味道。

碧螺春茶在康熙年间就成为贡茶，此后更是吸引了越来越多的喝茶爱好者。这不仅因为其独特的口感，更是因为碧螺春茶本身所具有的保健功效。人们在长期的实践中发现，碧螺春茶有提神健胃的功效，对上呼吸道感染病及消化道疾病有很好的预防和辅助治疗的作用；同时，碧螺春茶中含有茶氨基，可以改善血液流动，在肥胖症、脑中风和心脏病的治疗方面可以起到一定效用；此外，碧螺春茶中还含有抗自由基作用的成分，可以有效防治癌症。

不过，碧螺春茶的保存方法还需要特别注意一下。传统的贮存方法都是纸包茶叶，将其放到缸中，然后加盖密封。随着社会的进步和科学的发展，人们找到了更好的贮存方法。即用三层塑料保鲜袋将碧螺春分层扎紧，以隔绝空气，然后放到冰箱中低温贮藏。实践表明，这种贮存方式可以使碧螺春保存的年限更久一些，而且色、香、味犹如新茶，鲜醇爽口。

黄山毛峰

黄山毛峰，烘青绿茶的一种，以其“香高、味醇、汤清、色润”的独特之处而被誉为茶中精品，跻身中国十大名茶之列。它主要产于安徽省黄山汤口和富溪一带。该地区高山耸立，群峰环抱，溪流纵横，土地肥沃湿润，日照短，日夜温差大，平均海拔500~800米，特别适合茶树的种植。此地产出的毛峰茶广受喝茶爱好者的青睐。国际著名茶学专家、中国茶业界泰斗陈橼先生认为黄山毛峰是茶中极品，并有“黄山毛峰，名山名茶”的题词，足见他对黄山毛峰的高度评价。

说到这种珍贵的茶叶，还有一段有趣的传说。明朝天启年间，江南一位新任县官熊开元带着书童到黄山游玩，不幸迷路了，于是便到附近的寺院中借宿。寺院长老泡茶敬客时，知县只见开水泡下去后，热气绕碗边转了一圈，转到碗中心就直线升腾，然后化成一朵白莲花。那白莲花又慢慢上升化成一团云雾，最后散成一缕缕热气飘荡开来，清香满室。知县觉得很神奇，问后方知此茶名叫黄山毛峰。临别时长老赠送此茶一包和黄山泉水一葫芦，并告知一定要用此泉水冲泡才能出现白莲奇景。熊知县回县衙后，在同窗好友太平知县面前，展示了冲泡黄山毛峰的过程。后来，太平知县到京城禀奏皇上，想以此邀功请赏。皇帝下令让他当场表演，然而却不见白莲奇景出现，皇上大怒，太平知县惊吓之余只能坦白说是从知县熊开元那里得知此事的。皇帝立即传令熊开元进宫，熊开元讲明缘由后请求回黄山取水。取回之后，在皇帝面前再次冲泡玉杯中的黄山毛峰，果然出现了白莲奇观。皇帝看得眉开眼笑，便对熊知县说道：“朕念你献茶有功，升你为江南巡抚，三日后就上任去吧！”熊知县心中顿时感慨万千，暗自思量：“黄山名茶尚且品质清高，何况为人呢？”于是，脱下官服玉带，舍弃了荣华富贵，来到黄山云谷寺出家做了和尚，法名正志。如今，在云谷寺下的路旁，有一檗庵大师墓塔遗址，相传就是正志和尚的坟墓。

尽管黄山毛峰的白莲奇观之说只是一个美丽传说，却引得不少茶人亲身实践，遂成为黄山毛峰一绝。至于黄山毛峰的鉴赏，可以从如下三方面着手：

第一，看外形。正如传说中所言，真正的黄山毛峰确是“品质清高”。它们普遍条索细扁，翠绿之中略泛微黄，色泽应油润光亮。其中，特级黄山毛峰堪称我国毛峰之极品，外形美观，每片茶叶约半寸，绿中略泛微黄，色泽油润光亮，尖芽紧偎叶中，酷似雀舌，全身白色细绒毫，匀齐壮实，峰显毫露，色如象牙，鱼叶金黄；清香高长，汤色清澈，滋味鲜浓、醇厚、甘甜，叶底嫩黄，肥壮成朵。其中“金黄片”和“象牙色”是特级黄山毛峰外形与其他毛峰不同的两大明显特征。

第二，鉴茶汤。黄山毛峰冲泡时应用水温为90°C左右的开水为宜。冲泡后，汤色清澈明亮略带有杏黄色；香气清香高长，馥郁酷似白兰，沁人心脾。入口后，茶汤滋味鲜浓，醇和高雅，回味甘甜，白兰香味长时间环绕齿间，丝丝甜味持久不退。

第三，观叶底。黄山毛峰的叶底均匀成朵、嫩黄肥壮、厚实饱满、通体鲜亮，具有高香、味醇、汤清、色润四大特色。而假的黄山毛峰叶底则呈土黄色，且味苦、不成朵。

总之，由于滋味醇厚甘甜，香气韵味深长，加之其本身所具有的保健功效，黄山毛峰近年来已成为馈赠亲朋好友的佳品。在此提醒广大朋友，在购买黄山毛峰时最好到正规的茶叶专卖店购买，同时，要关注其产地是否正宗，茶叶是否新鲜且符合上述三大特征，以防购买到假冒的黄山毛峰茶。

黄山毛尖

黄山毛尖，是中国的名茶之一，是高山、无污染、纯天然品质的花香型名优茶品种。此茶主要产于我国安徽省黄山区新明乡黄山北麓的山脉上，该地区土地肥沃湿润，日照时间短，昼夜温差大，空气新鲜无污染，特别适宜茶树的种植。

黄山毛尖一般在清明节前后采摘，其采摘标准为一芽一叶初展或者一芽二叶初展。黄山毛尖的制作工艺将传统工艺和高科技含量集于一体，主要分为鲜叶采摘、摊凉、杀青、理条、烘干、贮藏等几道工序。这就使得黄山毛尖的成品茶不仅保持了原有的天然营养成分，而且更充分地体现了名优茶色、香、味、形的地方特色。黄山毛尖茶一经问世，就被国际著名茶学专家、中国茶业界泰斗陈橼先生称为茶中极品，并欣然题词："黄山毛尖，名山名茶"，表达了他对黄山毛尖茶的高度评价。

众所周知，绿茶是外形和内质并重的茶类，而黄山毛尖作为半烘炒型绿茶中的名品（这也是它与黄山毛峰的主要区别之一），有其独特的品质特点。但是，黄山毛尖茶的品质差别较大，在选购的时候需要特别注意，一般可以从以下几个方面进行鉴别。

第一，看外形。上好的黄山毛尖茶从外形上看，嫩绿起霜，条索匀整，重实有峰苗，颗粒紧结，滚圆如珠。如果所选购的黄山毛尖茶条索松扁，弯曲轻飘，颜色暗黄，扁块或松散开口，这些外形品质都是劣质黄山毛尖的表现。

第二，闻香气。黄山毛尖茶的香气有嫩香持久，香气清高的特点。根据制作工艺的不同，有的会散发出板栗香，有的会有浓烈的花香，并伴有特殊的紫菜香。如果黄山毛尖茶的香气中有青草气、晒气、泥土气、烟焦气或发酵气味的，则说明该种黄山毛尖茶的品质较差。

第三，品滋味。品质好的黄山毛尖，浓纯鲜爽，浓厚回味带甘，有良好的新鲜味道。而品质较差的黄山毛尖，则滋味淡薄、粗涩，并有老青味和其他杂味。

第四，察汤色。质量上乘的黄山毛尖茶，其干茶一经冲泡，汤色会呈现清澈黄绿，淡黄泛绿，清澈明亮的品质特征。如果冲泡后的汤色深黄，暗浊，而且泛红的话，则大抵说明是质量较为低劣的黄山毛尖茶了。

第五，鉴叶底。上好的黄山毛尖茶在冲泡几次过后，叶底依然是明亮细嫩，肥厚柔软的，如果黄山毛尖茶的叶底出现了黄暗、粗老、薄硬等现象的话，则说明该种黄山毛尖茶的品质较次，如果叶底是红梗，红叶、靛青色及青菜色的，这就是品质最为低劣的黄山毛尖茶了。

黄山毛尖茶在我国被誉为“国饮”。现代科学大量研究证实，黄山毛尖茶叶确实含有与人体健康密切相关的生化成分，其中，具有药理作用的主要成分是茶多酚、咖啡碱、脂多糖、茶氨酸等。这些物质成分，不仅具有提神清心、清热解暑、消食化痰、去腻减肥、清心除烦、解毒醒酒、生津止渴、降火明目、止痢除湿等药理作用，还对现代疾病，如辐射病、心脑血管病、癌症等疾病，有一定的药理功效。

信阳毛尖

信阳毛尖，又称“豫毛峰”，是中国十大名茶之一。它以“细、圆、光、直、多白毫、香高、味浓、汤色绿”的独特风格而饮誉中外。历代文人墨客对信阳毛尖茶也颇多青睐。宋代大文豪苏轼曾对信阳毛尖有过高度的评价：“淮南茶，信阳第一。”信阳毛尖一般分为春茶毛尖和秋茶毛尖。春茶一般在清明节前后采摘，秋茶在八九月间采摘，而且素有“头茶苦，二茶涩，秋茶好喝舍不得”的说法。现在，信阳已经成为全国重要的产茶区之一。

同许多茶一样，信阳毛尖茶的文化史中也流传着一个美丽的故事。相传在很久以前，信阳并没有毛尖茶，更不是产茶区，乡亲们在贪官污吏和地主老财的压迫下，一直生活在水深火热之中。长此以往，许多百姓染上一种叫“疲劳痧”的怪病，有的竟不治身亡。村里有一个善良的姑娘叫春姑，她为了能救乡亲们，四处奔走寻找神医神药。一天，一位采药老人告诉姑娘，往西南方向翻过九十九座大山，趟过九十九条大江，便能找到一种消除疾病的宝树。春姑遵照老人的叮嘱，在路上走了九九八十一天，不仅累得筋疲力尽，而且也染上了可怕的瘟病。当她坐在一条小溪边想办法的时候，看到泉水中漂来一片树叶，春姑便拾起来含在嘴里，顿时觉得神清目爽，浑身是劲。聪明的春姑顺着泉水向上寻找，果然找到了老人所说的那棵宝树。看管茶树的神农氏老人给了春姑一些树种，并告诉春姑，种子必须在 10 天之内种进泥土，否则就不会有效果。春姑听完之后，想到 10 天之内赶不回去，也就意味着救不了乡亲们的命，春姑难过地哭了。老人见此情景，拿出神鞭抽了两下，春姑便变身成为一只画眉鸟。小画眉很快飞回了家乡，将树子种下，见到嫩绿的树苗从泥土中探出头来，画眉高兴地笑了起来。这时，她的心血和力气已经耗尽，在茶树旁化成了一块似鸟非鸟的石头。不久，茶树长大，山上也飞出了一群群的小画眉，她们用尖尖的嘴巴啄下一片片茶叶，放进得了瘟病人的嘴里，病人便马上好了，从此以后，种植茶树的人越来越多，也就有了河南信阳的茶园和茶山。

随着河南信阳茶产业的兴盛，越来越多的人饮用信阳毛尖。因此，在购买时，如何鉴别真伪就成了一个值得关注的问题。具体而言，应主要从外形、香气、汤色、滋味和叶底五个方面进行鉴别。

第一，看外形。将信阳毛尖茶叶平摊于白纸上，看一下干茶的色泽、嫩度、条索、粗细。如果色泽匀整、嫩度高，条索紧实，粗细一致，碎末茶少，那么就可以证明是上好的信阳毛尖茶叶。

第二，嗅香气。用双手捧起一把信阳毛尖茶叶，放于鼻端，用力深深吸一下信阳毛尖的香气。一是看是否具有熟板栗的香气；二是辨别香气的高低；三是嗅闻香气的纯正程度。此外，在信阳毛尖茶叶经杯中冲泡后，立即倾出茶汤，将茶杯连叶底一起，送入鼻端，如果闻起来香气高、气味正、使人有心旷神怡之感的必然是优质的信阳毛尖茶了。

第三，观汤色。看汤色应及时进行。一般在信阳毛尖茶叶冲泡 3~5 分钟后，倾出杯中茶汤于另一碗内，在嗅香气前后立即进行。如果是上乘的信阳毛尖茶叶，汤色以浅绿或黄绿为宜，并要求清而不浊，明亮澄澈。

第四，品滋味。滋味是靠人的味觉器官来区别的。大体上说，茶汤浓醇爽口，属上等的信阳毛尖茶；如果平淡涩口，多为粗老的信阳毛尖。

第五，评叶底。这主要是看老嫩、整碎、色泽、匀杂、软硬等情况以确定质量的优次，同时还应注意有无其他掺杂物。

近年来，人们品饮信阳毛尖不仅因为其独特的口感，也关注到了信阳毛尖的保健功效。经过研究表明，信阳毛尖能够分解香烟中的某些毒素，尤其能够减少尼古丁对人体健康的危害。同时，信阳毛尖茶还能够治疗嘴唇疱疹，将冷却后的信阳毛尖茶水涂到嘴唇患处即可。此外，信阳毛尖可以提高人体免疫力，对预防感冒能起到很好的作用。

六安瓜片

六安瓜片，又称片茶，属于绿茶中的上品，是国家级历史名茶，名列中国十大经典名茶之一。其主要产地位于安徽省六安市裕安区，其中，金寨县齐山、黄石、里冲、裕安区黄巢尖和红石地区的六安瓜片茶品质最好。在唐代的《茶经》中就有关于六安瓜片茶的记载，可以说这是有着悠久历史底蕴和丰厚文化内涵的名茶。

关于六安瓜片茶的由来，有一种传说是它从神茶繁衍而来。相传，在金寨麻埠镇有个农民叫胡林，精于制茶之道。一天，他为雇主到齐云山一带采制茶叶。他走到一处悬崖石壁前，那里到处是参天古木，平时少有人来到此地。忽然，他在石壁间发现了几株奇异的茶树，枝繁叶茂，苍翠欲滴，芽叶上密布一层白色茸毛，银光闪闪，与其他茶树有着明显的区别。胡林对于辨别茶树品种优劣很拿手，仔细看过之后，知道眼前的茶树是极为难得的名贵品种。于是，他小心翼翼地采下鲜叶，精心炒制成茶，带在身上，下山回家。由于路上奔波劳累，他便在经过的一家茶馆歇脚，出于好奇心的驱使，他将自己随身所带的山茶拿出来冲泡。开水一注入，只见茶杯中浮起一层白沫，恰似朵朵祥云飘动，又像金色莲花盛开，顿时茶香飘散了满屋，弥漫开来。在座的茶客都被这香气吸引，异口同声赞叹道："好茶！好香的茶!"胡林见这茶如此爽口，便转身又回到山中，去寻找他在悬崖石壁间所发现的那几株茶树，可是峰回路转，再也无处寻觅了。当地人认为这是"神茶"，不可复得。这个故事流传若干年后，有人在齐云山蝙蝠洞发现了几株茶树，相传是蝙蝠衔子所生。这几株茶树和胡林当时所描述的茶树一模一样，大家就自然而然地称其为"神茶"。

传说中的"神茶"自然没有什么科学的根据，但是六安瓜片茶的清香和醇厚的味道却是真实存在的。在选购时，香和味也是重要的鉴别关注点，除此之外，还要从色和形的角度把握。

第一，看外形。六安瓜片的形状呈条形状，大小均匀，条索比较紧，如果松散，则属于劣质的六安瓜片茶。它的干茶用开水发汤后，先浮于上层，随着叶片的开汤，叶片逐一自下而上陆续下沉至杯碗底。由原来的条状开发为叶片状，叶片大小近同，片片叠加。

第二，闻其香。靠近杯碗口或口面，感觉是否有悠悠的茶叶清香，以其香味浓度体验茶叶的香醇。其中，清香味属于嫩度较高的前期茶，栗香属于中期茶，而高火香则属于后期茶。

第三，观汤色。六安瓜片茶用开水冲泡后，查看汤色，一般是青汤透绿、清爽爽的，没有一点的浑浊。谷雨前十天的茶草制作的新茶，泡后叶片颜色有淡青、青色的，不匀称。谷雨前后用茶草制作的片茶，泡后叶片颜色一般是青色或深青的，而且匀称，茶汤相应也浓些、若时间稍候一会儿青绿色也深些。

第四，品茶味。喝六安瓜片茶的时候，通常是先慢喝两口茶汤，再细细品味，片刻后，口中会有点微苦、清凉丝丝的甜味；叶片营养生长丰厚的茶草制作的片茶，沏泡的茶汤，往往能够使你明显感觉到茶汤的柔度。

值得一提的是，六安瓜片是所有绿茶当中营养价值最高的茶叶，因为它属于叶片茶，生长周期长，茶叶的光合作用时间长，所以茶叶积蓄的养分多。六安瓜片茶不仅可以起到清心明目、抗菌消炎的作用，而且，长期饮用，在排毒养颜、延缓衰老方面也会有很好的效果。但是，在饮用六安瓜片的时候，需要注意一点，它的茶叶不耐泡，而且味道也比较清淡，等级越好，茶越好，味道就会越淡。因此，冲泡的时间不宜太久，次数不能太多，否则，会影响品饮六安瓜片茶的口感。

太平猴魁

太平猴魁，是中国历史上的名茶，创制于1900年，主要产地是安徽省太平县猴坑的新明、龙门、三口一带。太平猴魁在色、香、味、形方面都颇具特色。此茶在品类上，主要分为猴魁、魁尖、尖茶三种，其中，以猴魁为最好。

说到“太平猴魁”，或许有的人会觉得名字有些奇怪，对此还有一段故事。传说古时候，在黄山居住着一对白毛猴，生下一只小毛猴。有一天，小毛猴独自外出玩耍，来到太平县，遇上大雾，迷失了方向，没有再回到黄山。

老毛猴立即出门寻找，几天后，由于寻子心切，劳累过度，老猴病死在太平县的一个山坑里。山坑里住着一个老汉，以采野茶与药材为生。他心地善良，当发现这只病死的老猴时，就将他埋在山冈上，并移来几颗野茶和山花栽在老猴墓旁，正要离开时，忽听有说话声："老伯，你为我做了好事，我一定感谢您。"但不见人影，这事老汉也没放在心上。第二年春天，老汉又来到山冈采野茶，发现整个山冈都长满了绿油油的茶树。老汉正在纳闷时，忽听有人对他说："这些茶树是我送给您的，您好好栽培，今后就不愁吃穿了。"这时老汉才醒悟过来，这些茶树是神猴所赐。从此，老汉有了一块很好的茶山，再也不需翻山越岭去采野茶了。为了纪念神猴，老汉就把这片山冈叫做猴岗，把自己住的山坑叫做猴坑，把从猴岗采制的茶叶叫做猴茶。由于猴茶品质超群，堪称魁首，后来就将此茶取名为太平猴魁了。

太平猴魁，茶如其名，从不同侧面都有着一种"猴韵"。而这，正可以作为鉴别太平猴魁的依据。一般看来，可从形、色、香、味四个方面把握。

第一，看外形。太平猴魁扁平挺直，魁伟重实，简单地说，就是其个头比较大，两叶一芽，叶片长达5~7厘米，有"猴魁两头尖，不散不翘不卷边"之称。这是独特的自然环境使其鲜叶持嫩性较好的结果，是太平猴魁独一无二的特征，其他茶叶很难鱼目混珠。

第二，辨颜色。太平猴魁苍绿匀润，阴暗处看绿得发乌，阳光下更是绿得好看，绝无微黄的现象。冲泡之后，叶底嫩绿明亮。芽叶成朵肥壮，有若含苞欲放的白兰花。此乃极品的显著特征，其他级别形状相差甚远。

第三，闻香气。香气高爽持久的太平猴魁比一般的地方名茶更耐泡，"三泡四泡幽香犹存"，一般都具有兰花香。

第四，品滋味。太平猴魁滋味鲜爽醇厚，回味甘甜，泡茶时即使放茶过量，也不苦不涩。不精茶者饮用时常感清淡无味，有人说它"甘香如兰，幽而不冽，啜之淡然，似乎无味。饮用后，觉有一种太和之气，弥沦于齿颊之间"。

在太平猴魁的茶文化中，保健作用是其中的重要部分。据报道，太平猴魁对慢性咽炎具有很好的治疗效果。与此同时，太平猴魁茶叶中的咖啡碱和茶碱具有利尿作用，可以用来治疗水肿及急性黄疸型肝炎等疾病。此外，太平猴魁茶中的咖啡碱成分还具有强心、解痉、松弛平滑肌的功效，能解除支气管痉挛，促进血液循环，是治疗支气管哮喘、止咳化痰、心肌梗死的良好辅助药物。

俗话说："物以稀为贵。"太平猴魁的营养价值与保健价值极高，但是太平猴魁产量不大，极品太平猴魁更是凤毛麟角。因此，要提醒消费者，市场上的假冒太平猴魁甚多，购买太平猴魁茶一定要选择正规渠道购买，以免上当受骗。

午子仙毫

午子仙毫茶是国家级名优绿茶，出产于素有“中国著名茶乡”之称的陕西省西乡县南道教圣地午子山。午子仙毫茶有着悠久的历史，据史料记载，西乡产茶始于秦汉，盛于唐宋。1985 年，午子仙毫茶被选送全国优质产品展评会上展出，受到普遍赞誉。此后，午子仙毫茶也荣获过多项荣誉称号，现在已成为陕西省政府外事礼品专用茶，人称“茶中皇后”，也有“中华一绝”的美誉。

午子仙毫茶以其独有的魅力，得到各界人士的盛赞。伴随午子山迷人的茶香，还流传着一个动人的传奇故事：很久很久以前，西乡县城出现一位午子姑娘，这位午子姑娘在山顶种植了一片片郁郁葱葱的茶树。每日清晨，午子姑娘便笑眯眯地在紫砂杯中放入茶叶，精心冲泡后，敬于客人。此举在方圆几百里被传为佳话，吸引了不少名人雅士、禅师道长、僧侣儒生前来。一日，午子姑娘以茶待客的美名正好被出巡在外且嗜茶成癖的皇上知道了，他即令绕道驾临午子山。当皇上在茶棚里召见了午子姑娘，品饮香茗后，皇上就将此茶为钦定贡品，专供皇宫所用，封午子姑娘为‘御前茶侍’，即日一同进宫。但是，午子姑娘竟然意外地拒绝了皇上的美意。皇上顿时龙颜大怒，吩咐侍从砍去午子山茶林，将午子姑娘押监治罪。午子姑娘为了保全茶林，答应同皇上进宫。当大队人马走到白松崖时，午子姑娘纵身一跃，跳下了山崖，只见白云之中，姑娘变成一只美丽的金凤凰，向天外飞去。皇上和他的侍卫们惊得目瞪口呆，半晌才回过神来，叹息道：“午子姑娘乃是神女茶仙下凡，看来天意难违，不可冒犯。”就这样，午子山顶的茶园保住了。为了纪念美丽善良的午子仙女，人们把每年清明前在山顶所采的新茶嫩芽，看作是午子姑娘的化身，取名为“午子仙毫”。如今，每逢清明时节，攀登午子山，朝拜午子观，品午子仙毫茶，到飞凤山留影，来泾洋河荡舟，观山中景色，谈论午子仙女的传奇故事，已成为当地的传统习俗和人们茶事活动中的一大乐事。

选购这充满仙境传奇的午子仙毫，其实并非易事。对于普通饮茶之人，购买茶叶时，一般只能观看其干茶的外形和色泽，闻其气香，要想判断午子仙毫的品质更加不易。这里介绍一下鉴别午子仙毫的方法。

第一，看色泽。午子仙毫茶的色泽翠绿鲜润，白毫满披。新茶色泽一般都较清新悦目，或嫩绿或墨绿，鲜润活气。如果其干茶的色泽发枯发暗发褐，表明午子仙毫内部有不同程度的氧化，这种午子仙毫往往是陈茶。

第二，观外形。午子仙毫的外形特点是微扁、条直、挺秀，形似兰花。午子仙毫新茶的条索明亮，大小、粗细、长短均匀。如果条索枯暗、外形不整，那么就是午子仙毫的下品了。

第三，闻香气。午子仙毫的新茶一般都有新茶香，且香气清新持久。冲泡后，如闻不到茶香或者闻到一股青涩气、粗老气、焦煳气则不是好的午子仙毫。若是午子仙毫的陈茶，那么香气就要淡薄一些，有的还会有一股陈气味。

第四，品茶味。午子仙毫的茶汤入口后甘鲜，浓醇爽口，入口后的味道先苦涩，后浓香甘醇，而且带有板栗的香味，在口中会留有甘味。

第五，捏干湿。用手指捏一捏午子仙毫茶叶，可以判断它的干湿程度。判断新茶足不足干，可取一二片茶叶用大拇指和食指稍微用劲捏一捏，能捏成粉末的是足干的午子仙毫叶，可以买；若捏不成粉末状，说明这种午子仙毫茶叶已受潮，含水量较高，容易变质，不宜购买。

午子仙毫茶具有极高的品味和欣赏价值，能给人带来高品位的文化和艺术享受，使人精神愉悦，心旷神怡。它既是会客、解渴的饮品，又是富含锌、硒等微量元素的营养品，具有抗病毒、解渴降温、提神醒脑、解毒利尿、除腻化积、减肥美容、养颜益寿、降脂降压、抵御辐射、防癌抗癌等功效，长期饮用可补充人体所需的维生素。且午子仙毫茶中含有大量抗氧化剂类黄酮、茶氨酸等物质，具有解毒抗氧化的作用，能增强人体抵抗力和免疫力。每天勤喝午子仙毫茶可冲散人体内的废弃物，使肠道畅通，对防止疾病有良好的预防作用。现代营养学家说午子仙毫茶是二十一世纪安全健康的时尚饮品。

庐山云雾茶

庐山云雾茶，古称“闻林茶”，因产自中国江西的庐山而得名。它是中国十大名茶之一，素来以“味醇、色秀、香馨、汤清”享有盛名。庐山云雾始于中国汉朝，在宋代就被列为“贡茶”。有诗赞曰：“庐山云雾茶，味浓性泼辣，若得长时饮，延年益寿法。”庐山山好、水好、茶也香，自古就有“峰奇山秀茶香”之说，若用庐山的山泉沏一杯庐山云雾茶，其滋味更是香醇可口。

庐山本身就风景秀丽，又是名茶的出产地，真可谓“高山出名茶”。传说，孙悟空在花果山当猴王的时候，常吃仙桃、瓜果、美酒，有一天忽然想要尝尝玉皇大帝和王母娘娘的仙茶，于是一个跟头上了天，驾着祥云向下一望，见九州南国一片碧绿，仔细看时，竟是一片茶树。此时正值金秋，茶树已结子，可是孙悟空不知如何采种。这时，天边飞来一群多情鸟，见到猴王后便问他要干什么，孙悟空说：“我那花果山虽好但没茶树，想采一些茶子去，但不知如何采得。”众鸟听后说：“我们来帮你采种吧。”于是展开双翅，来到南国茶园里，一个个衔了茶子，往花果山飞去。多情鸟嘴里衔着茶子，穿云层，越高山，过大河，一直往前飞。谁知飞过庐山上空时，巍巍庐山胜景把它们深深吸引住了，领头鸟竟情不自禁地唱起歌来。领头鸟一唱，其他鸟跟着唱和。茶子便从它们嘴里掉了下去，直掉进庐山群峰的岩隙之中。从此云雾缭绕的庐山便长出一棵棵茶树，出产清香袭人的云雾茶。

这自然是一个关于庐山云雾茶的美丽传说，没有史实依据，但是庐山云雾茶被公认为绿茶中的精品，却是毋庸置疑的。通常用“六绝”来形容庐山云雾茶，即“条索粗壮、青翠多毫、汤色明亮、叶嫩匀齐、香凛持久，醇厚味甘”。此“六绝”不仅是对庐山云雾茶的客观评价，也是鉴别其真伪所要把握的重要方面。

庐山云雾茶由于长年饱受庐山流泉飞瀑的亲润、行云走雾的熏陶，从而形成其独特的醇香品质：芽肥绿润、叶厚毫多、醇香甘润、鲜爽持久、富含营养、延年益寿。正如俗语所云：“匡庐奇秀甲天下，云雾醇香益寿年。”庐山云雾茶的茶汤清淡，宛若碧玉，味似龙井而更为醇香。

庐山云雾茶风味独特，由于受庐山凉爽多雾的气候及日光直射时间短等条件影响，形成其叶厚，毫多，醇甘耐泡，含单宁，芳香油类和维生素较多等特点，不仅味道浓郁清香，怡神解泻，而且可以帮助消化，杀菌解毒，具有防止肠胃感染，增强抗坏血病等功能。其色如沱茶，却比沱茶清淡，宛若碧玉盛于碗中。若用庐山的山泉沏茶焙茗，就更加香醇可口。

此外，庐山云雾茶的冲泡要采用上投法，在茶杯中注入85℃的热开水，这样庐山云雾茶才会散发出最好的味道，发挥出最好的功效。当看到杯中的茶叶慢慢舒展开来的时候，心情自然也会随之舒缓开阔，尽情享受其怡然自得的意境。

双龙银针

双龙银针，产于金华市双龙洞附近的鹿田村和冰湖洞上的北山林场，因其产地和外形而得名。该茶创制于新中国建立后的80年代，是金华当地茶叶科技人员选用良种茶树，结合当地制茶工艺优势而开发的茶叶新品。双龙银针以其优良的外形和品质，1984年被浙江省农业厅评为一类名茶。在全省名茶评比会上，以形质兼优的特色荣获省级一类名茶证书。

传说很多年以前，在金华村有一户姓黄的人家，这家有两个儿子，大儿子叫黄初起，二儿子叫黄初平。初平很小的时候就开始在家放羊，尊老爱幼，勤奋好学，乡亲们都夸奖他懂事。在初平十五岁的那年，有一天他在金华山下放羊，有一只小羊失足受伤，他就细心为小羊疗伤，精心护理，小羊依偎着他，眼角含泪。黄初平看着小羊，想到小羊长大以后，免不了被屠宰的命运，觉得很可怜，不禁动了恻隐之心，十分烦忧。这时恰好有一位道人经过，问初平为何如此的烦忧，初平就将原因说明。道士问："那你希望小羊怎么样呢?"初平回答说希望羊能长生不死，道士说："这很简单。"说完就施展法力把羊群化成了一片茶树。初平看着一大片茶树，很惊奇，就恳求道士收他为徒。道士见他很有慧根，态度又很诚恳，就将黄初平领进金华古洞，领悟修道玄机，修得法道。多年以后，初平回到家乡，其父母已经去世，只见到了哥哥黄初起，就向哥哥讲了这么多年的修道经历。哥哥问初平当年的山羊到哪里去了，初平说仍在山中，哥哥不相信。于是初平就带哥哥来到山上看，却只看见一片茶树，哪里有山羊呢?只见初平不慌不忙，口念法咒，叱声"羊起"，山上的茶树顿时应声而起，变成千万只羊。后来，黄初平乘着仙鹤，带着哥哥一齐登上仙府，修得正果同列仙班。

这就是如今流行的侨仙黄大仙的传说。当初山上的一片茶树，就是现在的双龙银针茶树。现在的游人来到金华，在景区内仍然可以看到与黄大仙传说有关的黄大仙祖宫、金华观、卧羊山、叱石成羊、白马腾空、撞石成仙等多处景点。

双龙银针茶就这样在金龙扎根了，并以其独特的味道吸引了众多的喝茶爱好者。当越来越多的人喜欢品饮双龙银针茶时，对于这种茶的鉴别就显得尤为必要了。双龙银针茶的品质差别较大，可根据它的外观和泡出的茶汤、叶底进行鉴别。

第一，看外观，新鲜的双龙银针的外观色泽鲜绿，闻上去有很浓的茶香，而陈旧的双龙银针则外观色黄暗晦、无光泽，香气低沉，如果对着茶叶用口吹热气，湿润的地方叶色黄且干涩。

第二，观茶汤。泡出的茶汤色泽碧绿，有淡雅的清香，味浓而不腻，滋味甘醇爽口。如果是双龙银针陈茶，那么泡出的茶汤就会色泽深黄，味虽醇厚但不爽口。

第三，评叶底。双龙银针的叶底鲜绿明亮，如果呈现陈黄欠明亮的颜色，就说明不是上好的双龙银针。

还需注意的是，双龙银针的春茶要比秋茶更适于饮用。其春茶外形芽叶硕壮饱满、色墨绿、润泽，条索紧结、厚重；泡出的茶汤味浓、甘醇爽口，香气浓，叶底柔软明亮。而秋茶外形条索紧细、丝筋多、轻薄、色绿；泡出的茶汤色淡，汤味平和、微甜，香气淡，叶底质柔软，多铜色单片。因此，在购买时，要根据需要选择正确的双龙银针品种。

近年来，人们研究发现，双龙银针茶不仅含有咖啡碱、茶多酚、蛋白质、氨基酸、糖类、维生素、脂质、有机酸等有机化合物，还含有钾、钠、镁、铜等无机营养元素，各种化学成分之间的组合比例十分协调。因此，适度饮用双龙银针茶对人体有一定的医疗保健作用。它能提精神、去疲劳、助消化，能消炎杀菌、防治肠道传染病，能防暑降温，解渴生津。同时，双龙银针茶中含有多种抗氧化物质与抗氧化营养素，这些成分对于消除自由基也有一定的效果。因此坚持饮用双龙银针茶也有助防老，具有养生保健功能。但并不是喝得越多越好，就双龙银针茶叶的特点来看，一般情况下，每天 1~2 次，每次 2~3 克的饮量是比较适当的。

花果山云雾

花果山云雾，是绿茶中的名茶。自古道："高山出好茶"，云雾茶产于"四季好花常开，八节鲜果不绝"的江苏省连云港市花果山上。该茶现已成为花果山主要的特产，因长年生长在崇山峻岭之上，云雾缭绕之中，所以称其为"云雾茶"。由于日照不多，生长缓慢，历来产量不高，因而就更显珍贵。花果山云雾茶历史悠久，始于宋，盛于清，已有 900 多年生产历史，曾被列为皇室贡品。对于花果山云雾茶的描述，有茶诗为证："茶香高山云雾质，水甜幽泉霜当魂。”近几年，花果山云雾茶获得较大发展，在江苏省品茶会上，与南京雨花茶、苏州碧螺春并列为江苏省三大名茶，并出口日本、新加坡和欧美等国。

花果山云雾茶在行销海内外的同时，还有一个动人的传说流传至今。相传，很久以前，花果山上并没有奇花异果，周围居住的百姓也很少。当时，山上有一座庙，庙里住着一位老和尚。在庙的四周长满了茶树，老和尚精心照看着这些茶树，每年都要亲自采摘一些茶叶，炒制后保存起来，一般的客人是没有口福品尝的。有一天晚上，老和尚做了一个梦，梦见一轮红日从海中冉冉升起，老和尚马上惊醒，连称好梦，明日必有贵客来。第二天清晨，老和尚令徒弟打扫庙内庙外，称有贵客临门自己独坐山门等候。和尚以为师傅病了，这荒山野岭哪会有什么贵客？将近中午时分，从山道果然走上来两个人。前面那人一身客商打扮，手持羽扇，后面挑担的，一看便知是个书童。老和尚连忙迎上前去，拉住那客人的手道：“贵客临门，有失远迎。”那客人笑着说：“老师傅，吾乃普通客商，怎能劳您如此盛情。”老和尚把客人请到西厢房，宾主坐定，老和尚吩咐倒茶。只见一个小和尚从里间拿出一个精致的小匣，从中取出茶叶，用开水一冲，瞬间，茶香四溢，整个西厢房云雾缭绕。客人连声称道：“好茶，好茶!”老和尚介绍说：“此茶乃云雾茶。”茶罢，那客人道谢走了。原来，那客商打扮的人正是喜欢游山玩水的乾隆皇帝。乾隆自从喝了花果山云雾茶以后，对山珍海味，都渐渐不感兴趣了。回到京城后，下圣旨钦定花果山云雾茶为御茶，也因老和尚培育花果山云雾茶有功而重重赏赐。从此，花果山有了皇帝的照顾，奇花异果渐渐多了起来，成为一座树木葱茏、物产丰饶的宝山，花果山云雾茶也因此在天下扬名。

花果山云雾享誉中外，颇受爱茶者的青睐，已经渐渐成为大众馈赠亲友的佳品。因此，在选购花果山云雾茶的时候，一定要对其外部特征及其冲泡后的特性有一定了解。

第一，看外形。从外观上看，花果山云雾茶形似眉状，条索紧圆、叶形如剪，清澈浅碧，锋苗挺秀、略透粉黄，润绿显毫。

第二，观汤色。在冲泡之后，花果山云雾茶的汤色清明，会透出粉黄的色泽，条束舒展，如枝头新叶，阴阳向背，碧翠扁平，香高持久，滋味鲜浓。

第三，评叶底。在冲泡两三次之后，花果山云雾茶的叶底依然会有均匀完整的独特品格。

如果你所选购的花果山云雾特征与这些相悖，那么就说明不是花果山云雾茶的上品。当然，在物质生活日益丰富的今天，人们在品饮花果山云雾茶的时候，就不单单会关心该茶的鉴赏，还会关心它的保健效果。经过专家鉴定，花果山云雾茶富含茶碱、茶丹宁和维生素等成分。不仅是良好的饮料，还可以提神解渴、清暑利尿、消胀去腻、养心降压、消除疲劳、增强记忆。饮后齿颊留香，含英咀华，风格独特。

需要注意的是，在饮用花果山云雾茶的时候，要先将茶叶放入杯中，用80℃左右的开水冲泡，不论杯大杯小，第一次冲泡都先冲大约1/3的位置，三五分钟后再续水饮用。这样冲泡，会使花果山云雾茶耐泡多汁，香气持久。如用沸水冲泡，容易把茶叶烫熟，其色汁不下，反而会适得其反。

都匀毛尖

都匀毛尖，又叫“白毛尖”“细毛尖”“鱼钩茶”“雀舌茶”，是贵州三大名茶之一，跻身中国十大名茶之列。其主要产地是贵州都匀市布依族苗族自治州一带。据史料记载，早在明代，都匀产出的都匀毛尖茶就已被皇上列为贡品而进献朝廷。如今在国内外市场同样享有盛誉。其品质优良，形可与太湖碧螺春并提，质能同信阳毛尖媲美。后人誉为“北有仁怀茅台酒，南有都匀毛尖茶”。

过去，布依族的民谣中，有一首是关于都匀毛尖茶的：“细细毛尖挂金钩，都匀毛尖传九州，世人只知毛尖好，毛尖虽好茶农愁。”既然都匀毛尖茶很受世人的欢迎，那么为什么茶农内心反倒会有忧愁呢？原来，相传很古的时候，都匀蛮王有九个儿子和九十个姑娘，蛮王老了，突然得了伤寒，病倒在床，他对儿女们说：“谁能找到药治好我的病，谁就管天下。”九个儿子找来九样药，都没治好。九十个姑娘去找来的全是一样药——茶叶，却医好了病。蛮王问：“从何处找来？是谁给的？”姑娘们异口同声回答：“从云雾山上采来，是绿仙雀给的。”蛮王连服三次，觉得浑身神清气爽，高兴地说：“真比仙丹灵验！现在我让位给你们了，但我有个希望，你们再去找点茶种来栽，今后谁生病，都能治好，岂不更好？”姑娘们第二天去到云雾山，不见绿仙雀了，也不知道茶叶怎么栽种。她们在一株高大的茶树王树下求拜三天三夜，感动了天神，于是天神派一只绿仙雀和一群鸟从云中飞来，不停地叫：“毛尖……茶，毛尖……茶。”姑娘们说明来意，绿仙雀立刻变成一位美貌而聪明的茶姐，一边采茶一边说："姊妹们，要找茶种好办，但首先要做三条：一是要有一双剪刀似的手，平时可以采药，坏人来偷茶时，就夹断他的手；二是要能变成我这样的尖尖嘴，去捕捉茶林中的害虫；三是要能用它医治人间疾苦，让百姓健康长寿。"姑娘们说："保证做到这三条！请茶姐多多指点。"茶姐拉着这群姑娘的手，叽叽咕咕、指指划划，面授秘诀。姑娘们一阵欢笑，高兴得边唱边跳："绿茶啊！绿茶！毛尖—绿茶。生在云雾山，种在布依家。"姑娘们终于得到了茶种，她们回到都匀后头一年种在蟒山顶，被冰雹打枯了；第二年种在蟒山半山腰，又被霜雪冻死了；第三年姑娘们种在蟒山脚下。由于前两次的失败，这次她们更加精心栽培，细心管理，茶苗长势越来越好，最后变成一片茂盛的茶园，人们就叫这地方为茶农。为了不忘记绿仙雀的指点，后来这茶就取名叫"都匀毛尖茶"。都匀蛮王有了这茶园，国泰民康。但不知过了多少代，传说到了明洪武调北征南的时候，有一支官兵驻扎在都匀薛家堡。由于水土不服，很多士兵都病倒了，上吐下泻，喊爹叫娘。当地一位布依老人晓得这病情后，就主动带上一把盐、茶、米、豆，煮汤给官兵喝，一连三碗，终于把病治好了。后来，有一位将领打听到主要是茶叶的妙用后，就在市场上悄悄买得一包都匀毛尖茶，带回京城禀功。皇帝品尝后，觉得很开胃，又是一副良药，连连点头说："太好了，太好了！"此后每年派专人来都匀要上贡茶——都匀毛尖茶。有一年，京城一帮官兵来收贡茶，却一两也收不到。他们气急了，亲自跑到蟒山下的茶园一看，只见十来个采茶的姑娘马上变成一群绿仙雀，飞来啄这伙狗腿子的眼睛，官兵们在茶园无立足之地。他们听说都匀牛场还有一片茶园，又赶忙跑到牛场去，但牛场的茶园又被几十头牛马拉屎撒尿淋茶树了。官兵们得不到贡茶，怕回到京城交不了差。正在为难时，都匀蛮王的一位长官说："我们也没有办法呀，这样吧，你们回京城后，就说都匀一带的毛尖茶，统统被有毒的绿尖嘴雀啄过，又淋上牛屎马尿，根本不能吃了，做药也不灵验了。"皇帝听了这番话后，信以为真，从此减免了贡茶。但好景不长，事隔两三年，京城又来了一伙官兵。他们来到都匀后，巧立名目，敲诈勒索，贡茶年年猛增，弄得茶农倾家荡产，茶园也变成一片荒丘。

正是因为都匀毛尖茶的品质和功效深受当时世人的喜爱，才使得传说中的茶园落得一个不圆满的结局。时至今日，人们对都匀毛尖茶的青睐依然不减当年，不同的是，当都匀毛尖茶出现供不应求的情况时，不会再有破坏茶园的行为发生，而是会有不法分子在市场中销售假冒的都匀毛尖茶。

为了防止伪劣产品和假茶叶损害购茶者的利益，在购买都匀毛尖时，一定要认真鉴别真伪。其主要方法有以下几种：

第一，识干茶。正宗都匀毛尖茶干茶色泽绿润、条索紧细、外形卷曲似螺形，有锋苗、白毫满布、色泽绿润，闻之茶香飘逸、鲜爽清新。

第二，品茶汤。上乘都匀毛尖成品品质润秀，茶叶冲泡后，茶汤黄绿明亮，香气清鲜嫩香持久，滋味鲜爽醇厚，回味甘甜。而仿冒品往往在第一次冲泡后味道就荡然无存。

第三，审叶底。都匀毛尖茶的原料是在清明前后采摘的第一叶初展的细嫩芽头，经冲泡后，叶底仍现芽叶，细嫩均匀，柔软鲜活。

第四，作对比。选用当地的苔茶良种，具有发芽早、芽叶肥壮、茸毛多、持嫩性强的特性。如果大家对都匀毛尖没有什么印象的话，可以拿几种不同的茶叶做对比，都匀毛尖的外形可与太湖碧螺春并提，而质又能和信阳毛尖媲美。劣质的却显得个个都不一样，而且外形不符合上述特点。

都匀毛尖不仅味道香醇，而且具有多种保健功效，对人体的健康大有裨益。都匀毛尖含有丰富的蛋白质、氨基酸、生物碱、茶多酚、有机酸、芳香物质和维生素以及水溶性矿物质。这些物质成分具有生津解渴、清心明目、提神醒脑、去腻消食、抑制动脉粥样硬化以及防癌、防治坏血病和抵御放射性元素等多种功能。而且，实验表明，常饮都匀毛尖茶的人血液中胆固醇含量比不饮茶的人要低 1/3 左右。

此外，需要提醒的是，在品尝都匀毛尖时，并不是越新鲜的茶叶越好。因为都匀毛尖新茶在没有经过一段时间的放置情况下，会有一些对身体有不良影响的物质，如多酚类物质、醇类物质、醛类物质。如果长时间喝都匀毛尖新茶，有可能出现腹泻、腹胀等不舒服的反应。而且，太新鲜的都匀毛尖茶对病人更不好，像一些患有胃酸缺乏的人，或者有慢性胃溃疡的老年患者，这些人更不适合喝都匀毛尖新茶，这会刺激他们的胃黏膜，产生肠胃不适，甚至会加重病情。

崂山绿茶

崂山绿茶，是一种比较特殊的绿茶品种。它以绿茶为主，同时，又兼有少量的乌龙茶、红茶和花茶。崂山绿茶是近 10 年“南茶北引”的成果。崂山绿茶主要产自我国青岛崂山，由于其独特的地理位置，肥沃的土地、高山云雾、昼夜温差大，驰名中外的水源地，培育出的崂山绿茶，在色、香、味、韵、形各方面都品质俱佳。

崂山绿茶吸收了青岛山水精华，汤碧色青，品之回味无穷。但可能很少人知道，崂山绿茶并不是青岛地区土生土长的“坐地户”，而是从千里之外的南方“移民”而来的。在二十世纪五十年代，有人提出“南茶北引”的设想，认为崂山三面临海，气候温和湿润，水质优良，又有适宜茶树生长的酸性土壤。1957 年冬，园林管理处开始茶苗移植试验，引种的绝大多数是皖南、浙江的良种。最初引进茶树品种的时候，由于经验不足，入乡容易，随俗却很难。结果，几次试验，都以失败告终。直到 90 年代中后期，崂山绿茶才真正引进成功，取得了长足的进展。政府制定扶持政策，提供资金支持、技术指导，鼓励农民打破传统的种植结构，改粮为茶。大部分农户的承包地种上了茶叶，茶叶种植面积差不多年均增加 66.7 公顷左右。崂山绿茶注册商标几十个，种植技术和制茶技术越来越精湛，崂山绿茶的知名度越来越高，各种花茶日渐从当地人的桌上退出，而崂山绿茶成了不可替代的饮品。

崂山绿茶在鉴别真伪方面，不能如通常的绿茶那样进行，还要考虑一些其他方面的特点。通常，可以将以下几个方面作为鉴别时的依据。

首先，看色泽。崂山绿茶的色泽是翠绿润亮的。若是新茶，茶叶的色泽通常会显得充满活气，清新悦目；若是茶叶变得枯暗发褐，就表明崂山绿茶内部的茶叶组织已经被破坏，这种崂山绿茶往往是陈茶或者劣质茶。

其次，观外形。崂山绿茶的外形特点是条索紧结，均匀整齐。刚做好的新茶如果条索明亮，并在大小、粗细与长短等方面显得非常均匀，便是崂山绿茶中的佳品；如果条索枯暗、外形不整，则是崂山绿茶的下品了。

再次，闻香气。崂山绿茶的新茶一般都有新茶香，且香气清新持久，会散发出一种天然的、独特的、豌豆面香味，山栗子面的香气，冲泡后，如闻不到茶香或者闻到一股青涩气、粗老气、焦煳气则不是好的崂山绿茶。若是崂山绿茶中的陈茶，香气就会比新茶淡薄一些，有的还会产生刺鼻的味道。

最后，品茶味。崂山绿茶的茶汤入口后甘甜鲜爽，浓醇鲜嫩，入口后的味道最初会觉得有一点苦涩，但是片刻之后，就会感觉到浓香甘醇的味道，而且带有豌豆面的香味，香味会在口中停留多时，可以说回味无穷。

依据上述鉴赏标准，买到正宗上品的崂山绿茶，时常饮上一杯，可以为我们的健康大大加分。经现代科学研究证实，崂山绿茶含有机化合物 450 多种、无机矿物质 15 种以上，这些成分大部分都具有保健、防病的功效。

不仅如此，崂山绿茶还具有抗衰老的功效。这主要体现在若干有效的化学成分和多种维生素的协调作用上，尤其是茶多酚、咖啡碱、维生素 C、芳香物、脂多糖等，能够有效增强人体心肌活动和血管的弹性、抑制动脉硬化、减少高血压和冠心病的发病率、增强免疫力，从而抗衰老，使人长寿。

麻姑茶

麻姑茶，属于绿茶类中的名茶，产于江西省南城县西南 10 千米处，有“洞天福地，秀出东南”之称的麻姑山区。该茶也正是因为产地而得名。麻姑山产茶，迄今已有一千多年历史。这里的环境适宜茶树的生长，而且又有许多名胜古迹。麻姑茶凭借着自身的“形美、香高、味甘”等绝佳品质而蜚声海内外。麻姑茶的采摘标准为，初展一芽一叶或一芽二叶。其制作工序也十分严格，分为采青、杀青、初揉、炒青、轻揉、炒干等六道工序。各道工序均有精细的规范要求。

麻姑茶自古就有“仙茶”之称，自然也会有许多神奇的文化色彩在其中。关于麻姑茶的来历，当地至今还流传着一个美妙动人的故事。相传，在东汉时期，有位一仙女，名叫麻姑。她曾从天上仙境云游到人间，仙居在山中，修炼仙术。她在仙居期间，看到当地的百姓尽管生活不是十分富裕，但是勤劳淳朴，到处都洋溢着祥和的气氛。于是，麻姑就想为当地的百姓做点事情，在每年春天的时候，在晴天去采摘山上茶树的鲜嫩芽叶，汲取清澈甘美的神功泉石中乳液，用来制茶、泡茶，让辛苦劳作的百姓们能够解渴解乏，也让过往的行人们缓解一下身在异乡的羁旅之思。结果，人们尝过麻姑冲泡的茶之后，都觉得其茶味鲜香异常。麻姑见大家对这种茶的评价如此之高，就将这种茶带回了一些回天上，赴瑶池会、蟠桃会，将其作为朝拜王母娘娘的贡品。后来，麻姑修炼成功，重回天庭，将种茶和制茶的技术教授给了当地的百姓。当地的百姓为了纪念麻姑的功绩，就将她修炼的山命名为“麻姑山”，将她制成的茶叶命名为“麻姑茶。”

麻姑茶素有“仙茶”之称，它的茶叶的品质特征也独具一格。其名称与品质可以说是相得益彰。在选购麻姑茶的时候，可以关注以下几方面的特征，以鉴别真伪与质量的优劣：

第一，看茶形。麻姑茶从外形上看，条索紧结，形状自然卷曲，整齐匀称，茶色墨绿有油光，如水色蜜绿那样鲜艳，又有一点银灰色。有无银灰色是鉴别麻姑茶的关键点之一，如果干茶通体都是绿色，没有丝毫银灰色的成分，那么就要对麻姑茶的品质表示怀疑了。

第二，闻茶香。麻姑茶清扬的香气是它典型的特征。应该说很少有一种茶像麻姑茶这样，如此讲究香气品质。好的麻姑茶特别注重香气，这种高香味的茶，贵在开汤后香气特别浓郁，香气越浓郁代表品质越高级，轻轻闻上去，香气清扬，天然幽雅，且清香持久，如含苞待放的花朵一般。

第三，观汤色。麻姑茶在冲泡后，不仅香气宜人，从茶汤色上来看，更是色泽金黄、清澈明亮。如果遇到汤色浑浊或发污，则证明此茶质量较差，甚至是假茶。

第四，品茶味。麻姑茶入口之后，滋味甘醇，鲜爽滑润，带活性，生津回甘，齿颊留香，久久不散。如果在品尝味道的时候，有粗涩的感觉，并且没有回味的话，说明麻姑茶的质量并非上品。

早在麻姑制茶的时候，人们就意识到了麻姑茶中的保健功效和药用功效。根据《本草纲目》记载，麻姑茶具有散风热、清头目、生津止渴、消食提神、消炎解毒、降压降脂等药理功能。近年来的科学实验中，科学家们从麻姑茶中分离出维生素 C、维生素 D、维生素 E、多种氨基酸、多酚类、三萜甙类等物质及钙、钾、钠、锰等人体必需的微量元素。这些物质成分对于凉肝散风、止痛消炎、高血压、高脂血、肥胖症、口腔炎、咽喉炎、急性胃炎、感冒、肚痛、痧气、疟疾、便秘等病症，都有显著的疗效。此外，麻姑茶还可以有效减肥抗癌和抗辐射，被国内外消费者誉为“保健茶”“益寿茶”“美容茶”，是一种应用极为广泛的天然多功能植物饮料。

休宁松萝

休宁松萝，属绿茶类，是我国传统的历史名茶。其创于明代隆庆年间，主要产地在安徽省休宁县松萝山。松萝茶属于炒青的散茶，由于炒青散茶制法比蒸青散茶制法香味好，其制法很快推广到周边的各个地区，松萝茶的产区也随之扩大。休宁松萝茶在 2001 年中国国际茶博览交易会上获国际名优茶优质奖，2002 年获得安徽省科技成果奖并被黄山市评为市级名优茶。

伴随着休宁松萝茶在海内外的知名度大增，人们也越来越多地知道了关于休宁松萝茶的一个美丽传说。相传，古时候，在松萝山上，生长着一颗枝叶繁茂的参天古树，树干通直，气势雄伟，是山中的林木之最。据说这株古树是唐永徽年间种植，当地人称“人心树”。后来，来了一位女侠客，要在山中的一个庵堂出家当尼姑。有一天，这位女侠客在精习武艺时，遇到了一位白发仙翁，仙翁把龙头拐杖往地上一插，瞬间变成了一株碗口粗的树木，并从树根旁洞中流出一股清泉，并告诉女侠客：“这株树叫人心树，心诚的人如果连续呼喊三声，就会要米有米，要油有油，而心不正者不会有任何用处。等到这株树长到更粗的时候，可以采摘它的叶子，作为原料，制作成茶，有延年益寿之效。”说完，仙翁便腾云驾雾而去。女侠客按照仙翁的指点，试着连呼三声，结果，真的就应验了。从此，庙堂里就不缺米少油了，穷苦百姓纷纷前来。后来，当地的百姓从这株树上采摘下叶子，制作成茶，日子也一天一天地好起来了。当地百姓所制成的茶就是今天我们所熟知的休宁松萝茶了。而当年的那株“人心树”如今早已长成参天大树，人们也依然会在茶余饭后对这个美丽故事津津乐道。

听完如此美丽的传说，我们来说说休宁松萝茶的品质特征。它区别于其他名茶的显著特点是“三重”：色重、香重、味重。因此，“色绿、香高、味浓”是松萝茶的显著特点。一般要从这几个方面入手，以利于鉴别休宁松萝茶的真伪和质量优劣。

首先，看颜色。把握好干茶、汤色和叶底的色泽，可以有效判断出休宁松萝茶的品质。休宁松萝茶的条索紧卷匀壮，干茶的颜色翠绿油润有光泽。冲泡之后，休宁松萝茶的汤色会呈现出绿明色，而叶底也是绿嫩的。

其次，闻香气。休宁松萝茶的干茶闻上去，就有一股淡淡的清香。冲泡之后，香气迅速四溢，而且高爽持久。这种香气会伴随整个品茶的过程。如果香气闻上去有霉味的话，千万不要饮用，说明已经由于种种原因而变质了。

最后，品味道。喝过休宁松萝茶的人都知道，初喝头几口稍有苦涩的感觉，但是，仔细品尝，甘甜醇和，令人神驰心怡，这是所有茶叶中极为罕见的橄榄风味。怪不得古人有“松萝香气盖龙井”的称赞之辞。

休宁松萝茶是中国著名的药用茶，自然也会有对人体有益的保健功效。休宁松萝茶的药理作用有兴奋、强心、利尿、收敛、杀菌消炎等。因此，长期饮用休宁松萝茶，能治顽疮、高血压，消除精神疲劳、增强记忆力。多量煎饮对治痢疾病有显著的疗效。休宁松萝茶中的儿茶酸能促进维生素 C 的吸收，维生素 C 可使胆固醇从动脉移至肝脏，降低血液中胆固醇含量，同时可增强血管的弹性和渗透能力，降低血脂，对冠心病高血压能起到很好的疗效。至今，山东济南一带的老中医开处方时，用休宁松萝茶入药的还有很多。

第二章　了解浪漫红茶

艳如琥珀的红茶，属于全发酵茶。在国际茶叶市场上，红茶的贸易量占世界茶叶总贸易量的90%以上。红茶的制作过程不经过杀青，而是直接萎凋、揉切，然后进行完整发酵，使茶叶中所含的茶多酚氧化成为茶红素、茶黄素等氧化产物，因而形成红茶所特有的共同品质：红叶、红汤。那么，面对如此颇具特色的红茶，我们应该知道它的哪些茶性和品种呢？本章的内容将向你娓娓道来。

祁门红茶

祁门红茶，是红茶中的佼佼者，也是中国历史上的名茶，素以“香高、味醇、形美、色艳”四绝驰名于世。它主要产于安徽省祁门、东至、贵池、石台、黟县，以及江西的浮梁一带。“祁红特绝群芳最，清誉高香不二门”就是对祁门红茶的高度评价。不仅如此，祁门红茶在国内外也享有美誉，香名远播，素有“群芳最”“红茶皇后”的美称。祁门红茶早在唐代就已出名，一百多年来祁门红茶一直保持着优异的品质，蜚声中外，畅销海外五十多个国家与地区。国际市场把祁门红茶与印度大吉岭茶、斯里兰卡乌伐的季节茶，并列为世界公认的三大高香茶。

说到祁门红茶，就不得不提到一个人物——“祈红鼻祖”胡元龙。胡元龙是祁门南乡贵溪人。他博览群书，文武双全，很小的时候就闻名乡里，被朝廷授予世袭把总一职。胡元龙轻视功名，注重工农业生产，18岁时就辞官回乡，在贵溪村的李村盖了五间土房，栽了四株桂树，在那里开垦土地种植茶树。清朝光绪以前，祁门不产红茶，只产安茶、青茶等，当时销路不畅。后来，胡元龙在当地筹建茶厂，同时又自产茶叶，请来宁州的师傅舒基立按宁红的经验试制红茶。经过不断改进提高，几年后，终于制成色、香、味、形俱佳的上等红茶，胡云龙也因此成为祁门红茶的创始人之一。不仅如此，胡元龙还带领当地的百姓发展瓷土业、兴办学校、开荒种地，促进了当地的工农业生产，也提高了百姓的生活水平。胡元龙曾对子孙说："书可读，官不可做"，并撰厅联一对曰："做一等人忠臣孝子，为两件事读书耕田"，从中可见其轻视功名、注重生产的思想和高尚的人格。后人为了纪念他的功绩，将其尊称为"祁红鼻祖"。

既然祁门红茶被誉为"红茶皇后"，就一定有其与众不同的特点。在选购的时候，可以根据其特点从不同角度进行鉴别，以确保祁门红茶的品质。它的主要特点体现在以下几个方面：

第一，从外形上看，条索紧细、均匀整齐的祁门红茶质量好，反之，条索粗松、匀齐度差的，质量次。

第二，从叶底上看，质量好的祁门红茶叶底是明亮的，如果叶底呈现出花青或者深暗的颜色，而且有很多乌条的话，就说明是劣质的祁门红茶。

第三，从色泽上看，祁门红茶颜色为棕红色，乌润而富有光泽，汤色红艳，在茶汤边缘形成金黄圈的祁门红茶，是质量好的；相反，色泽不一致，汤色欠明甚至深浊，并且有死灰枯暗的祁门红茶叶掺杂其中，多半是带有人工色素，就是质量不过关的祁门红茶了。

第四，从味道上看，上好的祁门红茶滋味醇厚鲜爽，香气馥郁；而劣质的祁门红茶则滋味苦涩粗淡，香气低闷并带有青草气味。

由于祁门红茶中的成分拥有多种药理作用，因此品尝祁门红茶，既能使人享受气定神闲的优雅，在保健美容方面亦发挥经济而可喜的功效，更增添魅力。夏天饮祁门红茶能止渴消暑，是因为茶中的多酚类、糖类、氨基酸、果胶等与口涎发生化学反应，会使口腔产生清凉感，达到调节体温、维持体内生理平衡的作用。此外，祁门红茶还是极佳的运动饮料，因为茶中的咖啡碱具有提神作用，能在运动进行中保留肝醋，从而让人更具持久力。值得一提的是，祁门红茶中的茶多碱能吸附重金属和生物碱，并沉淀分解，这对饮水和食品受到工业污染的现代人而言，无疑是更加放心而且健康的饮品。

在此，需要特别介绍一种健康的祁门红茶饮用方式。即在冲泡祁门红茶的时候，可以混合适当比例的生姜搭配饮用。具体做法是：取指头大小一块鲜姜，去皮，切丁，加点蔗糖放入杯中，倒入滚水，泡 15 分钟后饮用即可。之所以这么搭配，是因为生姜含多种活性成分，具有解毒、消炎、去湿活血、暖胃、止呕、消除体内垃圾等作用，并且口感非常舒适。而且，这种姜茶可能喝一次就能驱走轻微的感冒，症状较重者一连三天每日喝一次，就不再流鼻水、咳嗽、发烧、喉咙痛、头痛；容易患感冒者也可以每三天喝一次以起预防之效。如果你频频便秘，动不动疲倦不堪，喝自制的姜茶可以通便，而且精力充沛。

九曲红梅

九曲红梅，简称“九曲红”，又称“九曲乌龙”，为红茶中珍品，也是西湖区的传统拳头产品。它的主要产地是浙江省杭州市西湖区周浦乡的湖埠、上堡、大岭、张余、冯家、灵山、社井、仁桥、上阳、下阳一带，那里的自然环境非常适合茶树的生长和品质的形成。其中，湖埠大坞山所产的九曲红梅品质最佳。目前，九曲红梅已是杭州市“九绿一红”十大名茶之一。据史料记载，九曲红梅已有百余年的历史。它是采用当地龙井茶的树种，经当地人独特的制作工艺手工制作而成的。九曲红梅曾在1929年的西湖博览会上被评为全国名茶，1992年又被农业部茶叶质检中心鉴定评为全国工夫红茶的上档品。它能与众多的绿茶名品相媲美，可谓“万绿丛中一点红”。

九曲红梅茶的名称源于灵山“九曲十八湾”的地理特征。这里不仅自然环境优越，而且有着深厚的文化底蕴，使得九曲红梅的茶文化也随之丰富了许多。相传，很久以前，在灵山大坞盆地，居住着一对老夫妻，他们从福建武夷山区移居过来，靠在山里栽种茶叶维持生计，家境虽然贫寒，倒也活得逍遥自在。在年近六旬时，老两口意外得子，甚是喜欢。高兴之余，便给儿子取名阿龙，足见其望子成龙的心意。阿龙长得眉清目秀、聪明活泼，喜欢到溪边玩耍。有一天，他看见两只溪虾在小溪里争抢一颗明亮闪光的小珠子，觉得好奇，就把珠子捞起来含在嘴里，高兴地喊着向家里跑。结果，一不小心，珠子顺着口水吞到了肚子里。到家后，阿龙就觉得浑身奇痒无比，吵着要妈妈立即给他洗澡。就在小阿龙跳进热水澡盆的时候，意想不到的事情发生了：只见阿龙瞬间变成了一条乌龙，顷刻间，天昏地暗，雷电交加，风雨大作，乌龙便腾空而起，飞出屋外，跃进溪里，穿谷破崖向远处游去。老两口见到儿子变身成为龙，既惊慌，又伤心，哭叫着拼命追赶过去。乌龙因留恋双亲，不忍离去，游一程，一回头，连游九程九回头。这样，在乌龙游弋过的地方，便形成了一条九曲十八湾的溪道，一直通往钱塘江。随后，人们在这条溪边栽种了杨柳，也就是后来被誉为湖埠十景之一的“龙鳞曲柳”，直到上世纪六十年代改田造地“学大寨”时，才被填平成了粮田。老夫妻所种植的茶树也被誉为“九曲乌龙”。从此，灵山因为有乌龙及“九曲乌龙”的传说而远近闻名。

虽然该茶的名字叫做“九曲红梅”“九曲乌龙”，但是并不意味着它的外形就如同红梅或者龙。在鉴别九曲红梅的时候，主要还是应该从外形和内质上分别加以把握。就九曲红梅茶来说，品质强调内质的浓、强、鲜，对外形则不太重视。

首先，从外形看，上好的九曲红梅应该是条索紧细、曲如鱼钩、锋苗显露、色泽乌润、镶黄金条、均匀整齐、金毫多的。相反，如果条索粗松，匀齐度差、色泽枯暗的，就是质量差的九曲红梅了。

其次，从内质看，香气馥郁的质量好。品质好的九曲红梅香气浓郁，似蜜糖香，又蕴藏兰花香；香气不纯，有青草香的质量差。滋味以醇厚的为好，同时醇厚中还带桂贺汤味，具有一定的刺激性。滋味苦涩、粗淡的九曲红梅品质次。汤色红艳明亮，犹如红梅，边缘带有金黄圈的九曲红梅品质较好，汤色深浊的质量较差。叶底红艳成朵，柔软红亮的为好，叶底深暗，多乌条，花青的九曲红梅质量差。总之，九曲红梅的外形似功夫红茶，其内质香气要求高长带松烟香，这是它的主要品质特征。

九曲红梅不但是功夫红茶中的极品，而且还具有药用功效。在健康保健方面，九曲红梅中含有的多酚类有抑制破坏骨细胞物质的活力，能有效防止女性常见骨质疏松症，还可以帮助胃肠消化、开胃、养胃、促进食欲、消除水肿，并具强壮心肌功能。如在其中加上柠檬，强壮骨骼的效果更强，也可在九曲红梅中加上各种水果，能起到协同作用。此外，九曲红梅还具有解酒的功效。因此，综合它的功效，可以看出九曲红梅是适合常年饮用的健康饮品。

荔枝红茶

荔枝红茶，是颇受大家欢迎的一种水果红茶，由有机生态园种植的荔枝与红茶干燥，以轻火烘焙而成，主要产自中国广东、福建一带。荔枝红茶在将新鲜荔枝烘成干果过程中，以功夫红茶为材料，低温长时间，合并熏制而成。

说到荔枝，人们总会将它与中国唐朝时的杨贵妃联想起来。其实，荔枝红茶的由来，也正与这位古代的四大美女之一有关。众所周知，唐明皇对杨贵妃宠爱有加，杨贵妃酷爱吃荔枝，而北方又不出产荔枝，于是，为了博得美人一笑，唐明皇就不惜牺牲大量的人力、物力、财力，在每年七、八月荔枝成熟时派大批船队将荔枝经由大运河从江南运到北方京城。“一骑红尘妃子笑，无人知是荔枝来”就是对这段史实的真实描述。在运送贡品的船队上，除了有大量新鲜的荔枝之外，还包括各式的贡茶。由于当时的运输需要在水路上行驶很长时间，船员们就有大量的空闲对食物的吃法进行研究。一次偶然的机会，船员们发现将荔枝和功夫红茶混合到一起进行熏制，然后冲泡出的饮品十分甘醇，既有荔枝的鲜美，又有红茶的韵味。到了京城，就将这种新制成的茶叶进献给唐明皇，不料竟深受皇室及杨贵妃的喜爱，便下令将这种茶叶命名为“荔枝红茶”，并作为贡品每年进献给皇室饮用。荔枝红茶就这样渐渐流传，同时，它也成为世界上最早的自然水果红茶。

由于荔枝红茶是将荔枝与红茶混合到一起同时烘焙，而不是单纯的一种茶叶自然生成，因此，在鉴别上就要容易得多。荔枝红茶条索细紧、匀整、油润，并以其“汤色浓红清澈，鲜荔枝香味明显，茶韵鲜明，口味甘醇”的特点而深受茶人的青睐。从外边看来，与其他茶叶无异，但其茶汤美味可口，冷热皆宜。有的进口红茶都难与其比拟，值得细细品味。

同时，相对于鉴别方法，荔枝红茶的冲泡方法更需要慎重一些。一般来说，荔枝红茶有三种冲泡方法。

第一种，清泡法。这是大多数茶人泡用荔枝红茶的方法。因为，他们认为荔枝红茶的韵味要从清饮中才能感受到。这种方法就是在荔枝红茶汤中不加任何调味品，使茶叶发挥固有的香味。一般采用壶饮法。即把荔枝红茶叶放入壶中，冲泡后为使渣和茶汤分离，从壶中慢慢倒出茶汤，分置各小茶杯中，然后再饮用。

第二种，冲泡法。中国传统的功夫红茶的品饮方法。重视外形条索紧细纤秀，内质香高色艳味醇。品饮荔枝红茶重在贪图它的清香和醇味，所以多用冲泡法，即将3~5克红茶放入白瓷杯中，然后冲入沸水，几分钟后，先闻其香，再观其形，然后品味。一杯茶叶通常可冲泡2~3次。这种饮法，需要饮茶人在“品”字上下功夫，缓缓斟饮，细细品啜，在徐徐体味和欣赏之中，吃出茶的醇味，领会饮茶真趣，使自己心情欢愉，超然自得，获得精神上的升华。但是享这种清福，需要像鲁迅先生所说的那样：“首先必须有工夫，其次是练出来的特别感觉。”这话是很中肯的，大凡有丰富评茶经验的人，在品赏荔枝红茶中所获得的美感也越深，而鉴评经验的积累，就在于下功夫，多实践。

第三种，煮泡法。这种泡用方法多在客人餐前饭后饮荔枝红茶时用，特别是少数民族地区，多喜欢用长嘴铜壶煮荔枝红茶，或用咖啡壶煮早茶。将荔枝红茶置于壶中，加入清水煮沸，然后冲入预先放好奶、糖的茶杯中，即可饮用。也可以在桌上放一盆糖、一壶奶，各人根据自己的需要随意在茶中加奶、加糖。

荔枝红茶之所以饮用广泛，这与荔枝红茶的保健效果是密切相关的。研究发现，荔枝红茶中含有多种对人体有益的物质成分，坚持饮用荔枝红茶，可抗过敏、预防流感、防止老年人骨折、抑制关节炎、可抗老化，预防龋齿清除口臭等。而且根据个人的口味，也可以在红茶加入牛奶，这样更有益健康。同时，荔枝红茶的瘦身减脂和美容养颜的功效也很明显，现已成为很多女性朋友的喝茶首选。

此外，还需要注意的是，如果品饮的荔枝红茶属条形茶，一般可冲泡2~3次。但如果属于红碎茶，通常只冲泡一次，因为第二次再冲泡的时候，滋味就显得淡薄了。

正山小种

正山小种红茶，又称拉普山小种，是最古老的一种红茶，堪称世界红茶的鼻祖。其主要产地在我国福建省武夷山市，是用松针或松柴熏制而成，有着非常浓烈的香味。经过精心采摘制作的正山小种，非常适合于咖喱和肉的菜肴搭配。如果在其中加入牛奶，茶香不减，形成糖浆状奶茶，甘甜爽口，别具风味。一位日本茶人曾这样评价正山小种：“这是一种让人爱憎分明的茶，只要有一次你喜欢上它，便永远不会放弃它。”

正山小种红茶不仅味道独特，而且迄今已有400多年的文化历史。相传，桐木在宋代称崇安县仁义乡周村里桐木关，当地的百姓主要以桐油及制作贡茶为经济来源。由于当地大量种植油桐树，所以整个这一地区便被称作“桐木”，在其间进出的关口就被叫做“桐木关”。明末清初时，时局动荡不安，而桐木又是地外入闽的重要通道。有一次，一支军队从江西进入福建经过桐木这个地方，看到这里的茶业生产兴盛，便强制性地占驻茶厂。由于待制的茶叶无法及时用炭火烘干，只能眼见着茶叶产生红变，茶农为挽回损失，便拿来易燃松木加温烘干。令茶农惊讶的是，经过熏制的茶叶竟然散发出一股特有的浓醇的松香味，像是桂圆干的味道，而且口感极好，非常有特色。于是，当地茶农们稍加筛分制作就装篓出售，很快就得到了海内外消费者的喜爱。这种红茶曾一度在欧洲成为中国茶的象征，后因贸易繁荣，当地人为了区别其他假冒的小种红茶扰乱市场，故取名为“正山小种”。“正山”即指正确正宗的意思，而“小种”是指其茶树品种为小叶种，且产地地域及产量受地域的小气候所限之意，故“正山小种”又称“桐木关小种”。

正山小种红茶作为红茶中的鼻祖，其品质自然是特别优异的。就其总的品质特征来看，共分为四个花色：

第一，叶茶。叶茶的条索紧结匀齐，色泽乌润，内质香气芬芳，汤色红亮，滋味醇厚，叶底红亮多嫩茎。

第二，片茶。片茶的外形全部为木耳形的屑片或皱折角片，色泽乌褐，内质香气尚纯，汤色尚红，滋味尚浓略涩，叶底红匀。

第三，末茶。末茶的外形全部为砂粒状末，色泽乌黑或灰褐，内质汤色深暗，香低味粗涩，叶底暗红。采用的原料为保护区内的菜茶。

第四，菜茶。菜茶是武夷山最早的正山小种品种之一。其树丛很矮小，枝干较细，是靠种子播种的有性繁育之品种。花盛子多，可供留待第二年种植。

正山小种红茶不仅有四个花色之分，而且，根据在制作工艺上是否有用松针或松柴熏制，又分为烟种和无烟种：用松针或松柴熏制的称为“烟正山小种”，没有用松针或松柴熏制的，则称为“无烟正山小种”。正山小种的这两种不同制作工艺生产出来的茶也有较为明显的差别。

首先，从外形条索来看，无烟正山小种的外形色彩为深褐色，因为熏制的原因，烟正山小种的干茶色彩更黑而润泽些。

其次，从汤色上区别，无烟正山小种汤色红艳，清澈明亮；烟正山小种则色彩更加浓艳。

再次，从内质上区别，这两种工艺制作的正山小种都有明显的甜味，但烟正山小种的桂圆汤香甜味更显著，滋味更甜醇，而且，烟正山小种另具有独特的松烟香味，别具风味。

最后，这两种工艺的正山小种在存放过程中也会有不同的变化。正山小种红茶保管方法比较简易，通常采用常温下密封、避光保存即可。因其是全发酵茶，一般存放一两年后松烟味进一步转换为干果香，滋味变得更加醇厚而甘甜。茶叶越陈越好，三年以上的正山小种味道开始变得醇厚韵长。

喝正山小种对身体有许多好处。研究表明，正山小种能提高冠心病患者的血管功能并对冠状动脉硬化症患者有疗效。正山小种品性温和，味道醇厚，除含多种水溶性维生素外，还富含微量元素钾，冲泡后70%的钾可溶于茶水内。钾有增强心脏血液循环的作用，并能减少钙在体内的消耗。因正山小种中所含的锰是骨结构不可缺少的元素之一，因而常喝正山小种对骨骼强健也有益处。不仅如此，国外也有资料报道，经常饮正山小种还有防治流感、中风、心脏病及皮肤癌的效果。因为正山小种红茶中含有一种类黄酮化合物，其作用类似于抗氧化剂，每天喝一杯正山小种红茶，其患心脏病的风险要比不喝的人减少近40%。

此外，品饮正山小种还可以与多种食物搭配，不仅味道鲜美，而且更具保健功效。

白琳功夫

白琳功夫，主要产于福建省福鼎县太姥山白琳、湖林一带，并以主产地福鼎白琳命名。白琳功夫红茶手工制作的技术高超，品质优秀独特，曾与福安县“坦洋功夫”、政和县“政和功夫”并列为“闽红三大功夫茶”，并因此而在海内外享有盛名。福鼎白琳是功夫红茶的发端，其制作技艺传承至今有250多年的历史。早在清朝乾隆时期，白琳就以产茶而著称，并因受到地方主要官员的关注而载入史册。福鼎早在唐代就有记载种茶的史料，唐代陆羽《茶经》记载：“永嘉东三百里有白茶山。”其中白琳、磻溪和点头是福鼎境内三大茶叶主产区，自清代以来，以福鼎大白茶、福鼎大毫茶等为原料，产制红茶，取名“白琳功夫”，此后，白琳功夫名声大噪，远销东南亚及西欧各国。

白琳功夫之所以远近闻名，还要得益于清代的一位茶人——邵维羡。他是白琳棠园莘洋村人，祖上以制作和经营茶业起家，家富殷实，现在的莘洋老坪店还依然保留着邵维羡发迹后所建的四合院古民居。1907年前后，邵维羡在白琳开茶庄，有文为证：“适邵君维羡开庄采茶，乏人助理，邀余合伙，幸自合股，五六年以来，生意颇见顺利。递年往省售茶结账，尽归余负责。”19 世纪 50 年代，邵维羡从闽广等地引来众多茶商在福鼎经营白琳功夫，以白琳为集散地，设号收购，远销重洋，“白琳功夫”就是在这一时期而闻名中外的。20 世纪初，邵维羡又在白琳功夫原来的基础上，用福鼎大白茶代替了原有的小茶种，使其质量有了显著提高，他充分发挥出了福鼎大白茶的特点，精选细嫩芽叶，制成白琳功夫红茶，外形条索紧结纤秀，含有大量的橙黄白毫，具有鲜爽愉快的毫香，汤色、叶底艳丽红亮，因此又名“橘红”，意为橘子般红艳的工夫，风格独特，在国际市场上很受欢迎。尤其是特级白琳功夫，以其得天独厚的外形，幽雅馥郁的香气，浓醇隽永的滋味，被中外茶师誉为“秀丽皇后”。

由于白琳功夫的品种有很多，市场上极容易有鱼目混珠的现象，因此选购者只有具备较高的鉴别能力，才可保证买到放心的白琳功夫。上好的白琳功夫通常具有以下几个特点：

首先，从品种上来看，白琳功夫属于小叶种的红茶，其种植的小叶群体种具有茸毛多、萌芽早、产量高的特点。在这一点上，要将它与政和功夫红茶区别开来。

其次，从干茶的外形上看，白琳功夫的条索细长弯曲，茸毫多呈颗粒绒状，色泽黄黑。如果条索松散，色泽乌黑的话，那多半是染上人工色素的劣质白琳功夫。

最后，从内质上看，白琳功夫红茶的汤色浅亮，香气鲜醇有毫香，味清鲜甜，叶底鲜红带黄。而质量次的白琳功夫则汤色浑浊，香气虽香甜却无清新甘醇的味道，令人有香腻的感觉。

白琳功夫红茶以其悠久的历史而闻名中外，现如今，它又以多种保健功效而日益受到人们的欢迎。研究表明，白琳功夫可以帮助胃肠消化、促进食欲，可利尿、消除水肿，有强壮心肌之功，还可以提神消疲，促进人体思考力集中，增强记忆力。此外，白琳功夫还有生津清热的功效，夏天饮白琳功夫能止渴消暑，滋润口腔，并且产生清凉感，同时也能刺激肾脏以促进热量和污物的排泄，维持体内的生理平衡。

尽管白琳功夫有这么多的保健功效，但是，仍然需要注意的是，平时情绪容易激动或比较敏感，睡眠状况欠佳和身体较弱的人，晚上饮用白琳功夫还是要慎重。因为，对于不常喝白琳功夫的人来说，白琳功夫的茶叶会抑制胃液分泌，妨碍消化，严重的还会引起心悸、头痛等“茶醉”现象。

政和功夫

政和功夫，与坦洋功夫、白琳功夫并称为“福建省三大功夫红茶”，而政和功夫又是这三大功夫茶中的上品，也是福建红茶中最具品种特色的条形茶。其主要产地在福建省北部政和县一带。不过，松溪以及浙江的庆元地区所出产的红毛茶，由于在政和加工，也属于政和功夫。政和功夫因其制作工艺精细，颇费工夫而得名。

政和功夫按品种分为大茶、小茶两种。政和功夫茶以大茶为主体，发扬它毫多味浓的优点，又适当加以高香的小茶，因此，高级的政和功夫茶都是体态匀称，毫心显露，香味俱佳的。有人对政和功夫有着这样的比喻：“政和功夫红茶犹如风姿绰约的风韵少妇，充溢着绽放的热情和美艳的成熟，它用自身那琥珀般醇厚的颜色，淡淡的苦涩，那沉淀了生活般的质感，优雅、小资以及高贵来诠释着政和功夫的真谛。”多年来，政和功夫历久不衰，蜚声于国内外，畅销俄国、美国、英国等国家，还获得过巴拿马万国博览会金奖。

说到政和功夫的起源，距今大概也有近千年的历史了。与此同时，在民间也流传着政和功夫的传说。相传，在南宋以前，当地的百姓们并不知道茶究竟是一种什么样的东西。一日，一位仙人下凡来到人间体察民间疾苦。来到此处，看到漫山遍野的茶树生长茂盛，也听说过茶叶可制成味道甘甜醇厚的上好佳酿。正好此时也因为多日的奔波而有些口干舌燥，于是便化身为一个乞丐进入村中讨杯茶水喝。就近走到一户人家，出来接待的是一位村妇，当乞丐说明来意之后，村妇倒是很热情爽快，当即就拿出一碗白开水来给乞丐喝。乞丐认为这村妇太过吝啬，连一杯茶水也不舍得给。一气之下，就要进一步问清事情原委。结果，乞丐这才知道，他们家一直以来都是喝白开水的，不仅如此，当地的百姓们竟然连茶为何物都不知道。于是，乞丐就让村妇去叫上村民们，带领他们共同来到了茶树前，认真地教她们如何辨认茶叶、如何采摘以及如何制茶。当地村民们得此良方，都纷纷回家制茶，泡饮之后，感到芳香扑鼻，入口回甘，饮后神清气爽，于是茶叶的制法从此流传了下来，那位传授茶叶制作方法的仙人也被当地人奉为“茶神”。

政和功夫红茶在19世纪中叶时曾兴盛一时，后来逐渐衰退，几乎到了绝迹的程度，建国之后才逐渐恢复生产。不过，即使是到了如今，政和功夫的产量仍然非常小。产量小，需求量却越来越大，于是就免不了会有假冒或劣质的政和功夫充斥在市场中，损害消费者的利益。因此，懂得鉴别政和功夫的方法便成为选购此茶需要重视的工作。一般来说，主要从以下几个方面入手：

第一，要明白政和功夫的品种，它以大茶为主，适当拼以小茶。政和功夫红茶的两种制作原料，即政和大白茶和小叶种两个树种。大茶用大白茶树的鲜叶制成，毫多味浓。小茶用小叶种制成，香气高似祈红。

第二，政和功夫的成品茶从外形上看，条索肥壮，重实紧细，均匀整齐，颇为美观。而劣质的政和功夫则条索松散，毫少味淡。

第三，上好的政和功夫茶富有光泽，乌黑油润，而毫芽的地方是金黄色。如果茶叶通体都是乌黑的，则大多是使用人工色素所致，不是政和功夫的优品。

第四，政和功夫的香气馥郁芬芳，具有浓郁的花香特色，隐约之间颇有些像紫罗兰的香气，又高似祈红。如果香气浓艳腻人，则说明质量较次。

第五，政和功夫的汤色红艳，滋味醇和而甘浓。泡开之后，叶底是清澈明亮的，既宜于清饮，又适于掺和砂糖、牛奶。劣质的政和功夫的汤色则多呈现为深红而有些混浊的样子。

政和功夫红茶的历史悠久，源远流长。早在宋徽宗年间，政和功夫就被选为贡茶。这不仅是因为该茶的味道甘醇，也因为它具有很好的保健功效。在长期的饮用中，人们逐渐发现，政和功夫红茶可以帮助胃肠消化、促进食欲，同时还具有利尿、消除水肿的作用。此外，政和功夫红茶也是心脑血管患者的福音，坚持饮用，可以起到强壮心肌的功能。

宁红功夫

宁红功夫，简称宁红，是我国最早的功夫红茶之一，主要产于江西省修水县，除此之外，在武宁和铜鼓地区也有分布。该茶以怪异的气概，精巧的品格而闻名中外。修水产茶已有近千年的历史，而宁红功夫红茶的产生始于清朝道光年间。到了十九世纪中叶，宁红功夫已成为当时著名的红茶之一，并且远销欧美等国家，成为中国名茶。

近年来，修水县作为宁红功夫红茶的主要出口生产基地，其品质已经得到了中外专家的认可，并达到了国际高级茶的标准。宁红功夫红茶不仅多次获省级和国家奖励，而且赢得了“茶盖中华，价甲天下”的美誉。可以说，宁红功夫茶是中国传统制茶工艺的瑰宝，也是中国传统文化的传承。

在宁红功夫的发展历程中，有一个非常重要的人物——罗坤化，他为宁红功夫的闻名做出了卓越的贡献。罗坤化在漫江乡一个叫杜市的小镇上开了一家“厚生隆茶庄”，那里茶庄众多，当年也是生意兴隆，车船辐辏，是宁红茶叶的一个重要集散地。罗坤化经常在这里洽谈生意，指挥大家搬运货物，吃饭喝茶，出力流汗。每天都过着一种热腾腾的生活，每天都在充满炊烟气味和干茶气味的环境中生活。日子久了，就对宁红的茶叶有了更多的了解。于是，他开始对茶叶进行钻研，希望研制出更适合大众口味，而且健康的茶叶来。在经历了无数次的实验和亲自品尝后，罗坤化终于研制出了一种叫做“太子茶”的茶叶，也就是我们今天所说的宁红功夫。此茶一经问世，就被大家所喜爱，自然是供不应求。据史料记载，当时每箱的售价就已高达一百两白银。由此可见，上等的宁红功夫有多么的名贵。“茶盖中华，价甲天下”的美誉也就是从那时候流传下来的。然而，如今的杜市已经没有了昔日的繁华景象，那些茶园也只存在于老人们的记忆中。现在的年轻人中，知道宁红功夫茶的也越来越少了，好在在国外仍有一大批热爱中国宁红功夫茶的忠实消费者。宁红功夫茶，作为中国传统文化遗产的一部分，它的发展现状一定会引起更多爱茶人与爱国人的关注。

由于现阶段了解宁红功夫茶的人不太多，因此，就更有必要掌握其鉴别方法，以区分于其他茶叶来。大体上看，宁红功夫茶的成品共分 8 个等级。特级宁红功夫的成品茶，从外形上看，鲜艳美丽，条索紧结，细长多毫，锋苗挺拔，略显红筋。正如威廉·乌克斯《茶叶全书》所述：“修水县所产红茶为名贵之拼和茶，外形灰色而有芽头，条子紧密，汤色佳良。”从色泽上看，乌黑油亮，金毫显露；从味道上看，滋味鲜嫩浓郁，鲜醇甜和，香味持久，柔嫩多芽；从汤色及叶底上看，汤色鲜艳，叶底清亮红嫩多芽。

宁红功夫茶除了自身的品质极高之外，对饮用的方式也极为讲究。一般情况下，大多采用杯饮法，但是有时候为了使冲泡过的茶叶与茶汤分离，便于饮用，也习惯采用壶泡法。此外，如果按茶汤中是否添加调味品来分，又可分为清饮法和调饮法两种。中国绝大多数地方没有在茶汤中加添其他调料的习惯，多采用清饮法，而在欧美一些国家，人们普遍爱饮牛奶红茶，所以经常采用调饮法。通常的饮法是将宁红功夫茶叶放入壶中，用沸水冲泡，浸泡 5 分钟后，再把茶汤倾入茶杯中，加入适量的糖和牛奶或乳酪，就成为一杯芳可口的牛奶红茶。也可以加上蜂蜜、柠檬片等其他调料。

宁红功夫茶除了具有大多数红茶的保健功效之外，最值得一提的是它在降脂减肥方面有明显的功效。它不会对人体造成损害，另外，还能够调理人体的气脉，真正达到健康减肥的目的。同时，宁红功夫红茶还适合制成冰红茶或者茶冻等健康饮品。在制作过程中，可以根据个人口味在其中加入白砂糖或者蜂蜜等。冰红茶和茶冻最适宜在夏季饮用，能使人凉透心肺、暑气全消，是清凉饮料中的首选。

坦洋功夫

坦洋功夫，是福建省三大功夫红茶之首，它的分布较广，主要产地位于福安境内社口镇坦洋村的最高峰峦——白云山麓一带。此地常年烟云缈缈，雨雾蒙蒙，非常适宜茶树的生长。坦洋功夫以汤色红润、味道鲜醇以及耐冲泡的优良品质而远近闻名。酒香不怕巷子深，茶好引来四方客，坦洋功夫红茶以其翘楚的魅力而远销海内外，可谓芳名远播。据说，在坦洋功夫最兴盛的时候，已经畅销到二十多个国家，而且，国外来信只要写上"中国坦洋"的字样，无须冠以省、地、县名便可准确无误地送到收信人的手中。足见其知名的程度。现如今，福安市已经拥有茶园多达 30 余万亩，年产量两万多吨，出口茶叶 3000 余吨。

也许，坦洋功夫茶注定不会平凡，其诞生的过程就充满了传奇色彩。相传，在清朝咸丰元年，坦洋地区有一位叫胡福四的茶商外出做生意，途中在一家客栈住宿，见到一位建宁的茶客身患痢疾，上吐下泻，痛苦难忍，病情万分危急。连续请来的几个大夫都说病人症状奇特，不同于常见的痢疾，不敢轻易开药。胡福四一向心地善良，看到眼前的情景，就立即用坦洋出产的茶，加上生姜、红糖冲泡，那位茶客将那碗茶水服下去之后，竟然奇迹般地病情大为好转，并很快康复。为了向胡福四报答救命之恩，建宁茶客与胡福四结拜为兄弟，并传给胡福四一种家传的私家红茶制法。胡福四记下之后，回家便以坦洋之茶为原料按照茶客所说的方法试着做茶，结果发现制出的新茶品质果然不同凡响。为了证明它的味道是否合乎大众的口味，便请了许多外人来品尝，大家也都赞不绝口。就这样，这种茶叶的制法就从此流传了下来，因为此茶以坦洋当地茶叶为原料，且制作工艺颇为讲究，胡福四便将这种茶起名为"坦洋功夫"。

近年来，坦洋功夫红茶远销多个国家，而且它也有多个等级，因此，在购买坦洋功夫茶的时候，要先对它有一些大概的了解。懂得如何鉴别，才会买得更加放心。一般说来，我们主要从外观和茶质上分辨坦洋功夫红茶的好坏与真伪。

从外观上看，特种的坦洋功夫造型独特，有方形、圆形或心形，条索匀直、纹理清晰、洁净油润、毫峰显露、厚薄均匀。当然，如果外形上肥嫩紧细，有很多峰苗，也称得上是高质量的坦洋功夫。

从茶质上看，上好的坦洋功夫红茶净度洁净良好，在毫尖处色泽呈金黄色，滋味鲜浓醇厚，散发出桂圆的香气，且香气甜香浓郁、高锐持久，汤色较浓，叶底红艳。如果汤色和叶底有混浊的迹象，则多为坦洋功夫的陈茶或劣质茶。

坦洋功夫红茶不仅在中国的茶文化中有着丰富的内容，而且对人体的保健也有诸多贡献。经研究表明，坦洋功夫红茶具有提神消疲、生津清热、减肥美容等多种功效。除此之外，有的茶叶对胃部是有刺激的，不宜多喝，但是坦洋功夫红茶是经过发酵烘制而成的，其茶多酚在氧化酶的作用下发生酶促氧化反应，含量就会减少，对胃部的刺激也就随之减少了。同时，坦洋功夫还有很好的消炎杀菌的作用，这对于细菌性痢疾以及食物中毒者来说，显然要比吃药好多了。

英德红茶

英德红茶，简称“英红”，其中的佼佼者又叫做“英红九号”，主要产于中国的红茶之乡——广东省英德市。英德种茶的历史可追溯到距今 1200 多年前，早在唐朝时，陆羽所著的《茶经》一书中，就有关于英德地区产茶并且色味俱佳的记载。从中可见英德种茶和产茶的历史有多么悠久了。而英德红茶始创于 1959 年，自创制以来，它因外形成条、色泽乌润、内质鲜甘、汤色红艳、香气浓郁、入口醇厚而深受世界各地品茶人士的喜爱，尤其是在我国港澳地区和东南亚地区。所以，一直以来，多以出口为主。九十年代初期，人们研究开发出了品质超卓的“金毫茶”产品，被誉为“东方金美人”，更是获奖无数，受世人瞩目。

现阶段，英德红茶在国内有着很广阔的市场，但有趣的是，英德红茶最初的出名竟然不是在国内，而是在英国。据史上记载，英国女王伊丽莎白二世十分爱喝英德红茶。在一次隆重而盛大的宴会上，英国女皇就曾用英德红茶来招待贵宾。此举在当时引起了强烈的轰动效应，英德红茶的地位也一时间急剧上升，后来被英国女皇指定为皇室用茶。在此之后不久，中国香港《东方日报》就以“英德红茶香滑不苦提神醒脑”为题称赞“英国皇室所享用的英德红茶是中国货，英德红茶原汁香味足而苦涩味薄。懂冲泡之法香味足又滑而不苦涩。有时泡英德红茶便知红茶极品，又香又特别提神醒脑。”由此可见，英德红茶的出名，归根到底还是因为该茶茶叶的质地好。然而，英德红茶在国外的名声打出去了，国内却鲜有人问津，真是应了那句话：“墙内开花墙外香。”到了1990年以后，国家取消了茶叶的统购统销政策，英德红茶的出口量有了减少的趋势，这样带来的好处就是英德红茶得以在国内开拓市场。当然，国外市场也并没有因此而完全放弃，近年来仍远销欧美以及东南亚等多个国家。

英德红茶最大的特点就是花色品种齐全，品质特点突出，规格分明。但是这样一来，就给该茶的鉴别带来了一定难度，因为，不同品种的英德红茶，在外形和内质上还是有不同程度的区别的。按照英德红茶的品种可以进行如下的鉴别：

第一，叶茶。叶茶的条索紧直，匀齐，色泽乌润、芽尖肥壮，金黄色毫尖显露，无梗杂；汤色红亮，香气清高、滋味鲜爽醇厚；叶底嫩匀红亮，长度大约为1~1.5厘米。

第二，碎茶一号。碎茶一号的颗粒紧结重实，芽尖金黄显露，色泽油润；汤色红亮，香气高爽持久，花香明显，滋味鲜爽浓醇，叶底嫩匀明亮。

第三，碎茶2~5号。这三种型号的英德红茶颗粒紧结、匀齐，色泽油润，不含毫尖；汤色红浓明亮，香气鲜爽浓郁而持久，滋味浓强鲜爽，富有刺激性，叶底红匀明亮，圆筛12~28孔。

第四，碎茶6号。碎茶六号有较细嫩的茎子茶，色泽乌褐尚润；汤色尚明亮，香气纯正，滋味醇和，叶底红匀。

第五，片茶。片茶的叶片皱褶，大小匀齐，色泽尚润，汤色红亮，香尚鲜纯，味醇尚浓厚；叶低红匀明亮。

第六，末茶。末茶的手感重实呈砂粒状，色泽润，不含粉灰及泥沙；汤色浓红、香气纯正，滋味厚，叶底红匀尚亮。

第七，金毫茶。金毫茶的外形条索圆紧，金毫满披，色泽金黄润亮；汤色红亮，香气毫香或花香，浓郁持久，滋味浓爽。

第八，甜润茶。这种茶的叶底芽叶完整，肥嫩红亮。甜润茶成为英德红茶的新花色，并填补国内大叶种红茶类高档名茶的空白。

伴随着英德红茶在国内外的知名度不断提升，它的保健功效也日益被人们所高度关注。经过长期的研究表明：英德红茶具有美白和防紫外线的作用，可以有效抵抗 UV-B 所引发的皮肤癌；同时，英德红茶所含的抗氧化剂有助于抵抗老化，延缓衰老。因为人体在新陈代谢的过程中，如果过氧化，会产生大量自由基，容易老化，也会使细胞受伤。而英德红茶中的儿茶素正好可以提高细胞活性，清除自由基。英德红茶中还含有氟，其中所含的单宁酸，能阻止食物渣屑繁殖细菌，所以可以有效防止口臭，减少牙菌斑及牙周炎的发生。此外，英德红茶对某些癌症有抑制作用，但其原理目前还在推论阶段。

金骏眉

金骏眉，是中国目前高端顶级红茶的代表，主要产地是武夷山地区的桐木村。它首创于 2005 年，由武夷山桐木关的施小将、武夷山的江元勋、梁骏德等共同研制成功。该茶青为野生茶芽尖，摘于武夷山国家级自然保护区内海拔1200~1800米高山的原生态野茶树，6~8 万颗芽尖方制成 500 克金骏眉，结合正山小种传统工艺，由师傅全程手工制作，是可遇不可求之茶中珍品。

金骏眉的诞生地——武夷山市桐木村，是一个生态环境极佳的高山村，属于国家级自然保护区。400 多年前，这里是世界红茶的发源地，诞生了正山小种红茶；400 多年后，这里又诞生了一个红茶新品，其风靡程度让人叹为观止。那么，金骏眉是如何诞生的呢？2005 年 7 月的一天午后，江元勋陪同几位北京客人在竹林小憩，见一妇女上山劈老茶树的枝条，以便来年发新芽，而这些枝条上长满细小的芽头。客人们就说："铁观音、龙井用芽尖可以做出好茶，为什么小种野茶不能呢？"一句话触动了江元勋，他马上给钱让这位妇女把芽尖采摘下来，然后与厂里的制茶师傅一起，采用小种红茶传统制作工艺进行尝试制作。没想到这一次正山小种红茶的创新制作，成就了一个全新的红茶品牌：其汤色金黄，具淡而甜的花香、蜜香，喝完之后甘甜润滑，外形细小而紧秀。便将此茶起名为"金骏眉"。然而很多人虽听其名却并不明其意，其实，金骏眉的名称饱含着对金骏眉茶品质的肯定、对创制者的赞誉以及制茶企业对其发展的期望。细细说来，金骏眉的名称含有三方面的意义：金，意在说明这种茶是一种贵重之物，因为金骏眉只选用产自崇山峻岭中小种茶树的一芽为原料，极其珍贵，而并不是说茶干是金黄色的；骏，形容良马奔腾之快，制茶人希望这种茶能像骏马奔腾一样快速推广开来；眉，一方面用来描述茶叶的形状似眉毛，另一方面，“眉”还具有长寿、长久的意思。因此，综合起来，便有了“金骏眉”的名称。

有人形容，金骏眉在茶业江湖上简直就是个神话，短短数年，从无到有，从最初问世的每500克3000多元，目前已经上涨到上万元甚至数万元。价格如此高，使得消费者在购买的时候更需小心谨慎。否则，不仅茶叶没有称心如意，金钱上也造成了严重的损失。对于金骏眉的鉴别，可以从以下几个方面把握：

首先，从外形上鉴别。正宗的金骏眉条索匀称紧结，每一条茶芽条索的颜色都是黑色居多，略带金黄色，绒毛较少。仿制的金骏眉大多茶干颜色通体金黄，绒毛多，或者也是黑多黄少，但完全黑色的条索中夹杂完全金黄的其他条索，让人一看便知是拼配了不同地域不同品种的茶叶混合而成的。

其次，从耐冲泡程度上鉴别。将冲泡用水加热到沸腾，直接冲泡金骏眉可以简易区分出真假金骏眉。正宗的金骏眉因高海拔，生长周期慢的特点使得其耐高温，并且耐冲泡。正宗金骏眉可以连续冲泡12泡以上，并且品质稳定，汤色香气一直持续。仿制的金骏眉则颜色变化很大，并且在两三泡以后很快失去香气与水的厚度。

再次，从汤色上鉴别。正宗金骏眉用沸水冲泡后的汤色应该是金黄色，并且晶莹剔透，清澈度高。仿制的金骏眉用沸水冲泡后汤色发红发浑，接近于普通正山小种的颜色，并且不稳定，汤色变化差异很大。

最后，从茶香中鉴别。正宗的金骏眉香气为天然的花香、果香、蜜香混合香型，持续悠远。仿制的金骏眉多为纯薯香或火工香，部分有蜜香的在三四泡以后香气荡然无存，多为添加非茶叶类物质。

说到金骏眉的功效，真可谓数不胜数，除了一般红茶所具有的解除疲劳、强心解痉、降脂减肥等功效之外，还有最特别的两大功效。其一，提高智力。英国科学家发现，人体大脑体液的酸碱性与智商有关。茶叶是碱性饮料，武夷山金骏眉碱性显著，因此常饮能调节人体酸碱平衡，提高人的智商。武夷山金骏眉中的维生素、咖啡碱、氨基酸、矿物质、茶多酚等含量高，这些物质同样为科研证实，与大脑发育关系密切，对提高人的智力产生良好影响。其二，交友养性。武夷山金骏眉的社会属性评析认为，武夷山金骏眉作为优质茶，在待客、交友和个人修身养性方面，功效独特。武夷山金骏眉需要冲泡，待客时要烧水洗杯，准备过程宾主嘘寒问暖，其情融融；客人边品茶边与主人叙旧，过程十分融洽亲和，故而程序化冲泡品饮，使人心静，利于养性怡情。

但需要特别注意的是，尽管金骏眉的价值极高，传播范围也很广，它却并不是适合每一个人饮用的。体质较弱的老年人、产妇临产前、胃病或十二指肠溃疡病人应该不饮金骏眉。

银骏眉

银骏眉，是世界红茶的祖先，诞生于明末清初时期，主要产地在福建省武夷山一带。银骏眉是于谷雨前采摘于武夷山国家级自然保护区内海拔1500~1800米高山的原生态小种野茶的茶芽，制作500克银骏眉需数万颗标准嫩芽，一芽一叶。银骏眉在外形上条索紧细，锋苗显秀，稍显黄毫之色。银骏眉精心选取原料，以传统手工工艺进行制作，不过筛，所以条形保持完好。银骏眉汤色金黄清澈，香气独特，清高持久，是一种花香与果香混合的综合香型，滋味鲜爽甘活，喉韵悠长。明末清初的时候，此茶曾经经由泉州港出口到欧洲，备受英国皇室的推崇。在当时的英国，此茶被指定为皇室内高贵的饮品。银骏眉一经投放市场，便引来茶友的追捧，一时间，在国内外市场上掀起了银骏眉的潮流。

银骏眉蜚声海内外，也给我们留下了动人的故事。相传，很久以前，武夷山下住着一个位年轻人。当时，遵照他的父亲和兄长的嘱托，他要从水路前往广东办事。不幸的是，走到半路，在广州附近的水域遇到了大风暴，结果，船翻了，自己也落了水。在水中挣扎之时，幸好遇到一条过往的船只搭救，才幸免于难。被救上来之后，这位年轻人发现船上的主人是一对母女，在相互的交流中才了解到，她们是某英商洋行买办的眷属，买办大人见这位年轻人机灵俊朗，十分赏识，便有意相携。得知这个后生来自武夷山茶乡，就向他透露了一个商机：说是洋人喜欢一种红茶，这种红茶就产自武夷山中，因为产量极少，英商往往重金都求之不得。这位热心的买办大人，还将这种红茶的基本制作方法告诉给了这位年轻人，并嘱咐其返乡如法制作，说是如果能做出来，那么做好后可运抵广州，由其洋行销往海外。年轻人回到武夷山，便依法试制这种红茶，经过一番努力，最初的银骏眉红茶从此面世。这种制法后来渐渐传开，并流传到了现在，乡人也竞相仿制，使得银骏眉红茶备受青睐。

银骏眉红茶的品质和口感都是上乘的，是不可错过的极品好茶，更是馈赠亲友的贴心之选。但是，在选购的时候一定要学会如何鉴别，否则，就品尝不到其独特的味道，表达不了馈赠亲友的诚意。鉴别银骏眉红茶，主要从以下几个方面入手：

第一，看外形。银骏眉红茶的外形毫极显，似人的眉毛，一芽一叶，紧结，均整。颜色为金、黄、黑相间。其中，银灰色的银骏眉为上品，而金黄带红的银骏眉则质量较为低劣。

第二，闻香气。上好的银骏眉是气味清爽的，仔细回味，像是蜜糖的香气。如果香气过于浓郁，有腻人的感觉，那样的银骏眉则大多是染上了香料所致，不宜购买。

第三，赏内质。冲泡后的银骏眉，滋味清爽、醇厚甘甜，而且耐久泡，一杯茶叶可以冲泡很多次。汤色呈现出的是橙黄的颜色，清澈明亮才是质量好的银骏眉。而汤色红艳，混浊不清浊，颜色暗淡的银骏眉，则质量不过关。

第四，鉴叶底。叶底是指银骏眉茶叶冲泡之后的茶渣。看叶底的清澈程度可以判断茶叶的质量高下。如果叶底是清澈明亮，颇有古铜色，那么说明是上好的银骏眉红茶，若叶底呈现红褐色的银骏眉则多半是质量较次的。

至于银骏眉红茶的功效，基本上与金骏眉红茶差不多。即能有效帮助人体解除疲劳、强心解痉、降脂减肥、生津清热、提高智力等。由于其功效多，因此，近年来，日益成为人们用于保健的上好选择。

在此，还要提醒大家一下，银骏眉的冲饮方法需要特别注意：首先，建议使用大壶或大杯冲泡，就像北京的大碗茶最好，因为这样会更好地保持它的香味和滋味。有些茶待茶汤冷后会出现苦味或涩感，而银骏眉红茶的茶汤凉后却会甜味润口，而且耐冲泡，即使再浓也不会有苦涩的味道。其次，可以选用红茶茶壶茶杯组泡，但杯子最好用白瓷杯。如果确实要采用功夫泡法也可以，最起码要用瓷类别的盖碗，而不能用紫砂壶冲泡。先将5~10克红茶放到白瓷杯中，随后倾入沸水，焖制片刻之后即可先探其香，次观其色，终品其味。

滇红

滇红，又称云南红茶，主要分为滇红功夫茶和滇红碎茶两种。其产地主要分布在我国云南省南部与西南部的临沧、保山、凤庆、双江、勐海、西双版纳、德宏等地。该地区有“晴时早晚遍地雾，阴雨成天满山云”的气候特征，独特的气候条件使得滇红茶的茶树高大，芽壮叶肥，白毫茂密，质软而嫩。而且，滇红茶中的多酚类化合物以及生物碱等成分含量，居中国茶叶之首。

滇红茶一经问世后，就以其“形美、色艳、香高、味浓”的独特品质而博得国内外市场的赞赏。其制作大多采用优良的云南大叶种茶树鲜叶，先经萎凋、揉捻或揉切、发酵、干燥等工序制成成品茶；再加工制成滇红功夫茶，又经揉切制成滇红碎茶。长期以来，所有的这些制作工序均以手工操作。

由于滇红茶主要分为滇红功夫和滇红碎茶两种，因此，该类茶在具有诸多共同特点的基础上，还是会因为制作工序的不同而产生一些细小的品质差别。选购时通常可以从以下几个方面进行鉴别。

第一，看干茶。上好的滇红茶从外形上就可以鉴别出真伪。一般情况下，滇红功夫茶的条索紧结壮实，苗峰秀丽匀整，金毫显露，色泽红褐，香气馥郁。滇红碎茶则外形均匀，色泽乌润，香气新鲜持久。

第二，赏汤色。质量上乘的滇红茶在经过沸水冲泡后，汤色是红艳明亮的，而且滇红茶与茶杯的接触处会出现“金圈”，这是上好滇红茶的特有品质，如果没有出现“金圈”，就说明滇红茶的品质并非最佳。

第三，鉴叶底。滇红茶的茶叶比较耐冲泡，一般在冲泡三四次之后，其香味也不减，而且，冲泡后的叶底也依然肥厚柔软，红润有光泽。如果叶底中出现较多杂质，并且伴有混浊现象的话，则要对滇红茶的质量表示怀疑了。

滇红茶不仅以其独特而舒适的口感赢得了广大茶叶爱好者的好评，而且，更以其多重的保健功效而越来越受到众多消费者的青睐。经现代科学研究表明，滇红茶中的茶多酚成分能有效吸收重金属和生物碱等有害物质，并使其在人体内沉淀分解，因此具有很好的解毒功效。此外，滇红茶还具有很好的防癌抗癌功效，研究表明，其防癌的作用不逊于绿茶，而且还更有益于心脏的健康，不会给它造成多余的负担。

最后，说到滇红茶的贮存，一般情况下，放到阴凉干燥的地方即可，不需要特意放入冰箱中贮存，但是一定要在避光、密封、防潮的条件下才可以。如果有条件的话，建议采用锡罐或玻璃罐保存。只要保存方法得当，滇红茶即使存放时间超过一年，也会依然厚味如初。

第三章　了解浓香青茶

青茶，亦称乌龙茶，半发酵茶，是因该茶的创始人而得名的。青茶是我国几大茶类中，独具鲜明特色的茶叶品种，往往是“茶痴”的最爱，在国内外都被称为“美容茶”“健美茶”。青茶综合了绿茶和红茶的制法，其品质也介于绿茶和红茶之间，既有红茶的浓醇鲜味，又有绿茶的清爽芬芳。品尝之后，唇齿留香，回味甘鲜，浓而不涩。本章将选取有代表性的名优青茶品种向你详述其各方面的茶性。

安溪铁观音

安溪铁观音，茶人又称红心观音、红样观音，主要产于中国福建省安溪境内。它清香雅韵，是青茶中的极品，且跻身于中国十大名茶和世界十大名茶之列，以其香高韵长、醇厚甘鲜、品格超凡的特点而驰名中外。

据史料记载，安溪铁观音茶起源于清雍正年间，铁观音树品种优良，枝条披张，叶色深绿，叶质柔软肥厚，芽叶肥壮。“红芽歪尾桃”是纯种铁观音的特征之一，是制作青茶的特优品种。采用铁观音良种芽叶制成的青茶也称铁观音，因此，“铁观音”既是茶树品种名称，也是茶叶的名称。一经问世，便得到了茶人们的认可。清末时期的台湾著名诗人连横就曾经这样赞叹道：“安溪竞说铁观音，露叶疑传紫竹林。一种清芬忘不得，参禅同证木樨心。”

安溪铁观音中蕴含了丰富的文化价值，不仅有关于铁观音的诗词，也有关于铁观音的美丽传说。相传，唐末宋初的时候，有位裴姓高僧住在安溪驷马山东边圣泉岩的安常院。他自己每天做茶并将茶叶分发给当地的百姓，乡民们品尝过后，都觉得味道甘甜醇厚，人间难以寻觅，于是，就称茶为圣树。有一年，安溪大旱，请来普足大师祈雨，后来，果然应验，老天爷普降甘霖。乡亲们见普足大师法力极高，便挽留普足大师在清水岩修行。普足大师在清水岩期间，建寺修路，为当地百姓做了许多实事。后来，他听说了圣茶的药效，就不辞辛苦，步行百余里路到圣泉岩向裴姓高僧请教如何种茶和做茶，并移栽圣树。请教过后，普足大师沐浴更衣焚香，前往圣树准备采茶，发现有一只美丽的凤凰正在品茗红芽，不久又有小黄鹿来吃茶叶。他看到眼前的此番情景，非常感慨："天地造物，果真圣树。"普足大师将圣树移栽回去之后，也回寺做茶，用圣泉泡茶，他思忖：神鸟、神兽、僧人共享圣茶，天圣也。此后，天圣茶成为他为乡民治病的圣方。普足大师将自己种茶及作茶的方式传给乡民。从此，天圣茶就流传下来，天圣茶也就是我们今天所说的安溪铁观音茶。

安溪铁观音茶树，天性娇弱，产量不大，所以经常有"好喝不好栽"的说法，这也使得安溪铁观音茶更加名贵。鉴别精品铁观音是一门高深的学问，经验丰富的高明者观形闻香即可鉴别铁观音茶叶的优劣，产自何地何村，几年生茶树，甚至还能说出出自哪位名茶师之手。而外行人鉴别铁观音，则可从以下几个方面入手，以辨别安溪铁观音茶叶的优劣。

第一，观外形。优质的安溪铁观音茶条卷曲、壮结、沉重，呈青蒂绿腹蜻蜓头状，色泽鲜润，砂绿显，红点明，叶表带白霜。

第二，听声音。精品的安溪铁观音茶叶较一般质量的茶叶而言，一般条索更为紧结，叶身沉重，取少量茶叶放入茶壶，可以听到"当当"的声音，如果声音清脆，则是上好的安溪铁观音茶叶，反之，声音哑者为次。

第三，察色泽。如果汤色金黄，浓艳清澈，茶叶冲泡展开后叶底肥厚明亮，具有绸面光泽，那么，这样的安溪铁观音为上品。汤色暗红的安溪铁观音质量次之。

第四，闻香气。精品安溪铁观音茶汤香味鲜溢，启盖端杯轻闻，其独特香气即芬芳扑鼻，且馥郁持久，令人心醉神怡。有"七泡有余香"之誉。国内外的试验研究表明，安溪铁观音所含的香气成分种类最为丰富，而且中、低沸点香气组分所占比重明显大于用其他品种茶树鲜叶制成的青茶。安溪铁观音独特的香气令人心怡神醉，一杯铁观音，杯盖开启立即芬芳扑鼻，满室生香。

第五，品韵味。对于安溪铁观音来说，一直有"未尝甘露味，先闻圣妙香"的妙说。小饮一口，舌根轻转，可感茶汤醇厚甘鲜。缓慢下咽，则韵味无穷。至于独特的"观音韵"从何而来，至今茶人也未能解说清楚，这也正是安溪铁观音之魅力所在。

安溪铁观音不仅香高味醇，是天然可口的上好饮品，并且养生保健功能在茶叶中也属佼佼者。现代医学研究表明，安溪铁观音茶叶中含有咈咖因、茶碱、可可豆碱、黄嘌呤、胡萝卜素、维生素、氨基酸、鞣质、挥发油、三萜皂甙、黄酮类、多糖类等成分。而且，铁观音茶叶经发酵后，可使游离咖啡碱的含量比例增加。这就使得铁观音除具有一般茶叶的保健功能外，还具有抗衰老、抗癌症、抗动脉硬化、防治糖尿病、减肥健美、防治龋齿、清热降火，敌烟醒酒等功效。对于风热上犯、头晕目昏、暑热烦渴、饮酒过度、多睡好眠，神疲体倦、小便短赤不利、水肿尿少、消化不良、湿热腹泻等症状，安溪铁观音茶都有比较好的疗效。此外，安溪铁观音还可用于误服金属盐类或生物碱类毒物且尚未吸收者。

但需要注意的是，一般来说，我们买的铁观音茶叶基本上是每泡 7 克的包装，这种茶叶包装方法采用了真空压缩包装法，如果是这样的包装，并附有外罐包装的，如果短期内就会喝完，一般只需放置在阴凉处，避光保存，如果需要长期保存的话，建议在速冻箱里零下 5 度保鲜，这样可达到最佳效果。不过，铁观音作为一种饮料，即便其已经烘干压缩包装，也并不意味着可以永久保存，如果要喝出铁观音茶的新鲜味道，建议买回家的铁观音茶最好放在冰冻箱里零下 5 度保鲜，最多不要超多一年，以半年内喝完为佳。

武夷大红袍

武夷大红袍，主要产于福建省北部的武夷山地区，具有绿茶之清香，红茶之甘醇，是中国青茶中的极品。它以精湛的工艺特制而成，成品茶品质独特，香气浓郁，滋味醇厚，饮后回味无穷，被誉为“武夷茶王”，素有“茶中状元”之美誉。大红袍茶树为灌木型，九龙窠陡峭绝壁上仅存 4 株，产量稀少，被视为稀世之珍。此茶 18 世纪传入欧洲后，备受当地群众的喜爱，曾有“百病之药”美誉。

据史料记载，唐代民间就已将其作为馈赠佳品。宋、元时期已被列为皇室的贡品。武夷岩茶是我国东南沿海省、地人民以及东南亚各地侨胞最爱饮用的茶叶品种，是有名的“侨销茶”。历史上也曾留下赞美武夷大红袍的诗篇：“采摘金芽带露新，焙芳封裹贡枫宸，山灵解识君王重，山脉先回第一春。”

关于大红袍的来历，民间一直流传着这样的传说。相传，古时候，有一位穷秀才上京赶考，路过武夷山时，病倒在路上，幸好被天心庙的老方丈看见了。老方丈泡了一碗茶给他喝，结果病就奇迹般地好了，后来秀才金榜题名，中了状元，还被招为东床驸马。一个春日，状元来到武夷山谢恩，在老方丈的陪同下，前呼后拥，到了九龙窠，只见峭壁上长着三株高大的茶树，枝叶繁茂，吐着一簇簇嫩芽，在阳光下闪着紫红色的光泽，煞是可爱。老方丈说：“去年你犯鼓胀病，就是用这种茶叶泡茶治好的。很早以前，每到春天茶树发芽的时候，村民们就鸣鼓召集群猴，穿上红衣裤，爬上绝壁采下茶叶，炒制后收藏，可以治百病。”状元听了，便请求方丈采制一盒进贡皇上。第二天，庙内烧香点烛、击鼓鸣钟，招来大小和尚，向九龙窠进发。众人来到茶树下焚香礼拜，齐声高喊：“茶发芽!”然后采下芽叶，精工制作，装入锡盒。状元带了茶进京后，正遇皇后肚疼鼓胀，卧床不起。状元立即献茶让皇后服下，果然茶到病除。皇上大喜，将一件大红袍交给状元，让他代表自己去武夷山封赏。一路上礼炮轰响，火烛通明，到了九龙窠，状元命一樵夫爬上半山腰，将皇上赐的大红袍披在茶树上，以示皇恩。说也奇怪，等掀开大红袍时，三株茶树的芽叶在阳光下闪出红光，众人说这是大红袍染红的。后来，人们就把这三株茶树叫做“大红袍”了。有人还在石壁上刻了“大红袍”三个大字。从此大红袍就成了年年岁岁的贡茶。

武夷大红袍作为武夷岩茶之王，浑身上下自然充满了“岩韵”。“岩韵”即活、甘、清、香。这不仅是对武夷大红袍的精准评价，也可以作为人们辨别武夷大红袍的着手点。

首先，感受要活。“活”指的是品饮武夷大红袍时特有的一种心灵感受，这种感受在“啜英咀华”时须从“舌本辨之”，并注意“厚韵”“嘴底”“杯底留香”等。

其次，味道要甘。“甘”指的是武夷大红袍的茶汤鲜醇可口、滋味醇厚、回味甘爽。如果只香而不甘，那样的茶只能算得上是“苦茗”，而绝非上好的武夷大红袍。

再次，汤色要清。“清”指的是武夷大红袍的汤色清澈艳亮，茶味清纯顺口，回甘清甜持久，茶香清纯无杂，没有任何异味。香而不清的大红袍只是武夷岩茶中的一般品种。

最后，气息要香。武夷大红袍的香包括真香、兰香、清香、纯香。表里如一，曰纯香；不生不熟，曰清香；火候停均，曰兰香；雨前神具，曰真香。这四种香绝妙地融合在一起，使得茶香清纯辛锐，幽雅文气，香高持久。

概括起来，对于武夷大红袍的品鉴，可以这样讲：一般的岩茶都可体现“香”；等而上之才体现“清”；再上之才表现出“甘”；最佳者才表现为“活”。后者都包含有前者的特征，有前者的特征就未必能体现后者的特征。所以真正好的武夷大红袍应该是以“活”为最高品质。

经有关专家实验证实，武夷大红袍具有重要的保健功效。例如，明目益思，减肥耐老，提神醒脑，健胃消食，利尿消毒，祛痰治喘，止渴解暑，抗辐射，抗癌防癌，抗衰老，降血脂，降血压，降胆固醇，等等。甚至有人曾赞叹武夷大红袍是“万物之甘露，神奇之药物”。诸多数据还显示，武夷岩茶所含的化学成分，具有极高的药理功能和营养价值，同比要优于其他茶类。

凤凰水仙

凤凰水仙，是中国青茶中的一种，主要产地是广东省潮安县凤凰山区，在广东潮安、饶平、丰顺、焦岭、平远等县也有分布。凤凰水仙分单丛、浪菜、水仙三个级别。有天然花香，蜜韵，滋味浓、醇、爽、甘，耐冲泡，主要销往广东、港澳地区，也远销日本、东南亚、美国。

说起凤凰水仙的来历，还有一段有趣的故事。宋朝时，皇帝宋帝炳南下潮汕。有一天，烈日高照，天气炎热，他们一大队人马来到广东潮安的凤凰山上。这里方圆十里无人烟，古木参天，而且道路崎岖，因而抬轿和骑马都很不方便。于是，宋帝炳只好步行上山。走了一阵，就浑身大汗淋淋，口也渴了起来，宋帝炳便命令侍从去找水源，用泉水解渴。可是，手下的侍从们找遍了山沟，也没有找到水源。此时，宋帝炳已干得口冒青烟，没有办法，只好派人去找树叶解渴。这时，一个侍从发现一株高大的树上长着嫩黄色的芽尖。他爬上树摘下一颗芽尖丢进嘴里嚼了起来，先苦而后甜，嚼着嚼着，口水也流出来了，喉不干，舌不燥，他连忙采下一大把，送到皇帝面前，并将刚才品尝到的感觉禀告皇上。宋帝炳已干得无法可想，连忙抓了几颗芽尖嚼起来。开头有些苦味，慢慢地又有了一种清凉的甜味，不一会儿，口水也出来了，心情爽快多了。宋帝炳高兴之下，当即传旨，叫民间广植这种树木。原来这是一种茶树，长得枝高叶茂，一棵树能制干茶 10 千克。这种树因为是宋帝炳下旨种植的，所以被后人称为“宋茶”。由于产在凤凰山，茶叶就被称为“凤凰水仙茶”。

凤凰水仙茶已成为广东潮安的特产，更是潮安一张亮丽的名片，素有“形美，色翠，香郁，味甘”之誉。但是有的不法分子为了谋取利益，总是会拿劣质的凤凰水仙茶充斥在市场当中。因此，懂得如何鉴别凤凰水仙，就能在一定程度上免受其害。要鉴别凤凰水仙，一般可以从以下几个方面着手：

首先，看外形。凤凰水仙的外形美观，茶条挺直肥大，且条索紧结。其干茶会有一种独特的天然花香，且香味持久。

其次，观颜色。上好的凤凰水仙色泽呈黄褐鳝鱼皮色，而且油润有光，从表面看，泛朱砂点，又隐镶红边。而劣质的凤凰水仙，则大多只是空有油亮的外表。

最后，鉴内质。凤凰水仙的茶汤应该是澄黄清澈明亮的，茶碗的内壁显露出金色彩圈，味道醇、爽口回甘，浓郁醇厚。叶底则均匀整齐，肥厚柔软，边缘呈朱红色，叶腹黄亮，青叶镶红边。而且，凤凰水仙的茶叶比较耐冲泡，如果泡了两三次就淡而无味，则说明是假冒的凤凰水仙茶。

凤凰水仙茶素有“一泡闻其香；二泡尝其味；三泡饮其汤”的说法。足以说明凤凰水仙的味道耐人寻味。不仅如此，它还有良好的保健功效。凤凰水仙茶叶中含有大量的茶多酚，可以提高脂肪分解酶的作用，降低血液中的胆固醇含量，有降低血压、抗氧化、防衰老及防癌等作用。坚持适量饮用凤凰水仙，可以有效预防多种疾病的侵袭。

但需要注意的是，凤凰水仙的茶叶大多以新鲜为上品，新茶是最能体现该茶的韵味的。而有的茶叶品种，如云南普洱等，则是久贮隔年反而更芳香馥郁，滋味也益显醇厚。因此，选购前一定要对茶叶的性质有较充分的了解。

黄金桂

黄金桂，又称黄旦，是用黄旦品种茶树的嫩梢制成的青茶。因其汤色呈金黄色，又有桂花一般的奇香，由此得名黄金桂。黄金桂在清咸丰年间，原产于安溪罗岩，现在的主要产地在安溪虎邱美庄村，是青茶中风格独特的又一极品。在现有的青茶品种中是发芽最早的一种，制成的青茶，香气特别高，所以在产区被称为“清明茶”“透天香”，且素有“未尝清甘味，先闻透天香”的赞誉。

说到黄金桂的发源地，这其中还有一则生动的故事：相传清咸丰十年安溪县罗岩灶坑，有位青年名叫林梓琴，娶西坪珠洋村一位名叫王淡的女子为妻。新婚后一个月，新娘子回到娘家，当地风俗称为“对月”。“对月”后返回夫家时，娘家要有一件“带青”礼物让新娘子带回栽种，以祝愿她像青苗一样“落地生根”，早日生儿育女，繁衍子孙。王淡临走时，母亲心想：女儿在娘家本是个心灵手巧的采茶女，嫁到夫家后无茶可采，“英雄无用武之地”，小日子也不好过，不如让她带回几株茶苗种植。于是便到屋角选上两株又绿又壮的茶苗，连土带根挖起，细心包扎好，系上红丝线，让女儿作为“带青”礼物带回夫家。王淡回家后将茶苗种在屋子前面的空地上。夫妻两人每日悉心照料，两年后长得枝叶茂盛。奇怪的是，茶树清明时节刚过就芽叶长成，比当地其他茶树大约早一个季节。炒制时，房间里弥漫着阵阵清香。制好之后冲泡开来，茶水颜色淡黄，奇香扑鼻；入口一品，奇香似桂花，甘鲜醇厚，舌底生津，余韵无穷。梓琴夫妻发现这茶奇特，就大量繁衍栽培，邻居也争相移植。黄金桂的茶树就这样在村子里繁衍开来。因为这茶是王淡传来的，而茶汤又是金黄色的，闽南话“王”与“黄”，“淡”与“旦”语音相近，就把这些茶称为“黄旦茶”。据说，原树在1967年的时候，就已经有百余年的历史了，高2米多，主干直径约9厘米，树冠1.6米。只可惜，后来因为盖房移植而枯死。但是，黄金桂的制作方法和美名却流传至今。

随着市场上茶叶种类的不断增加，如何鉴别自己需要的茶叶几乎成为一门学问。而黄金桂茶叶的鉴别自然也需要掌握一些知识。黄金桂茶有“一早二奇”之誉。早，是指萌芽得早，采制早，上市早；奇是指成茶的外形“细、匀、黄”，内质“香、奇、鲜”。这个概括可以作为辨别黄金桂的一个重要标准。具体说来，可以从以下几方面把握：

首先，从外形上看。黄金桂茶叶的条索细长匀称，尖梭且较松，体态较飘，不沉重，叶梗细小，叶片很薄，叶片未采摘时颜色就已经偏黄。其色泽润亮，呈黄楠色、翠黄色或黄绿色，有光泽。所以有“黄、薄、细”之称。

其次，从内质上看。黄金桂茶叶的汤色金黄明亮或浅黄明澈。香气幽雅鲜爽，芬芳优雅，常带有奇特的桂花香、水蜜桃香或者梨香，滋味醇细，有回甘，适口提神，素有“香、奇、鲜”之说。

最后，从叶底上看，黄金桂茶叶的叶底中央黄绿，边沿朱红，柔软明亮。叶片先端稍突，呈狭长形，主脉浮现，叶片较薄，叶缘锯齿较浅。

饭后，冲上一杯浓香的黄金桂茶，不仅能生津止渴、口气清爽，更重要的是，黄金桂还有明显的预防蛀牙的功效。蛀牙形成的原因是由于细菌侵入牙齿组织，酵素与食物中所含有的糖分起作用，产生蛀蚀牙齿的物质。这种可以蛀蚀牙齿的物质与细菌附着在牙齿上就会形成齿垢，时间长了之后就会发生蛀牙现象。黄金桂茶叶中含有的多酚类具有能够抑制齿垢酵素产生的功效，所以吃饭之后饮用一杯黄金桂茶，可以防止齿垢和蛀牙的发生。经科学实验证明，人们多食用含有多酚类的食物，会减少蛀牙发生的概率。因此，饭后如果没有时间刷牙，为了预防蛀牙，饮用一杯黄金桂也是一个明智的选择。

此外，对于黄金桂的选购，有一点还需注意：黄金桂的干茶比较轻，而且颗粒不够紧，看上去的颜色稍微发暗。这些品质是黄金桂自身的特点，并不是质量较次的表现。所以，在选购的时候不要因为这些细节而影响了对上好黄金桂茶叶的鉴别。

冻顶乌龙

冻顶乌龙，俗称冻顶茶，属于轻发酵型的青茶，产自我国台湾省鹿谷附近冻顶山，那里是知名的南投冻顶茶区。因冻顶山迷雾多雨，山路崎岖难行，上山的人都要绷紧脚趾（在台湾地区俗称“冻脚尖”）才能上得去，这即是冻顶山名之由来，茶亦因山而得名。所以冻顶茶产量有限，尤为珍贵。冻顶乌龙结合了山川灵气和大地精华，因为茶香清新典雅，据说还是帝王泡澡茶浴的佳品。此茶在国内、日本和东南亚地区，都享有盛誉。

关于冻顶乌龙茶种的来源，至今还有着不同的说法。一种说法是：清朝咸丰年间，台湾鹿谷的考生林凤池赴福建应试，高中举人。在回乡的时候，从武夷山带回去36株青心乌龙茶苗，林凤池将其中的12株交给好友林三显，让他种在麒麟潭边的冻顶山上。冻顶山一带的茶农发现这是良种茶树，便精心栽培，并最早在台湾地区开始销售，后来才声名远扬。另一种说法是：在中国台湾鹿谷乡彰雅村冻顶巷，世代居住着一户苏姓人家。他们的先祖于清朝康熙年间从中国大陆移民到台湾地区生活，在大陆生活的时候，掌握了一些种茶和制茶的技术，对茶树的品种也有很好的鉴别能力。于是，搬到中国台湾后，在乾隆年间就已经在冻顶山上开垦荒地，种植茶树。台湾冻顶乌龙也随之被海内外的茶人们所熟知。

尽管两个故事的内容不同，但是冻顶乌龙品质优异，在中国台湾有很大发展却是不争的事实。近年来，冻顶乌龙在国内外都有很广阔的市场，但是产量有限，对真品的鉴别就显得尤为重要。一般来说，鉴别冻顶乌龙的方法主要从外观和内质两个方面进行：

第一，观外形。上品的冻顶乌龙茶外观卷曲呈半球形或虾球状，紧结弯曲，呈条索状；色泽墨绿油润鲜艳，并带有青蛙皮般的灰白点，叶片中间呈淡绿色，叶底边缘镶红边，有隐隐的金黄色，称为绿叶红镶边或青蒂、绿腹、红镶边；干茶有天然的清香气，且具有强烈的芳香。

第二，看内质。冲泡时，冻顶乌龙的茶叶自然冲顶壶盖。冲泡后的冻顶乌龙，汤色黄绿明亮，偏琥珀色；发散出明显的桂花香，又略带焦糖香；茶汤入口生津富活性，落喉甘润，韵味强，滋味甘醇浓厚，喉韵回甘十足，带明显焙火韵味。

在选购冻顶乌龙时，除了要通过外形和内质鉴别真伪之外，还要对它的品质有所了解。对于冻顶乌龙来说，它的春茶是最好的，香高味浓，颜色鲜艳艳；秋茶次之；夏茶的品质较差。

此外，冻顶乌龙茶不仅香高味醇，是天然可口的佳饮，而且其养生保健功能在茶叶中也属佼佼者。经现代医学证明，冻顶乌龙茶除具有一般茶叶的保健功能外，还具有抗衰老、抗癌症、抗动脉硬化、减肥健美、防治龋齿、清热降火、醒酒等功效。除此之外，冻顶乌龙具有抑制皮肤病病情发展的功效。每天喝几杯冻顶乌龙，对皮肤病有明显的疗效。对于皮肤比较容易过敏的人来说，冻顶乌龙也是应该长期坚持的健康饮品。

高山乌龙

高山乌龙茶，现在一般指的是我国台湾乌龙茶，主要产于台湾省南投县、嘉义县等地。我国台湾人爱喝乌龙茶，气候土壤地形也适合种植乌龙茶品种的树种，所产茶以乌龙为主。高山乌龙茶属于轻度发酵茶。在每年清明节前后采摘，其采摘标准为一芽一叶初展或一芽二叶初展。在制作工艺上，主要有萎凋、摇青、杀青、重揉捻、团揉等多道工序，最后经文火烘干制成。高山乌龙茶品种比较多（主要有杉林溪、文山、金萱等种类），是中国台湾茶叶冠冕上一颗闪亮的珍珠，其品质与成就向来傲视群伦。毫不夸张地说，它是世界有名的茶叶，也是我国台湾深具代表性的名茶。

高山乌龙茶虽然产自中国台湾省，但是在中国大陆和海内外都有很广阔的市场。近年来，由于受到利益的驱使，有的不法商家也会经销假冒或者劣质的高山乌龙。因此，对于高山乌龙茶的鉴别就显得十分有必要了。通常情况下，可以从以下几个方面把握高山乌龙茶的品质：

第一，看干茶。高山乌龙茶的干茶从外形上看，条索壮美，有一芯二叶，色泽翠绿，茶条的形状有的呈半球状，也有的呈球状。如果外形松散，茶条萧索，则说明不是上好的高山乌龙茶。

第二，观汤色。上好的高山乌龙茶一经开水冲泡后，汤色清澈，而且橙黄中略泛青色。如果茶汤只是单纯的清澈，并没有青色的迹象，则要怀疑该高山乌龙的质量了。

第三，品味道。质量上乘的高山乌龙茶入口之后，会有滑润的感觉，并且伴有青甜味或青果味，片刻后隐现出高山气息，回甘明显，清香持久。而劣质的高山乌龙茶入口之后会有青涩感，没有回味的余地。

第四，鉴叶底。高山乌龙茶的真品，其叶底在冲泡多次之后，叶芽柔软肥厚，色泽黄中带绿，叶片边缘整齐。如果叶底破损不完整，而且伴有混浊现象出现的话，则大多说明是质量较次的高山乌龙茶了。

近年来，随着高山乌龙茶被越来越多的人所熟知，人们也将关注的焦点扩大到了高山乌龙茶的保健功效上。经现代医学研究表明，高山乌龙茶中含有多种对人体有益的物质成分，主要有茶多酚、儿茶素等。这些成分都在不同程度上具有杀菌消炎、降低胆固醇的作用，同时，也可减少心血管疾病及糖尿病的发病率，尤其适宜于肥胖人群以及从事高强度脑力工作的人群。因此，坚持每天饮用一些高山乌龙茶，无疑会大大提高人体的免疫能力和抗病能力。

值得注意的是，高山乌龙茶的保存除了要具备密封、干燥、避光、防异味等这些常规条件外，还要明确一下贮存的温度。一般情况下，贮存高山乌龙的室温最好不要超过 10℃，如果天气比较热，在冰箱内冷藏为宜。但冷藏也要注意不要与有异味的物品放到一起，以免影响高山乌龙茶的口感。

本山茶

本山茶，是福建安溪四大名茶之一，也是安溪县内四大当家良种之一。本山茶是制青茶的优良品种，主要产于安溪西坪、虎邱、蓬莱、尚卿、长坑、芦田等乡镇，并先后传播到闽南、闽中等部分乌龙茶区。由于都生长在安溪境内，本山茶与铁观音是“近亲”，但无论看长势情况，还是看对生长环境的适应性，本山茶都要比铁观音要强一些，质量好的本山茶可以与铁观音相近似。因此，本山茶又有“观音弟弟”之称。同时，本山茶的品种优良，早在1984年，在全国茶树良种审定会上，本山茶就被认定为全国良种。

直到现在，本山茶在当地依然是重要的茶树品种。每当有人问及本山茶的由来时，当地的茶农都会讲述一个带有神秘色彩的传说。相传，很久以前，安溪县内住着一位与众不同的年轻人，他既不求学，也不求官，而是诚心敬奉观世音菩萨，极为虔诚，每天清晨都会在观音菩萨像前敬奉一盏清茶。有一天早晨，他像往常一样给观世音菩萨敬茶，但是就在这时，观音菩萨被他的诚心所打动，竟然显灵了，指点他在山岩的某个地方有一株神茶，可以采撷。菩萨指点过后，就消失不见了。他连忙磕头向菩萨道谢。然后，他便按照菩萨的指点，跋涉攀登到山岩上，果然找到了那株神茶。只见茶树的叶片闪烁着铁色幽光。于是，他小心翼翼地将这株神茶移植到家中庭院内，精心栽培，插枝繁衍，这就是本山茶树之祖。现在安溪县内的本山茶树都是从那时一代一代繁衍下来的。

在气温正常的年景，本山茶的新茶一般在谷雨前十天内即可产出，而真正叶片营养丰富的本山茶应该在谷雨前后几天。在选购和品尝本山茶的时候，通常要把握以下几个要点：即从干茶和泡茶两个角度鉴别茶的色、香、味、形。

首先，评赏干茶。干茶要从四个方面考量。第一，望色。本山茶应该是深度青色的，老嫩、色泽一致，这样才说明烘制到位。第二，闻香。上乘的本山茶有一种透鼻的香气，尤其是烧板栗那种香味或幽香；如果有青草味，则说明炒制功夫欠缺。第三，嚼味。将本山茶放到口中咀嚼后，会感到头苦尾甜、苦中透甜味，略用清水涮口后，便有一种清爽甜润的感觉。第四，观形。本山茶的叶片卷曲、长短相近、粗细匀称，形状大小一致。

其次，品尝汤茶。冲泡本山茶，一般选用白瓷茶杯，以泉水或深井水为佳。品鉴的时候，先是闻其香。我们需要在靠近盛放茶水的杯口处感觉是否有悠悠的茶叶清香；以其香味浓度体验本山茶的香醇。次是望其色。用碗盖扶动茶叶查看汤色，上好的本山茶一般是青汤透绿、清爽爽的，没有一点浑浊的迹象。其叶片颜色也将呈现出谷雨时节前十天时新茶的特色，经沸水浸泡之后会变成不匀称的青色或淡青色。而本山茶中的陈茶一经冲泡之后则会变成匀称的青色或深青色，茶汤也会比新茶味道浓些、颜色深些。再是品其味。本山茶入口后，都有微苦、清凉、丝丝的甜味；叶片营养生长丰厚的本山茶，冲泡之后往往能令饮茶者感受到茶汤中明显的柔度。

一直以来，本山茶都得到了广大喝茶爱好者的青睐，如果说之前是因为其味道甘甜醇厚的话，那么现在则更是因为其具有多重的保健功效。本山茶的保健功效体现在多方面，诸如提神消疲、利尿作用、强心解痉作用、减肥作用、防龋齿作用、抑制癌细胞作用等。最显著的要数它的抗菌抑菌作用。本山茶中的茶多酚和鞣酸作用于细菌，能凝固细菌的蛋白质，将细菌杀死。因此，本山茶可以用于肠道疾病的治疗，如霍乱、伤寒、痢疾、肠炎等。另外，皮肤生疮、溃烂流脓、外伤破了皮、口腔发炎、溃烂、咽喉肿痛等，用本山茶冲洗患处，也有一定的消炎杀菌作用。

此外，需要提醒广大饮茶者的是，本山茶因为其产量比“铁观音”高，所以价格也相对比较便宜。一般消费者可能无法分辨出它与铁观音的区别，因而有很多茶叶店都将其当成铁观音来卖。所以，在购买的时候一定要慧眼识珠，不要因不良店家的推荐而蒙蔽了双眼。

毛蟹茶

毛蟹茶，是安溪四大名茶之一，主要产自中国福建省安溪县福美大丘仑一带。毛蟹茶的历史悠久，早在唐末时期，就有韩林学士写诗道：“古崖觅芝叟，乡俗乐茶歌。”说的就是毛蟹茶。明清时代，毛蟹茶叶开始走向鼎盛。安溪县的饮茶、植茶风俗传统广泛传遍至全国各地，并迅猛发展成为当地的一大产业。明朝崇祯年间，安溪茶农从多年的种茶经验中研制出制茶的技术，创造出毛蟹茶最佳炒制方法。因而，毛蟹茶被广泛接受，而安溪县也成了中国茶树种植和生产的重要产地。

说到毛蟹茶的由来，还源于一个故事。据史料《茶树品种志》记载，清朝光绪年间，在安溪县萍州村，居住着一位叫做张加协的老人，他们家族世代以种茶制茶为生。那时，他已经有 71 岁高龄了。一日，老人外出买布，路过福美村大丘仑的高响家。二人谈话之际，就自然而然地聊到了茶树上来。高响说他家中有一种茶树，人们都把它叫做“毛蟹茶”，它的生长极为迅速，栽后两年就可以采摘。这样一说，对于老茶农张加协来说，自然是兴致大起。于是，老人就顺便带回 100 多株，栽到自家的茶园内，悉心栽培。果然，两年之后，茶树长成，而且制成的茶叶味道也极好。就这样，由于毛蟹茶的产量高，品质好，很快就在萍州附近传开，并迅速在全国范围内赢得美誉。

毛蟹茶的特征相对于其他茶叶来说，比较明显，因而也容易鉴别。主要从外形、汤色和叶底三方面进行。

首先，观外形。成品的毛蟹茶外形紧密，茶条紧结，梗圆形，头大尾尖，多白色茸毛，色泽褐黄绿，多呈砂绿色，颗粒手感好，茶叶均匀整齐，落入盘中分量感明显，因而具有“沉重如铁”的美誉。

其次，看汤色。取少量毛蟹茶叶放入壶中，以沸水冲泡，随后把泡好的茶汤倒入水晶玻璃杯内观赏汤色。好的毛蟹茶的汤色是红浓通透明亮的，而且毛蟹茶的汤色越红品质越好。茶汤如果泛青、泛黄，则说明是毛蟹茶陈茶，如果茶汤褐黑、浑浊不清、有悬浮物的则是变质的毛蟹茶了。

最后，看叶底。毛蟹茶开汤后要看冲泡后的叶底，主要看柔软度、色泽和匀度。叶质柔软、肥嫩、有弹性，色泽褐红、均匀一致的是上好的毛蟹茶。若叶底无弹性、花杂不匀、发黑，或腐烂如泥、叶张不开展，则表明是品质低劣的毛蟹茶。

毛蟹茶作为公认的健康饮料，自然有多种有益于人体健康的功能。医学研究表明，毛蟹茶的保健功效主要有三。其一，美容减肥抗衰老。毛蟹茶的粗儿茶素组合，具较强抗氧化活性，可消除细胞中的活性氧分子，从而使人体免受衰老疾病侵害。安溪毛蟹茶中的锰、铁、氟以及钾、钠的含量比，同比高于其他茶叶，其中尤以含氟量高名列各茶类之首，对防治龋齿和老年骨骼疏松症效果显著。其二，防癌增智人聪明。安溪毛蟹茶含硒量很高，在六大茶类中居前列。硒能刺激免疫蛋白及抗体抵御患病，抑制癌细胞发生和发展。同时，安溪毛蟹茶还有增长智力的功效。因为人体大脑体液的酸碱性与智商有关，毛蟹茶碱性显著，因此经常饮用此茶能够有效地中和人体中的酸碱浓度，提升人们的智力。其三，交友养性心情好。身为优质茶家族中的一员，安溪毛蟹茶在修养个人心性及结交朋友、款待客人方面有着独特的功效。冲泡安溪毛蟹茶的整个过程无不洋溢着平和宁静的氛围。主人亲自清洗茶具，煮水备茶，对客人的一番殷切之意一望便知；客人则一边品尝美味的茶汤，一边与主人畅聊种种过往，其间充满了柔和亲切的味道。因此，安溪毛蟹茶不愧为怡心理气的佳品。

永春佛手

永春佛手茶，又名香橼、雪梨，是青茶类中风味独特的名贵品种之一。因其形似佛手、名贵胜金，又称“金佛手”，主要产地在中国福建省永春县苏坑、玉斗和桂洋等乡镇地区。永春佛手茶树多生长在平均海拔 600 ~ 900米的高山处，是福建乌龙茶中风味独特的名品。永春佛手以其“形美、色润、味甘”的品质而享誉国内外。有华侨称赞永春佛手道：“西峰寺外取新泉，啜饮佛手赛神仙；名贵饮料能入药，唐人街里品茗篇。”

永春佛手茶的得名和由来，还有一个流传已久的传说。相传，很久以前，在闽南骑虎岩寺中，有一位和尚，他天天用茶供奉佛祖。有一天，他在给佛祖敬茶的时候，就突发奇想：佛手柑是一种清香诱人的名贵佳果，要是茶叶泡出来也能有佛手柑的香味，那该多好！于是，他就尝试着把茶树的枝条嫁接在佛手柑上，经过精心的培植，终于嫁接成功，长出了具有佛手柑味道的茶树。这位和尚高兴之余，便把这种茶取名为“佛手”。到了清朝康熙年间，这位和尚又将其传授给永春师弟。附近的茶农竞相前来移栽种植。有文字记载：“僧种茗芽以供佛，嗣而族人效之，群踵而植，弥谷被岗，一望皆是。”佛手茶因此而得名并普及开来。此外，由于永春县山清水秀，朝雾夕岚，泉甘土赤，所生产的佛手茶质量历来为本类茶叶之极品，为别于其他地区的佛手茶，故称“永春佛手”。

永春佛手不仅是同类茶中的佼佼者，而且对于一般的消费者来说，永春佛手茶的还有一个优点，那就是容易鉴别。从以下几个方面就可鉴别出真伪：

首先，看颗粒的大小。永春佛手茶是采用闽南制法制作的，其干茶颗粒特别粗大，竟然要比其他茶叶大将近 1/3。此外，该茶的干茶外形如海蛎干，条索紧结，粗壮肥重，色泽沙绿乌润。

其次，闻香气的独特。永春佛手冲泡后，其特殊的类似香橼或雪梨的果香是青茶中独一无二的。其香气馥郁幽芳、沁人肺腑，冉冉飘逸，就像屋里摆着几颗佛手、枸橼（香橼）等佳果所散发出来的绵绵幽香沁人心腑。其汤色金黄透亮清澈，滋味醇厚回甘，生津甘爽，真可谓“此茶只应天上有，人间哪得几回尝”。

最后，观叶底的肥厚。永春佛手茶特殊的圆形叶与肥厚度也很容易辨识。叶底看上去似佛手柑叶，肥厚丰润，质地柔软绵韧，紫红亮丽。

永春佛手茶不仅是名贵茶饮，而且保健功效显著。品饮后齿颊留香，回甘快，除了具有普遍的提神益思、清心明目、利尿解毒、减肥降脂、降血压等功效之外，对支气管哮喘及胆绞痛、胃炎、结肠炎等胃肠道疾病有明显辅助疗效。同时，永春佛手茶还含有佛手脱糖，这是其他茶所不具备的，脱糖类的物质能抗氧化，对人体的健康有好处。永春佛手茶黄酮类化合物总量含量居青茶之首，而黄酮能调节血脂，降低血压，对脑血管疾病有显著疗效。正是因为永春佛手茶既能够养胃，又具有独特枸橼（香橼）香味的品质特征，使得永春佛手茶在茶叶市场的激烈竞争中得以脱颖而出。

永春佛手茶的冲泡，以功夫茶冲泡法为宜。由于该茶叶的颗粒特别粗大紧结，所以冲泡时要注意水温和出水时间。必须用现烧开的沸水冲泡，第一道的时间要比一般青茶稍微长久一些，这样茶叶才能充分舒展，从而最大限度地激发出永春佛手的香气与滋味。

八角亭龙须茶

八角亭龙须茶，又名“束茶”，因形似“龙须”而得名，主要产于中国福建省崇安和建瓯两县，其中，以武夷山麓八角亭所产的茶叶品质最佳。八角亭龙须茶多种植在土壤肥沃的园地上，茶树长势旺盛，芽梢长而肥壮，是上好的制茶原料。八角亭龙须茶在制作时，采用了五彩线捆扎成束状。八角亭龙须茶以其自身优异的内质、美观别致的外形、别具一格的风味而驰名中外。历史上此茶主要销往美国以及新加坡等东南亚国家，是当地侨胞馈赠海外亲友的珍贵礼品。

伴随着八角亭龙须茶同样远近闻名的，不单单是它的极高品质，还有一个美丽的传说。相传，很久以前，武夷山地区是一个人间仙境，那里不仅有清幽的九曲溪、崇阳溪，还有许多神奇的嘉木，于是引来了龙翔与凤栖。有一次，躺在九龙窠看守大红袍的龙，被一只突然飞来的凤凰叫醒了，飞累了的凤凰栖身在九龙窠的一棵大红袍茶树上。凤凰说：“我从武夷山东面八角亭飞来，那里有高大的梧桐树，是我梦寐以求的栖身之处。我听仙人说，九龙窠有几株神奇的茶，凡夫俗子是不能享用的。”龙哥告诉凤凰说：“这茶树是我们的命根，我们九兄弟一直在这里看守着，它是要献给皇帝享用的神茶。”凤凰心想，我八角亭梧桐树下也要种此好茶。于是央求龙哥把九龙窠里的茶苗赠送给她。龙哥在赠送茶苗的同时，还从嘴角拔下几缕龙须，说：“凤凰妹子，你种下茶苗时把龙须一同种下，然后再找海清大帝显灵，你的茶苗就能活了!”种茶那天，天气炎热，但由于海清大帝显灵招雨，九龙窠的茶苗在沙壤土上种活了。春茶开园采摘时，凤凰变成了八角亭茶园里美丽的采茶村姑。春茶开采之夜，凤凰想起了龙哥曾赐予她的龙须，于是给茶取名叫“龙须茶”。后来，地方官把八角亭龙须茶当作御茶奉献给朝廷皇帝品尝，皇帝一听说茶名含有“龙须”二字，龙颜大悦，遂御赐八角亭庙为“显善庙”。从此以后，八角亭龙须茶的名字就这样叫开了。

说到八角亭龙须茶的品质特点，还是比较突出的。一般可以从以下三个方面着手鉴别。

首先，从外形上看，八角亭龙须茶形似“龙须”，粗壮笔直，色泽呈墨绿色。而质量较次的八角亭龙须茶大多条索松散，颜色绿而不纯。

其次，从香气上看，上好的八角亭龙须茶不仅具有青茶的芳香，而且会伴有清新的花香。如果茶品中所含的香气过分地浓郁，则多半是含有人工香料所致。

最后，从内质上看，八角亭龙须茶冲泡后，汤色橙黄，清澈明亮。饮入口中，滋味浓厚醇香，鲜爽回甘。叶底均匀完整。而且，该茶的茶叶经泡耐饮。如果叶底零散，并且汤色伴有混浊状，则说明是劣质的八角亭龙须茶。

八角亭龙须茶是我国的特种名茶，经现代科学研究证实，它除了具有提神益思、消除疲劳、生津利尿、解热防暑、杀菌消炎、解毒防病、消食去腻、减肥健美等保健功能外，还突出表现出三大功效。其一，防癌症。科学实验证明，相比于其他类茶叶来说，八角亭龙须茶的抑癌效果是最佳的。其二，降血脂。饮用八角亭龙须茶可以降低血液黏稠度，防止红细胞集聚，改善血液高凝状态，增加血液流动性，改善微循环。这对于防止血管病变，血管内血栓形成均有积极意义。其三，抗衰老。现代科学研究表明，饮八角亭龙须茶可以使血中维生素 C 含量持续保持较高水平，尿中维生素 C 排出量减少，而维生素 C 的抗衰老作用早已被研究证明。因此，饮用八角亭龙须茶可以从多方面增强人体抗衰老能力。

此外，需要提醒广大茶叶爱好者的是，不同茶叶的保质期是不同的。对于八角亭龙须茶来说，通常情况下，密封包装的茶叶保质期是 12~24 个月，散装茶叶保质期会相对更短一些。所以，尽量选当年的新茶是最佳的选择。

白芽奇兰

白芽奇兰，属于我国六大茶类中的青茶类，是中国珍稀乌龙茶新良种。它主要产于福建省平和县大芹山下的崎岭乡，那里海拔达 800 米，茶树病虫害少，没有使用农药，非常适合茶树的生长。该茶因为其芽梢白毫明显，成茶品质具有独特的兰花香气，因此将这种茶取名为“白芽奇兰”，制成的青茶也称“白芽奇兰”。白芽奇兰茶的采制考究，工艺精细。从白芽奇兰茶品种树上采下的鲜芽要经过凉青、晒青、摇青、杀青、揉捻、初烘、初包揉、复烘、复包揉、足干等十道工序制成毛茶，再经过精制加工为白芽奇兰茶的成品茶。近年来，白芽奇兰茶畅销日本及欧盟等国家，受到国外顾客的欢迎。

现在的福建省乌龙茶区，是我国青茶的重要产地。与此同时，关于白芽奇兰茶，在当地有这样一种传说：古时候，有一位书生考中进士，全家都非常开心。正当他等着皇帝下诏令，好去官职上赴任的时候，却不幸地被当地的土豪劣绅诬陷为杀人犯。结果，这位进士不但被罢免了官职，而且还丢了性命。原来，这位进士曾经因为与那个土豪发生过口角，土豪见他考中进士，顿时生出不满和嫉妒之心，随即设计了一个圈套陷害进士。进士死后，被埋在了家乡的山上，他死不瞑目，冤气直冲九霄。这股冤气前冲后突，跌宕升腾，常常搞得王母娘娘的蟠桃大会都有点愁云惨雾。玉帝因为错怪了这位进士，好像觉得自己也有点对不起他，就有点听凭他发怨气的意思。但长此以往，也不是办法呀。正当王母和玉帝也一筹莫展之际，青茶仙子开口了：那位进士的怨气，还是让小仙去想想办法吧。王母当然满口答应了。清茶就每日陪着进士喝茶解闷，谈古论今。时间一久，进士的冤气中那股阴毒之黑就被青茶的“儿茶丸”化解了。现在，进士的冤气虽然依旧冲天，但因为没有了阴毒的黑气，都变成了缭绕的浓雾。崎岭乡的雾终年都是到九点半之后才能化开，越到晴天雾越浓。浓雾生成的水滴滋润了高山云雾中生长的白芽奇兰茶。这样，白芽奇兰茶上有进士的浓雾滋润，下有肥沃的土壤供养。所以，白芽奇兰茶叶能够远近闻名，并享有盛誉，也就是理所应当的事情了。

白芽奇兰茶虽然名为“白芽”，却是属于青茶类中的，说到白芽奇兰茶的鉴别，通常要从以下几个方面入手：

首先，看茶叶外观。白芽奇兰茶的外形紧结匀整，形状挺拔坚挺，色泽翠绿油润，有的也呈褐绿色。如果外形比较松散凌乱，而且颜色缺少光泽的话，则说明不是上好的白芽奇兰茶。

其次，闻茶叶香气。白芽奇兰茶的香气极为独特，可以以此来鉴别其真伪。白芽奇兰茶干嗅的时候，能够闻到一股幽香，冲泡之后，就会散发出浓郁的兰花香，并且香气清高，细长持久，这就是白芽奇兰茶的特点。如果香气呛鼻难闻，并伴有异味，则多半是白芽奇兰茶的陈茶，不适宜购买。

最后，观茶叶内质。白芽奇兰茶叶冲泡之后，会看到汤色是杏黄色的，并且清澈明亮。经过冲泡的过程，白芽奇兰入口之后，滋味醇厚鲜爽，回甘生津。冲泡几旬过后，叶底依然均匀完整，成朵状，而且肥软。如果叶底破碎零散，并伴有混浊现象，就是质量较差的白芽奇兰了。

至于白芽奇兰茶保健益处，一般人往往是知其然，而不知其所以然。经过现代科学的分离和鉴定，白芽奇兰茶中含有机化学成分达四百五十多种，无机矿物元素达四十多种，含有许多营养成分和药效成分。中国医学研究者声明，白芽奇兰茶具有瘦身的功效。白芽奇兰茶之所以流行，完全是因为它溶解脂肪的减肥效果，这种说法也确实有科学的根据。因为该茶叶中的主成分——单宁酸，被证实与脂肪的代谢有密切的关系，而且实验结果也证实，白芽奇兰茶的确可以降低血液中的胆固醇含量，实在是不可多得的减肥茶。实验还证明，每天喝一些白芽奇兰茶，有抑制胆固醇上升的良好效果。

水金龟

水金龟，是武夷岩茶“四大名枞”之一，产于武夷山区牛栏坑社葛寨峰下的半崖上。武夷是我国著名的产茶地之一，素有“武夷奇茗冠天下”的美誉，出产于此地的水金龟属于半发酵茶，因茶叶浓密且闪光模样宛如金色之龟而得此名。该茶既有铁观音之甘醇，又有绿茶之清香，具有鲜活、甘醇、清雅与芳香等特色，是青茶中的珍品。

水金龟作为青茶中的佼佼者，自然也蕴含了许多茶文化。传说，在清朝末年的惊蛰那一天，县令及御茶园的官员们照例带着工头、工员、场丁、杂役及当地的茶农在御茶园的喊山台祭茶神。祭祀时鞭炮齐鸣，锣鼓喧天，"茶发芽，茶发芽!"喊声惊动了天庭玉帝仙茶园里专门为茶树浇水的老金龟。这老金龟原在青云山云虚洞修行千年方得正果，上天后原想谋个一官半职，没想到玉帝老儿根本没把他放在眼里，把他打发到仙茶园专门为仙茶树锄草浇水。开始时他和管仙桃园的"齐天大圣"孙悟空同病相怜，互相安慰，有个伴倒也落个清闲自在。后来孙悟空反出天庭，那老金龟便觉得孤单，心中不平。这天他被武夷山御茶园祭茶的喊声惊醒，不禁偷着跑出南天门去看热闹。当他看到武夷山县令带着众人齐刷刷地跪在喊山台下，台上红烛高烧，供品丰盛，台下众人对茶顶礼膜拜，至真至诚，内心十分感动，联想到自己长年在天庭做事却无人问津，气就不打一处来。老金龟长叹道："罢了！罢了！我修行得道的千年金龟，尚不如人间一株茶，莫不如到人间去作一株茶吧!"叹罢，老金龟铁了心要寻找一处安身之地。它眼光扫遍武夷山九曲三十六峰，看到山北牛栏坑奇峰突兀，千岩竞翠，岩下土壤肥沃，山泉涓涓，牛栏坑内满目春色，一派生机盎然。凭着老金龟长期事茶的经验，它认定这里一定是茶树生长的绝佳之地。"对，就到那里去做一株名茶。"主意一定，老金龟运起神功，口吐甘霖，武夷山顿时暴雨如注，千崖万壑间山洪携着泥石沙土到处奔流。金龟乘机变成一株枝叶繁茂的茶树，随着泥石流顺流而下，到了牛栏坑头杜葛寨兰谷半岩的一个地方，老金龟收起神功，止住身形，扎下了根。老金龟所变的茶树越长越旺，其绿叶如碧玉，阳光一照金光闪闪，活像一只大金龟。这棵茶树所制的茶韵味奇佳，被命名为"水金龟"。不久，"水金龟"便从武夷岩茶诸多名丛中脱颖而出，成为武夷山中添财进宝的一株"宝树"。

水金龟茶味道独特，是武夷山地区的著名特产之一，经常是人们馈赠亲友的首选礼物。因此，掌握水金龟的鉴别方法就成为购买此茶时非常重要的一件事情。通常情况下，可以从外形和内质两个方面鉴别水金龟的真伪：

首先，看外形。水金龟的条索肥壮，自然松散；色泽呈绿褐色，墨绿带润，油润光亮。香气高扬，悠长清远，似梅花的芳香。很多茶叶以条索紧结为好，但是条索紧结的水金龟却不是质量很好的上品，还是以自然松散为好。

其次，观内质。上好的水金龟茶，滋味甘美醇厚，润滑爽口，岩韵显露，浓饮且不见苦涩；汤色橙黄清澈；叶底软亮，肥厚匀齐，红边带朱砂色。

据行家评定，水金龟茶具有防癌、防辐射、抗衰老、抗变异、提高免疫力的功效。水金龟茶在福建农林大学提交的研究报告中，被誉为“健康之宝”，国际茶界评价水金龟是“万物之甘露，神奇之药物”。福建中医学院盛国荣教授说：“水金龟茶，温而不寒，久藏不变质，味厚不苦不涩，香胜白兰、芬芳馥郁，提神消食，下气解酒，性温不伤胃。”

闽北水仙

闽北水仙，是闽北乌龙茶中两个花色品种之一，是青茶类的上乘佳品，堪与铁观音匹敌。其主要产地在福建省建瓯县和建阳县一带。闽北水仙茶，得山川清淑之气，品质别具一格，历来人们对其都有“水仙茶质美而味厚”“果香为诸茶冠”的评价。早在清朝光绪年间，闽北水仙茶叶就畅销闽、粤、港、澳、南洋群岛、新加坡、英国和美国等地。一叶赢得万户春，现在的闽北水仙已占闽北乌龙茶中的百分之七十，具有举足轻重的地位，正获得越来越多的饮茶爱好者的青睐。

茶如其名，一提到闽北水仙，人们便会有清新雅致、美丽脱俗的感受。其实，关于该茶的得名，也有一段传说。相传，清朝年间，有位经营中草药的福建人，由于生意的需要，他会经常上山采草药。一日，他上山采药，路过一座寺庙，在寺庙旁边发现了一株大茶树。这株茶树因为受到寺庙墙壁的压制而分出几条扭曲变形的树干，那人觉得树干弯曲得颇为有趣，便挖出来带回家种植。下山之后，他巧妙地利用树的变形，将其移栽到自家庭院中，每日以水灌溉，长期精心栽培。结果，几年后，茶树竟然可以采摘茶叶了，而且制成的茶叶也能冲泡出清香的好茶。他很多生意上的朋友也都慕名而来，要品尝该茶。在闽南话中，“水”就是美的意思，因此，他就把从美丽的仙山采得的茶，取名为“水仙”，令人联想到早春开放的水仙花。闽北水仙的名字就由此而被人们所接受并广为流传。

对于闽北水仙茶的鉴别，大致可以从以下几个方面进行：

第一，看干茶。闽北水仙的成茶外形壮实匀整，尖端扭结，条索紧结沉重，叶端扭曲，色泽油润暗沙绿，并呈现白色斑点，素有“蜻蜓头，青蛙腹”之称。

第二，闻香气。上好的闽北水仙干茶香气浓郁芬芳，颇似兰花清香，而且香味很纯，不掺杂其他气味。如果有，则可能是由于茶叶存放不当或时间较长所致。

第三，观内质。冲泡后的闽北水仙，滋味纯正，有回甘，入口浓厚之余，有甘爽回味，汤色红艳鲜亮、清澈橙明，叶底厚软黄亮，叶缘红边明显，呈朱砂色，有“三红七青”的说法。

闽北水仙之所以为茶中上品，不仅因为其茶叶品质高，而且也在于其特殊的保健功效。闽北水仙作为药用，在我国已有近千年的历史。有大量科学研究证明，闽北水仙有诸多作用。首先，有助于美容护肤。闽北水仙多酚是水溶性物质，用它洗脸能清除面部的油腻，收敛毛孔，具有消毒、灭菌、抗皮肤老化，减少日光中的紫外线辐射对皮肤的损伤等功效。其次，有助于利尿解乏。闽北水仙中的咖啡碱可刺激肾脏，促使尿液迅速排出体外，提高肾脏的滤出率，减少有害物质在肾脏中滞留时间。咖啡碱还可排除尿液中的过量乳酸，有助于使人体尽快消除疲劳。再次，有助于降脂助消化。闽北水仙中的咖啡碱能提高胃液的分泌量，可以帮助消化，增强分解脂肪的能力。所谓“久食令人瘦”的道理就在这里。最后，有助于护齿明目。闽北水仙中含氟量较高，这对预防龋齿，护齿、坚齿，都是有益的。闽北水仙中的维生素 C 等成分，能降低眼睛晶体混浊度，经常饮闽北水仙，对减少眼疾、护眼明目均有积极的作用。

铁罗汉

铁罗汉茶，是武夷传统四大珍贵名枞之一，主要产于我国闽北“秀甲东南”的名山武夷。其品质清香甘醇，是中国青茶中之极品。铁罗汉茶历史悠久，相传宋代已有铁罗汉名，为最早的武夷名枞。成品铁罗汉茶香气浓郁，滋味醇厚，有明显“岩韵”特征，品饮之后香气常留唇齿之间，经久不退，即使冲泡多次，仍然存有原铁罗汉的桂花香味，被誉为“武夷铁罗汉王”。铁罗汉茶在国内外拥有众多的爱好者，近年来也远销东南亚、欧美等国。

铁罗汉是闻名遐迩的武夷名茶，深受人们的青睐。有这样一个传说，王母娘娘在中秋之夜设宴款待五百罗汉，仙宴非常隆重，菜肴十分丰富，喝的是天宫琼浆美酒。散席时，五百罗汉大都成了醉神仙，走起路来摇摇晃晃，跌跌撞撞，就如世间年节中所跳的秧歌舞。五百罗汉边走边散，有的回到自己的驻地休息，有的却仙游来到武夷山，途经武夷山的上空时，那个管理铁的罗汉，神魂颠倒地竟将手中铁罗汉枝弄断，等脑子清醒之后，懊悔不已，想接又接不上，想丢又违反天条，一时没了主意。几个罗汉好奇，便凑过来盘问："何事这般神态？"管铁的罗汉将折断的铁罗汉枝让众仙人看，诉说："宴中贪杯，醉中将此铁罗汉枝折断，今后我还怎么管铁？"众罗汉听后曰："莫恼！莫恼！快求王母娘娘说个话，佛祖哪会不买账？"说完拉起管铁罗汉就走。由于走得太急，无意中将断枝碰落凡尘，直掉进武夷山的慧苑坑里，结果被一位老农捡了去，后来栽在了坑里。第二年，这断枝发芽长了叶，管铁罗汉就赶紧托梦给老农，嘱咐今后如何管理、采摘和制作，还一面叫他"切莫毁掉此铁罗汉，日后子孙必得益"，等等。老农梦后告知众山人，山人因此称老农所栽之树为"铁罗汉"。从此，一传十，十传百，"罗汉折铁罗汉栽活"的传说便流传开来。

这种名茶的鉴别可以从以下几个方面把握：

首先，看干茶的品质。成品的铁罗汉茶外形壮结，均匀整齐，色泽绿褐鲜润。而且，铁罗汉干茶的最大特点是，性和而不寒，久藏不坏。

其次，闻冲泡后的香气。冲泡后的铁罗汉，香久益清，浓郁清长，有铁罗汉独特香气；味久益醇，具有爽口回甘的特征。铁罗汉的香气是冷调的花香，香气明显而又集中，末了还有点果味。

最后，观冲泡后的内质。冲泡后的铁罗汉，汤色浓艳，呈蜜糖色，清澈艳丽，从白瓷盖碗倾入玻璃杯，汤色澄澈净透，对光看去，纤毫伏地，有如苏绣丝线的痕迹。入口后，滋味浓醇清活、细腻、协调、丰富、浓饮而不苦涩，回味悠长，空杯留香，长而持久，徐徐生津，细加品味，似嚼嚼有物，饮后神清气爽。而铁罗汉的叶底则肥软，叶缘朱红，叶心淡绿带黄；泡饮时常用小壶小杯，因其香味浓郁，冲泡五六次后余韵犹存。

说到铁罗汉，自然要提它的保健功效。铁罗汉有一大独特功效，是其他茶叶所不能比拟的——可以减轻吸烟的危害。吸烟者常饮铁罗汉，主要有四大好处：首先，可以减轻吸烟诱发癌症的可能性。铁罗汉多酚进入人体后能与致癌物结合，使其分解，降低致癌活性，从而抑制致癌细胞的生长。其次，铁罗汉有助于减轻由于吸烟所引起的辐射污染。铁罗汉中的儿铁罗汉素类物质和脂多糖物质可减轻辐射对人体的危害，对造血功能有显著的保护作用。因此，对于长期使用电脑和手机的人来说，铁罗汉也是减轻辐射的首选饮品。再次，可以防治由于吸烟而引发的白内障。铁罗汉中含有比一般蔬菜和水果都高得多的胡萝卜素。胡萝卜素不仅有防止白内障、保护眼睛的作用，同时还有防癌抗癌的功效。最后，铁罗汉可以补充由于吸烟所消耗掉的维生素 C。吸烟者常饮铁罗汉可以摄取到适量的维生素 C，特别是坚持饮绿铁罗汉，完全可以补充由于吸烟造成的维生素 C 的不足，以保持人体内产生和清除自由基的动态平衡，增强人体的抵抗能力。

铁罗汉虽有利于身体健康，但饮用一定要适量。胃寒的人，不宜过多饮铁罗汉，否则等于“雪上加霜”，越发引起肠胃不适；神经衰弱者和患失眠症的人，睡眠以前不宜饮铁罗汉，更不能饮浓铁罗汉，不然会加重失眠症；正在哺乳的妇女也要少饮铁罗汉，因为铁罗汉对乳汁有收敛作用。

第四章　了解鲜醇白茶

所谓白茶，因成茶满披茸毛，色白如银，故而得名。其鲜叶要求“三白”，即嫩芽及两片嫩叶均有白毫显露。白茶是我国的特产，也是世界上享有盛誉的茶中珍品。在我国，白茶主要产于福建、广东等省，台湾省也有少量生产。白茶生产已经有将近200年的历史，至今发展形势依然很好。不少朋友都想知道：白茶最主要的特点有哪些？白茶的保健作用体现在哪……带着这些疑问，本章将向你一一揭晓答案。

白毫银针

白毫银针，简称银针，又叫白毫，因为其鲜叶原料全部是茶芽，成品多为芽头，全身披满白毫，干茶色白如银，外形纤细如针，故而得名。该茶的主要产地为我国福建省福鼎市政和县一带，其中，尤以福鼎生产的白毫银针品质为高。白毫银针因产地和茶树品种不同，又分北路银针和南路银针两个品目。白毫银针茶是白茶品种中的极品，它同君山银针齐名于世，曾被多朝的皇帝指定为皇室贡品，素有茶中“美女”“茶王”的美称。

传说，很久以前的某一年，政和一带长期干旱，不见甘霖，瘟疫四起。听村里的老人说，在洞宫山上的一口龙井旁有几株仙草，草汁能治百病。于是，很多勇敢的小伙子纷纷去寻找仙草，但都有去无回。有一户人家，家中兄妹三人，志刚、志诚和志玉。三人商定轮流去找仙草。这一天，大哥率先来到洞宫山下，这时路旁走出一位老爷爷告诉他仙草就在山上龙井旁，上山时只能向前看，不能回头，否则就采不到仙草。志刚听过，频频点头，一口气爬到半山腰。只见满山乱石，阴森恐怖，但忽听得一声大喊：“你敢往上闯！”志刚大惊，一回头，立刻变成了这乱石岗上的一块新石头。

大哥志刚没有回来，二哥志诚接着去找仙草。在爬到半山腰时由于回头也变成了山中的一块巨石。这样一来，找仙草的重任就落到了志玉的头上。她出发后，途中也遇见了白发爷爷，而白发爷爷也同样叮嘱她千万不能回头，且送她一块烤糍粑。志玉谢后继续往前走，来到乱石岗，奇怪的声音从周围不断地响起。她灵机一动，便用白发爷爷送给她的糍粑塞住耳朵，坚决不回头。就这样，志玉终于爬上山顶，来到龙井旁，采下了仙草上的芽叶，并用井水浇灌仙草，仙草开花结子，志玉采下种子，立即下山。回乡后将种子种满山坡。这种仙草便是白毫银针茶树，这便是白毫银针名茶的来历。

从白毫银针的来历看，真不愧为茶中珍品，其成品茶的形、色、质、趣是名茶中绝无仅有的。鉴别的时候，大多要观察以下几个方面的特征：

首先，看外形。白毫银针的成品茶呈针状，长三厘米许，条长挺直，如梭如针，芽头肥硕显毫，整个干茶被白毫覆披，色泽鲜白，闪烁如银，银装素裹，熠熠闪光，令人赏心悦目。

其次，识内质。白毫银针冲泡后，香气清鲜芬芳，滋味醇厚回甘，清鲜爽口，杯中的景观也使人情趣横生。茶在杯中冲泡，茶芽徐徐下落，慢慢沉至杯底，条条挺立，即出现白云疑光闪，满盏浮花乳，芽芽挺立，蔚为奇观。其汤色杏黄，清澈晶亮，呈浅杏黄色，入口毫香显露，甘醇清鲜。

在冲泡和品饮白毫银针茶时，不仅可以领略到一番别样的风味和情趣，而且还会收到身体上的多重保健功效。白毫银针极为珍贵，味温性寒，有健胃提神之效，祛湿退热之功，具有降虚火，解邪毒的作用常饮能预防脑血管病。甚至还有人说，饮一杯白毫银针，可令人对生活中的许多严峻事实，如通货膨胀、经济萧条、物价上涨等，变得心神安定。同时，在华北地区，白毫银针还被视为治疗、养护麻疹患者的良药。

但对于白毫银针的冲泡方法，需要特别注意一下，由于白毫银针的茶叶未经揉捻，茶汁不易浸出，因此，冲泡时间需要长一些。一般情况下，冲泡 5~6 分钟后，茶芽部分会沉落杯底，部分悬浮茶汤上部，上下交错，看上去有些像石钟乳。大约 10 分钟后，茶汤泛黄后即可取饮，这时候的白毫银针茶汁会充分浸出，味道最好。

白牡丹茶

白牡丹茶，属白茶类，是中国十大名茶之一，也是中国福建历史名茶，主要产自我国福建省福鼎县、政和县一带。因其绿叶夹银白色毫心，形似花朵，冲泡后绿叶托着嫩芽，宛如蓓蕾初放，故得名“牡丹茶”。白牡丹是采自大白茶树或水仙种的短小芽叶新梢的一芽一二叶制成的，是白茶中的上乘佳品。其以“形美、色润、味甘”的上好品质而著称于世，长期以来，颇受饮茶者的青睐，并在海内外赢得了广阔的市场。

关于白牡丹茶的由来，有一个美丽的传说。相传，白牡丹这种茶树是由牡丹花变成的。在西汉时期，有位太守，名叫毛义，他为人正直，清廉刚正。因为看不惯当时贪官当道的不良社会风气，于是，他便弃官归乡，随母亲去深山老林过起了闲云野鹤的生活。母子俩骑白马来到一座青山前，只觉得异香扑鼻，于是便向路旁一位鹤发童颜、银须垂胸的老者询问香味究竟是何物。老人指着莲花池畔的十八棵白牡丹说，香味就是它们散发出来的。母子俩见这个地方周围的环境如仙境一般，便决定留在此地，建庙修道，护花栽茶。有一天，母亲因为劳累过度，加之年岁已高，而口吐鲜血病倒了。毛义万分焦急，便四处寻医问药，非常疲劳时就睡倒在路旁，结果，他在梦中又遇见了那位白发银须的仙翁。仙翁问清缘由后告诉他：“治你母亲的病必须要用鲤鱼配新茶，缺一不可。”毛义一觉醒来，快步回到家中，母亲对他说：“刚才梦见仙翁说我必须吃鲤鱼配新茶，病才能治好。”母子二人同做一梦，便认为一定是仙人的指点。可是，正值寒冬季节，鲤鱼尚且可以到池塘里破冰后捉到，但是到哪里去采摘新茶呢？正在为难之时，忽听得一声巨响，那十八棵牡丹竟变成了十八棵茶树，树上长满嫩绿的新芽叶。毛义立即采下晒干，说也奇怪，白毛茸茸的茶叶竟像是朵朵白牡丹花，且香气扑鼻。毛义当即用新茶煮鲤鱼给母亲吃，母亲的病果然好了。她嘱咐儿子要精心看管这十八棵茶树，说罢，便跨出门飘然飞去，变成了掌管这一带青山的茶仙，帮助当地的百姓种茶。后来，当地百姓为了纪念毛义弃官种茶，造福百姓的功绩，建起了白牡丹庙，把这一带产的名茶也叫做“白牡丹茶”。

现在，当人们提到白牡丹茶的时候，不仅会对这个美丽的传说感兴趣，也会想要亲自感受一下白牡丹茶的独特韵味。因此，品饮之前，对该茶的鉴别自然是不可避免的了。一般情况下，要把握以下两大方面的要点：

一方面，观察外形。白牡丹茶从外形上看，叶张肥嫩，叶态伸展、自然，两叶抱一芽，夹以银白毫心，呈“抱心形”；叶背布满了洁白的茸毛，叶缘向叶背微卷，芽叶连枝；叶色灰绿，呈暗青苔色；毫心肥壮，毫色银白，毫香浓显。

另一方面，品鉴内质。白牡丹茶经开水冲泡后，汤色杏黄明净或橙黄清澈，叶底浅灰，嫩匀完整，叶脉微红，遍布于绿叶之中。碧绿的叶子衬托着嫩嫩的叶芽，形状优美，好似牡丹蓓蕾初放，绚丽秀美，恬淡高雅，素有“红装素裹”之誉。入口之后，滋味爽口回甘，清鲜纯正，汤味鲜醇，并且毫香鲜嫩持久。

白牡丹茶有着悠久的历史，很早之前，人们就发现了它不少的保健功效，将白牡丹茶作为药用。现在，经科学研究表明，白牡丹茶具有退热、祛暑之功效，是炎热夏日的上好饮品。不仅如此，白牡丹茶还具有生津止渴、润肺清热、疏通血管、清肝明目、提神醒脑、镇静降压、防龋坚齿、解毒利尿、除腻化积、减肥美容、养颜益寿、防治流感、防御辐射、防癌抗癌等诸多功效，是当今社会上公认的既安全又营养的绿色健康饮品。

白毛猴茶

白毛猴茶，又称“白绿”，是中国的传统历史名茶，主要产地在福建省政和县。因条索粗壮卷曲、披覆白毫，形似毛猴而得名。白毛猴茶的历史悠久，自北宋开始，就以其独特的品质韵味而著称，外形重“保毫”和“做形”，内质重萎凋适度，使成茶香清味醇。到了民国初年，白毛猴茶就远销我国广东、香港及澳门等地，深受消费者喜爱。

提起白毛猴茶，不得不说一段动人的故事：相传在多年以前，福建省境内的朝天岭，是猴子们居住的地方。在山脚下，住着一位老婆婆。她心地善良，以接生助产、缝补浆洗为生。一个寒冷的冬夜，婆婆已经睡觉了，忽然听见外面有敲门的声音。老婆婆以为是谁家有女人又要临产，便急忙打开门一看。结果，只见一只黑毛公猴站在门外，将她吓了一跳。老婆婆正要关门，却被黑毛公猴焦急地拉住衣角，并用乞求的目光看着她，然后硬拉着老人往山上走。婆婆猜想大概是有猴子病了，来不及多想就跟随着公猴来到了山上的洞里。一入洞口，就看见一只母猴正在洞中痛苦地呻吟着。善良的老婆婆帮助母猴接生，不一会儿，一只小猴子就出生了。老婆婆紧张了一路的心情这才放松下来，便长舒了一口气。正当她要转身离开时，公猴拿出了一包茶子，恭敬地送给老婆婆。老婆婆非常珍爱，就用手帕儿把它包好，揣入怀中。她一路想，要拿好了，可别丢了。于是一路行走，一路不停地用手去摸，唯恐丢了。结果还是丢了，一颗颗茶子顺着手帕缝隙撒落在路上。老婆婆回家后，将为数不多的茶子仔细地种在屋前的山坡上，不久，就长出了一株株绿油油的茶树苗。在她走过的路上，那些丢落的茶子，也都发芽，长出了一排茶树。老婆婆高兴极了，每当茶叶成熟时节，总要亲自采制茶叶，并热情地用此茶招待乡邻。人们吃到这种香味异常的茶，总要问一下这是什么茶。老婆婆每每说起这茶的来历，总是很高兴。久而久之，就给这茶起了一个名字叫“猴茶”。也就是我们今天所说的白毛猴茶。

也许，老婆婆在种植这种茶树的时候，就已经预料到了它日后会远近闻名，因此取了一个特别的名字，以帮助人们鉴别这种茶叶。关于白毛猴茶的鉴别，通常可以从以下几个方面入手：

首先，鉴别外形。上好的白毛猴茶的外形肥壮卷曲，蚝干状，色泽铁灰，也有的呈灰白色，带有极细的白毛，且白毫显露，其状犹如毛猴静伏。如果条索松散，色泽纯白，则大多是质量较次的白毛猴茶。

其次，鉴别内质。白毛猴茶冲泡后，汤色橙黄清澈，汤水清绿泛黄。入口之后，滋味醇和微甘，毫香鲜爽，香清纯正，叶底嫩绿、完整、匀净、无杂。有人形容，白毛猴茶喝第一口，有一种“地瓜干味”，亦说“臭风咸芥菜味”；第二口，舌根生津，喉头打嗝；第三口顿觉精神振奋。连喝三杯，就有点消食饥饿感。

白毛猴茶是我国传统的历史名茶。众多国内外科学家研究发现，白毛猴茶除了有一般茶叶的保健功能外，还突出表现出三方面的功效：第一，防癌症。白毛猴茶叶中含有丰富的抑癌物质，能有效抵抗致癌物甲基卡基亚硝胺。第二，降血脂。白毛猴茶有防止和减轻血中脂质在主动脉粥样硬化作用。饮用白毛猴茶可以有效地降低血液的黏稠度。这样，细胞就减少了聚集的机会，血液高度凝固的状态就会得到很大程度上的缓解，人体的微循环就会得到相应地改善。而白毛猴茶的此种效用对于防止血管出现病变、血管内血栓形成以及中医瘀血症均有积极意义。第三，抗衰老。实践证明，每日饮用白毛猴茶，可以使血中维生素C含量保持在较高的水平之上，而维生素C早已被科学研究证明具有抗衰老的作用，因此，饮用白毛猴茶可以增强人体抗衰老能力。

此外，需要注意一下白毛猴茶叶的保存方法。其基本要求就是一要干燥，二要低温。常规情况下，白毛猴茶的储存方法主要有三种。其一，冰箱保存。将白毛猴茶叶置于干燥、无异味、能密封的盛器瓶中，放入冰箱的冷藏柜中即可。如茶叶数量少而且很干燥，也可用两层防潮性能好的薄膜袋包装密封好，放在冰箱中。其二，罐子存放法。将白毛猴茶叶装入有双层盖的马口铁茶叶罐里，最好装满而不留空隙，这样罐里空气较少。双层盖都要盖紧，用胶布粘好盖子缝隙，并把茶罐装入两层尼龙袋内，封好袋口。其三，保温瓶存入法。把白毛猴茶叶装入干燥的保温瓶中，盖紧盖子，用白蜡密封瓶口。

福鼎白茶

福鼎白茶，白茶中的上品。主要产于中国最大的白茶产区“中国白茶之乡”“中国名茶之乡”——福建福鼎太姥山。福鼎是中国的白茶之乡，福鼎白茶就堪称这个王国里的白雪公主。它的采摘一般以一芽一、二叶为标准，精选孕育于太姥山麓的国优茶树良种福鼎大白茶、福鼎大毫茶的明前单芽，采摘后只经过杀青，不揉捻，经自然萎凋、轻微发酵、文火干燥而成。这种制法既不破坏茶叶的活性，又不促进氧化作用，且毫香显现，汤味鲜爽，因此被茶人视为可遇而不可求的养生珍品。如今，福鼎白茶已经走出福鼎，走出福建，走出中国，在全球范围内展示它的非凡魅力。

福鼎是有名的白茶之乡，自然也少不了一些动人的传说故事。相传，太姥山在古时候就是一座名山，尧帝时，有一老婆婆在此居住，以种兰为业。老人家为人乐善好施，深得人心，并曾将其所种的绿雪芽茶作为治疗麻疹的圣药，救活了很多小孩。当地的百姓感恩戴德，把她奉为神明，称她为太姥，这座山也因此名为太姥山。到了汉武帝在位时期，汉武帝派遣侍中东方朔到各地授封天下名山，太姥山便被封为天下三十六名山之首。现在，福鼎太姥山还留有相传是太姥娘娘手植的福鼎大白茶原始母树绿雪芽古茶树、太姥娘娘发现绿雪芽的山洞和浇灌绿雪芽的丹井。直到距今150多年前，陈焕把此茶移植到家中，繁育出来了福鼎大白茶。从此，福鼎白茶名震四海。

近年来，福鼎白茶更是走出国门，在全球范围内赢得了广大饮茶爱好者的好评，因此，保证其茶叶的品质与纯正就显得尤为重要。鉴别福鼎白茶，通常要注意以下几个方面：

首先，鉴干茶。福鼎白茶外形似针，芽针肥壮，满披白毫，如银似雪，毫香幽显。而香气淡薄，生青气的福鼎白茶质量次之。

其次，鉴叶底。冲泡杯中，亭亭玉立，生机盎然；其味鲜醇、微甘甜。叶底浅灰，叶脉微红，芽芽挺立，蔚为奇观。如果叶底带硬梗，叶张破碎粗老，则不是上好的福鼎白茶。

再次，鉴汤色。上好的福鼎白茶冲泡后，汤色呈杏黄色或橙黄色，清澈明亮，轻轻啜饮，令人精神为之一振。如果汤色有红、暗、浊的迹象，则说明是劣质的福鼎白茶。

最后，鉴滋味。福鼎白茶入口后，滋味鲜美、纯爽、香甜。而味道粗涩淡薄的福鼎白茶则不是上品。

除了鉴别方面有着自身的独特之处，福鼎白茶的保健功效同样有着自身独特而显著的方面。其一，降火消炎茶。福鼎白茶具有清热祛火的功效，同时有研究表明，福鼎白茶提取物对导致葡萄球菌感染、链球菌感染、肺炎等细菌生长具有预防作用。其二，女人茶。福鼎白茶的自由基含量最低，多喝白茶或使用白茶的提取物，可以延缓衰老，美容美颜，因此受到了现代时尚人士，特别是都市女性的欢迎。其三，伴侣茶。喝红葡萄酒饮福鼎白茶，“一红一白”结合，福鼎白茶可以解决饮用红葡萄酒容易上火的难题，可以说是现代成功人士社交应酬的好伴侣。其四，梦之茶。福鼎白茶可以清热降火，让人清心除烦、安神定智，有助于人们获得健康良好的睡眠。其五，旅行茶。福鼎白茶具有耐泡的特点，一天旅途一杯茶，可以很好地缓解或消除旅行中的疲劳。

贡眉

贡眉，是白茶家族中的一员，有时也称作寿眉，是白茶中产量最高的一个品种，其产量约占到了白茶总产量的一半以上。它主要产于福建省福鼎县，在政和、松溪、建瓯、浦城等县也有生产。贡眉是以菜茶有性群体茶树芽叶制成的白茶。用茶芽叶制成的毛茶称为“小白”，以区别于福鼎大白茶、政和大白茶茶树芽叶制成的“大白”毛茶。近年来，一般以贡眉表示上品，质量优于寿眉，近年则一般只称贡眉，而不再有寿眉的商品出口。

常言道：“世界白茶在中国，中国白茶在福鼎”。贡眉作为福鼎盛产的白茶之一，素有“茶叶活化石”之美誉。福鼎产贡眉白茶历史悠久，早在150年前就饮誉海外。据史料记载，福鼎的白琳县就是茶商的聚集处，清朝康熙年间福鼎沙埕港设贸易口岸，成为茶叶出口聚散地。清朝嘉庆初年，贡眉白茶更是被誉为世界名茶，为英国女皇酷爱的珍品。至清末民初，贡眉白茶已远销欧亚39个国家和地区。随着人们健康意识的增加，贡眉独特的保健功效具有非常大的市场潜力，有望成为未来茶叶市场的主流产品。

随着贡眉茶赢得的市场越来越大，不少假冒伪劣的贡眉也不免充斥其中，因此，选购时鉴别真伪就显得尤为重要。一般来说，主要从以下几个方面进行鉴别：

首先，观干茶。贡眉的采摘标准为一芽二叶至一芽二、三叶，要求含有白毫。优质的贡眉成品茶毫心明显，茸毫色白且多，形似扁眉，披毫，干茶色泽翠绿，叶张主脉迎光透视呈红色，紧圆略扁、匀整。

其次，观内质。贡眉茶叶冲泡后，汤色呈橙色或深黄色，绿而清澈，叶底嫩匀明亮，匀整、柔软、鲜亮，叶片迎光看去，可透视出主脉的红色。品饮质量上乘的贡眉时，我们能感觉到滋味醇厚爽口，香气鲜纯清鲜。

贡眉不仅品质独特，而且还具有多重保健功效。研究表明，贡眉茶的功效如同犀牛角，有清凉解毒、明目降火的奇效，可治“大火症”，在越南是小儿高烧的退烧良药。而且，贡眉茶中含有一种特殊的成分，具有抗癌功能，饮用贡眉，可以提高肝癌患者免疫能力。这还不算，喝贡眉还能够防暑降温，清凉降火。另外，贡眉由于制作工艺简单，因此保留了茶叶中的更多营养成分。贡眉中含有人体所必需的活性酶，可以促进脂肪分解代谢，有效控制胰岛素分泌量，分解体内血液中多余的糖分，促进血糖平衡。贡眉也有很好的杀菌疗效。实验证明，混合有白茶的牙膏，杀菌能力显著增强。因此，多喝贡眉茶有助于口腔的清洁与健康。

第五章 了解淡雅黄茶

黄茶不仅叶片黄，汤色也呈浅黄色或者深黄色，形成了黄茶“黄叶黄汤”的品质特点。这种黄色主要是制茶过程中进行渥堆闷黄的结果，因此黄茶属于轻发酵茶。黄茶因产地、所采制的鲜叶鲜度和叶片大小、加工工序的不同，构成了各自不同的品质特点。那么，针对不同种类的黄茶，该如何进行鉴别，该如何正确地饮用，使其发挥出最佳的功效呢？在这一章中，我们将对你进行详细的介绍。

霍山黄芽

霍山黄芽，主要产于安徽省霍山县大化坪镇金鸡山、太阳乡金竹坪、佛子岭镇乌米尖、诸佛庵镇金家湾等地。在古时候，霍山黄芽被誉为“仙芽”，起源于唐朝，在明代被列为贡品，清朝时被列为皇家御用品，是霍山县久负盛名的历史名茶。霍山黄芽是十四品目贡品名茶之一，曾被文成公主带入西藏，现在的霍山黄芽是散茶，又称芽茶。一般要求鲜叶细嫩，新鲜度好，采摘标准为一芽一叶或一芽二叶初展。其炒制技术包括炒茶（杀青和做形）——初烘——足摊放——复烘——烘割五道工序。

对于普通人来说，霍山黄芽的鉴别是选购中的重要事项，也是比较困难的事项。如果对霍山黄芽的品质把握不够全面，就可能因此而品尝不到真正的霍山黄芽的味道和独特韵味，当然也可能连带一些经济损失。通常情况下，鉴别霍山黄芽要从以下几个方面着手：

首先，看含水量。霍山黄芽的水分含量低于一般名优茶，其含水量仅在5%左右，用手轻轻一捻，即可变成粉末状，而仿品的霍山黄芽一般没有这么干燥。

其次，观干茶。霍山黄芽的外形条直微展，匀齐成朵、形似雀舌、嫩绿披毫，香气清香持久，滋味鲜醇浓厚回甘，汤色黄绿清澈明亮，叶底嫩黄明亮。此外，霍山黄芽的茶叶要比一般茶叶耐冲泡。

最后，闻香气。因为产地和气候不同，霍山黄芽的香气也会有所不同。目前，市场上的霍山黄芽香气大概有三种：即花香、清香和熟板栗香。如果出现其他的香气，则要当心了，可能是人工香料所致。

霍山黄芽之所以出名，其根本原因还是在于其内在的本质。霍山黄芽茶叶中富含多种对人体有益的物质成分，虽不能“久服得仙”，但长饮确实有助于延年益寿，有益于身体健康。首先，常喝霍山黄芽有益于降脂减肥。其次，常喝霍山黄芽有助于抗御辐射。最后，常喝霍山黄芽可增强免疫力。长期饮用霍山黄芽茶，可以提高人体中的白血球和淋巴细胞的数量和活性，并能促进脾脏细胞中白细胞间素的形成，增强人体的免疫功能。

但需要注意的是，霍山黄芽茶叶的存贮方法要特别小心。不要把霍山黄芽与其他茶叶混装，还要远离肥皂、樟脑丸、汽油等散发气味的物品，以免霍山黄芽茶吸附异味，变得难闻并且难喝。同时，为了避免紫外线的照射引发化学反应，而导致霍山黄芽茶叶陈化或变质，霍山黄芽的茶叶最好保存在不透明的锡罐或者铁罐里。

君山银针

君山银针，又称“白鹤茶”，属于黄茶类，是中国十大名茶之一，也曾被多朝代的帝王列为皇室的贡茶。其主要产于湖南省岳阳洞庭湖中的君山。该茶以色、香、味、形俱佳而著称。君山银针茶在茶树刚冒出一个芽头时采摘，经十几道工序制成。其成品茶芽头茁壮，长短大小均匀，内呈橙黄色，外裹一层白毫，故得雅号“金镶玉”，又因茶芽外形很像一根根银针，故名君山银针。君山银针的采制要求很高，比如采摘茶叶的时间只能在清明节前后 7~10 天内，而且还规定了 9 种情况下不能采摘，即雨天、风霜天、虫伤、细瘦、弯曲、空心、茶芽开口、茶芽发紫、不合尺寸等。

君山银针之所以又叫“白鹤茶”，是因为一个美丽的神话传说。相传，初唐时期，有一位四海云游的道士从海外仙山归来，名叫白鹤真人。他随身带来了八株神仙赐予的茶苗，将它种在君山岛上。后来，他就在君山岛上修起了巍峨壮观的白鹤寺，又挖了一口白鹤井，每日过着闲云野鹤的淡泊生活。有一天，白鹤真人取白鹤井水冲泡仙茶，只见杯中有一股白气袅袅上升，水汽中竟然出现一只白鹤，冲天而去。白鹤真人认为此茶树是由仙鹤化身而来，便将此茶命名为“白鹤茶”。又因为此茶颜色金黄，形似黄雀的翎毛，所以别名“黄翎毛”。后来，白鹤茶传到长安，深得天子宠爱，遂将白鹤茶与白鹤井水定为贡品。有一年进贡时，船经过长江，由于风浪颠簸不已，最后把随船带来的白鹤井水给泼掉了。押船的州官吓得面如土色，急中生智，只好取江水鱼目混珠。运到长安后，皇帝泡茶，只见茶叶上下浮沉却不见白鹤冲天，心中纳闷，随口说道：“白鹤居然死了!”谁曾料想到，皇帝是金口玉言，果然，从此以后，白鹤井的井水就枯竭了，白鹤真人也不知所踪。庆幸的是，白鹤茶还流传了下来，也就是今天我们所说的君山银针茶。

时至今日，虽然我们不能用白鹤井的水冲泡白鹤茶，只能以饮用水取而代之，但是君山银针的独特韵味依然是其他茶叶所不能取代的。它的独特的品质特征也为我们鉴别其真伪提供了捷径。一般说来，鉴别君山银针时，对以下两个方面一定要熟悉并掌握：

一方面，鉴别干茶。君山银针茶叶是由未展开的肥嫩芽头制成的，因此，其成品茶芽头肥壮，坚实挺直、匀齐，茶身满布毫毛，色泽金黄光亮，香气清鲜高爽，茶色浅黄，古人形容此茶如“白银盘里一青螺”。

另一方面，鉴别内质。上好的君山银针茶叶冲泡后，汤色橙黄明净，看起来芽尖冲向水面，悬空竖立冲向上面，继而徐徐下沉杯底，三起三落，浑然一体，形如群笋出土，又像银刀直立，确为茶中奇观。正宗的君山银针入口之后，滋味甜爽甘醇，虽久置而其味不变，清香沁人，唇齿留香，叶底嫩黄匀亮。而假冒的君山银针则为青草味，泡后银针不能竖立。

君山银针的独特不仅体现在茶叶品质上，也同样体现在其保健功效上。研究表明，君山银针茶性凉，色黄入脾，具有很好的健脾化湿，消滞和中的作用。君山银针属于发酵茶类，在发酵的过程中，会产生大量的消化酶，对脾胃最有益处，消化不良、食欲不振、懒动肥胖等，都可以饮用君山银针茶来改善。与此同时，君山银针在加工的过程中会滋生大量微生物，特别是酵母菌、黑曲霉、根酶等微生物大量滋生。这些物质有利于加速人体的新陈代谢，促进机体内环境平衡，还能使脂肪细胞在消化酶的作用下恢复代谢功能，清除人体多余的脂肪，是现代人的保健佳茗。

不过，需要注意的是，君山银针在冲泡技术上也与其他茶叶不同。茶杯要选用耐高温的透明玻璃杯，杯盖要严实不漏气；冲泡用水必须是瓦壶中刚刚沸腾的开水；冲泡的速度要快，冲水时壶嘴从杯口迅速提至六、七十厘米的高度；水冲满后，要敏捷地将杯盖盖好，隔三分钟后再将杯盖揭开。待茶芽大部立于杯底时即可欣赏、闻香、品饮。另外，君山银针茶叶在保存时，最好将石膏烧热捣碎，铺于箱底，上垫两层皮纸，将君山银针茶叶用皮纸分装成小包，放在皮纸上面，封好箱盖。平时只要注意适时更换石膏，君山银针的品质就会经久不变。

蒙顶黄芽

美丽的四川蒙山土壤肥沃、环境优越，云雾茫茫，是黄茶极品——蒙顶黄芽的故乡。蒙顶黄芽茶自唐代开始，直到明、清都是皇室的贡品，也是中国历史上最有名的贡茶之一。蒙顶黄芽茶栽培始于西汉，距今已有两千年的历史了，古时为贡品供历代皇帝享用，新中国成立后曾被评为全国十大名茶之一。该茶采摘于春分时节，茶树上有10%的芽头鳞片展开，即可开园采摘，选圆肥单芽和一芽一叶初展的芽头，经复杂制作工艺而成。

相传，古时候，青衣江里面有一条仙鱼，修炼千年之后，成了一位美丽的仙女。仙女扮成村姑，在蒙山玩耍，她拾到几颗茶子，正巧碰见一个采花的青年，名叫吴理真。两人一见钟情。于是，鱼仙便掏出茶子，将其作为定情信物，赠送给吴理真，相约在来年茶子发芽时，鱼仙就前来和理真成亲。鱼仙走后，吴就将茶子种在蒙山顶上。第二年春天，茶子发芽了，鱼仙出现了，两人成亲之后，相亲相爱，共同劳作，培育茶苗。鱼仙解下肩上的白色披纱抛向空中，顿时白雾弥漫，笼罩了蒙山顶，滋润着茶苗，茶树越长越旺。一年之后，鱼仙生下一儿一女，每年采茶制茶，生活虽然不富裕，倒也美满。但好景不长，鱼仙偷离水晶宫，私与凡人结婚的事情，被河神发现了。严厉的河神命令鱼仙立即回宫。天命难违，无可奈何之际，鱼仙只得依依不舍地与吴理真和孩子分离。临走前，鱼仙嘱咐儿女，要帮父亲培植好满山的茶树，并把那块能变化云雾的白纱留下，让它永远笼罩在蒙山上空，以滋润茶树。就这样，吴理真遵守着鱼仙临别前的嘱托，一生种茶，活到八十，因思念鱼仙，最终投入古井而逝。后来有个皇帝，因吴理真种茶有功，追封他为“甘露普慧妙济禅师”。蒙顶黄芽茶因此而世代相传，朝朝进贡。每年贡茶蒙顶黄芽一到，皇帝便下令派专人去扬子江取水，并且要求取水人要净身焚香，午夜驾小船至江心，用锡壶沉入江底，灌满江水，然后快马送到京城，煮沸冲沏那珍贵的蒙顶黄芽，先祭先皇列祖列宗，再与朝臣分享香醇的蒙顶黄芽。

在鉴别蒙顶黄芽的时候，除了要明确其“黄叶黄汤”总的品质特征之外，还要对以下几个方面做到心中有数：

首先，鉴赏干茶。蒙顶黄芽的成品茶从外形上看，芽叶细嫩，芽条匀整，芽毫显露，扁平挺直，色泽上嫩黄油润。

其次，鉴赏茶汤。上好的蒙顶黄芽冲泡后，汤色嫩黄透碧，清澈明亮。反之，那些劣质的蒙顶黄芽则会出现汤色不纯或污浊等情况。

再次，鉴赏滋味。仔细闻蒙顶黄芽，会有甜香馥郁，芬芳鲜醇之感，这是因为黄芽在发酵过程中有甜味的香气生成，所以会有一种独特的甜香。而蒙顶黄芽入口后，我们则会感到鲜味十足，水甜，回甘极快，口感醇和，滋味鲜醇。

最后，品鉴叶底。蒙顶黄芽茶的叶底黄亮鲜活，全芽嫩黄，芽叶匀整。

除了茶叶的高品质之外，蒙顶黄芽的保健功效，也是其显著特点之一。蒙顶黄芽富含茶多酚、氨基酸、可溶糖、维生素等丰富营养物质，对防治食道癌有明显的功效。近年来，有不少食道癌患者就将蒙顶黄芽茶作为辅助治疗的绝佳饮品和药物。此外，蒙顶黄芽茶叶中的天然物质保留有85%以上，而这些物质对预防癌症、抵抗癌变、杀菌消炎、降脂减肥均有特殊的效果，是其他茶叶所不能及的。

需要提醒广大朋友的是，近年来，在蒙顶黄芽的茶叶市场上，有个别商家，用高火的炒青绿茶来冒充蒙顶黄芽，所谓高火炒青绿茶，就是在高温条件下把绿茶炒成黄色，那种茶根本没有经过发酵，不能算作黄芽茶，更不是正宗的蒙顶黄芽茶。因此，消费者一定要谨慎选购，以免上当受骗。

沩山毛尖

沩山毛尖，主要产于湖南省宁乡县沩山乡，那里普遍是高山盆地，常年云雾缥缈，罕见天日，素有“千山万山朝沩山，人到沩山不见山”之说。沩山毛尖因产地在“沩山”而得名，与岳阳的君山银针一起，有“潇湘黄茶数两山”的说法。沩山毛尖通常采摘一芽一叶或一芽二叶，无残伤、无紫叶的鲜叶，经杀青、闷黄、轻揉、烘焙、熏烟等工艺精制而成。其中熏烟为沩山毛尖的独特之处。沩山毛尖茶在日本、东南亚一带享有崇高声誉。

沩山产茶，可谓历史悠久，而沩山毛尖茶的创制，则与密印寺有着不解之缘。相传，早在唐代的时候，密印寺内有一个老禅师善于制茶，精通茶艺。不仅如此，他还能识别出何处的土壤适宜种植茶树，何处产茶质量最好。后来，老禅师就综合了多方面的因素，创制出沩山毛尖茶。到 20 世纪 60 年代，考古学家们发现密印寺大佛殿中大佛体内藏有沩山毛尖茶叶 15 余千克，揭开时清香扑鼻，令人惊奇。这是“茶禅一味”的生动见证，可见沩山毛尖茶在佛教中的地位。在精神境界上，禅讲究清静、静虑、修身，以求得智慧，开悟生命。禅宗认为茶是被药用之作物，它的性状与禅的追求境界十分相似，于是“茶意禅味”融为一体。饮茶成为至高宁静的心灵境界，也成为禅的一部分。从唐代开始，密印寺的和尚就有亲自种植茶树，以茶水供佛的传统。沩山毛尖茶也正是从那个时候开始，并流传至今的。

尽管沩山毛尖茶在创制初期是与佛教文化联系在一起的，但是，发展至今，沩山毛尖不仅仅在佛教文化上发挥作用，而且颇受国内外饮茶者的青睐，被视为礼茶之珍品，并畅销各地。购买沩山毛尖如此珍贵的茗茶，我们就需要对茶的品质特征有很好的把握，以区别于其他不同种类的茶叶。一般说来，可以从以下两个方面进行鉴别：

一方面，鉴赏干茶。沩山毛尖茶的芽尖形如鹊嘴，叶片闪亮发光，有令人心怡的松香味，其成品茶则外形微卷成块状，条索紧结，色泽黄亮油润，白毫显露。如果香味有异，而且外形松散，不成块状，则证明是劣质的沩山毛尖。

另一方面，鉴赏内质。沩山毛尖茶叶经滚水冲泡后，片片芽叶会在水里上下浮沉，接着便缓缓旋转，在水中慢慢回旋，还可看到茶芽张开小巧细嫩的两片鹊嘴，并且吐出一串串水珠。这是上好的沩山毛尖所独有的品质特征。当沩山毛尖茶叶吸足水后，会马上倒立水中，不浮于水面上，又不落于底的奇妙景象。此时的汤色橙黄透亮，松烟香气芬芳浓郁，入口之后，滋味醇甜爽口。连续冲泡几次，沩山毛尖的叶底依然黄亮嫩匀。

近年来，沩山毛尖畅销海内外，不仅是因为其品质特征独特，也是因为沩山毛尖具有多重对人体有益的保健功效。经研究表明，沩山毛尖茶具有健脾化湿，提神醒脑，退热降火之功效，海外侨胞往往将沩山毛尖茶视为不可多得的茶中珍品。不仅如此，沩山毛尖茶提取物还具有抗真菌的作用，可以广泛应用于家庭消毒以及医疗卫生事业中。

莫干黄芽

莫干黄芽，是浙江省第一批省级名茶之一，主要产于浙江省德清县西部的南路乡莫干山的北麓。这里山峦起伏，云雾缭绕，翠竹连绵，清泉满山，土质多酸性灰、黄壤，土层深厚，腐殖质丰富，松软肥沃，自古就被称为“清凉世界”，是闻名遐迩的避暑胜地。而生长在此间的莫干黄芽则外形美观，味道甘醇，颜色黄亮，香气馥郁，历来被认为是莫干山茶园中的上品。莫干黄芽采摘及时，工艺精湛，加工科学。一等莫干黄芽以初展的一芽一叶为原料，每500克莫干黄芽茶叶大约两千个芽头。

莫干黄芽茶是莫干地区早期的茶叶品种之一，而莫干地区产茶历史悠久。相传，早在晋代佛教盛行的时候，就有僧侣上莫干山结庵种茶。到了宋朝的时候，莫干黄芽的种植已经十分普遍，据宋代《天地记》记载：当时“浙江莫干山土人以茶为业，隙地皆种茶”。到了清代的时候，莫干山区的莫干黄芽种植和采制技术已经达到了较高的水平，清代《武康县志》中就有记载：“山有古塔遗迹，俗呼塔山，实则莫干山之顶。寺僧种其上，茶啜云雾，其香烈十倍。”

从史料的记载中，可以得知，莫干黄芽的香气浓烈。除此之外，还要掌握一些莫干黄茶的品质特征，以鉴别其品质的优劣。通常情况下，主要有以下两方面需要注意：

一方面，鉴赏干茶。莫干黄芽的成品茶外形紧细成条，细紧多毫，条紧纤秀，细似莲心；含嫩黄白毫芽尖，芽叶完整肥壮，茸毫显现，净度良好，多显茸毫；色泽绿润微黄，黄嫩油润，香气清高持久，鲜爽回甘。如果闻上去有一种闷浊气充斥其间，则多半说明是莫干黄芽的陈品或变质品。

另一方面，鉴赏内质。上好的莫干黄芽经沸水冲泡，汤色橙黄明亮，黄绿清澈，入口之后，滋味鲜爽浓醇，叶底嫩黄成朵，形态十分优美。而汤色黄暗或黄浊，叶底呈瘦薄黄暗状的莫干黄茶则质量次之。

近年来，莫干黄芽在国内外都赢得了诸多茶叶爱好者的广泛好评，其保健功效自然是其中的重要原因之一。经科学实验证明，莫干黄芽茶能产生丰富的糖化淀粉酶和黑曲酶，分解出蛋白酶、果胶酶，润滑脂分解蛋白质生成氨基酸、降解果胶物质。黑曲酶还能利用多种碳源，产生柠檬酸。莫干黄芽在焖堆中胞外酶的作用能形成新的小分子糖类物质。这些物质成分在增强人体免疫力，抵抗细菌干扰、促进人体新陈代谢、提神醒目方面都有极好的效果。同时，用莫干黄茶提取物所制成的纳米级细粉，一方面能够释放全部精华，另一方面也可以保持黄茶酶的活性，提高莫干黄芽的保健功能。

海马宫茶

海马宫茶，又名“竹叶青”，属于黄茶类中的名茶，主要产于我国贵州省大方县的老鹰岩脚下的海马宫乡。海马宫茶是当地茶叶种类的小群体品种，具有茸毛多，持嫩性强的特征。海马宫茶一般在谷雨前后采摘。其采摘标准通常是，一级茶为一芽一叶初展，二级茶为一芽二叶，三级茶为一芽三叶。有史料曾这样评价海马宫茶：“茶叶之佳以海马宫为最，果瓦次之，初泡时其味尚涩，迨泡经两三次其味转香，故远近争购啧啧不置。”足见其受欢迎的程度。近年来，海马宫茶更是以其外形美观、味道独特的品质而享誉海内外。

在海马宫茶的文化历史中，还有一个与之相关的传说。相传，在清朝乾隆年间，当时的贵州大定府有一位官人，名叫简贵朝。他在山东文登县任知县的时候，对茶叶颇为感兴趣。简贵朝最初对茶叶感兴趣只是觉得其味道独特，不用于一般的饮品。久而久之，他渐渐发觉，饮茶之后，身体特别舒服，有提神健脑，解除疲劳的神奇功效。于是，当他回乡葬父时，就将茶籽带回大方县海马宫，在那里定居下来，并种植茶树，加工成茶。为了鉴定该茶的味道是否符合大众的口味，简贵朝便将沏好的茶拿来招待当地的百姓。结果，百姓们品饮之后，顿觉香气浓郁，滋味醇厚甘甜，汤色似竹绿，于是，简贵朝当即将该茶命名为“竹叶青”。后来，简贵朝又将该茶送至大定府品尝，也深得官府中官员们的好评，后来逐级上送，直至朝廷。最后，朝廷将其作为岁岁进贡的贡品。可见，海马宫茶早在清朝乾隆年间已被列为贡品，誉满全国。

海马宫茶的特点不仅体现在其悠久的历史上，而且也体现在其自身的品质特征上。说到海马宫茶的鉴别方法，一般要从以下几个方面入手：

其一，观外形。海马宫茶从外形上看，条索紧结卷曲，茸毛显露。

其二，品茶汤。上好的海马宫茶冲泡后，汤色看上去黄绿明亮，香高味醇，醇和鲜爽，清幽淡雅，回味甘甜。如果汤色呈黄暗或黄浊的迹象，并且口感有苦、涩、淡、闷的味道，则证明是劣质的海马宫茶。

其三，评叶底。海马宫茶在冲泡多次后，叶底依然是芽叶肥壮、嫩黄匀整明亮的。而芽叶瘦薄黄暗的叶底则质量次之。

其四，识特色。海马宫茶冲泡后，经过大约 5 分钟，在水和热的作用下，海马宫茶茶姿的形态、茶芽的沉浮、气泡的发生等，都是其他茶叶冲泡时罕见的，只见茶芽在杯中上下浮动，最终茶芽个个林立，人称“三起三落”。

由于海马宫茶属于沤茶，在沤的过程中，会产生于脾胃颇有益处的消化酶，所以拥有消化不良症状的人们尤其是食欲不振、身材肥胖者可以选择饮用海马宫茶。与此同时，海马宫茶鲜叶中天然物质保留有 85% 以上，而这些物质对防癌、抗癌、杀菌、消炎均有特殊效果。

海马宫茶宜在保证低温、干燥的情况下，选择用保温瓶贮藏。用保温性能良好的暖水瓶来贮藏海马宫茶，效果良好，一般可以保持茶叶的色香味长达一年。把散装海马宫茶放入新的暖水瓶内，要装实装足，尽量减少瓶内的空气存留量，用软木塞盖紧，外涂白蜡封口。

鹿苑毛尖

鹿苑毛尖，属黄茶类，是中国黄茶之珍品，主要产于湖北省鹿苑县。据当地的县志记载，鹿苑毛尖在最开始种植的时候，产量比较低，当地村民见茶香味浓，便争相引种移植，于是其种植范围扩大到山前屋后等地，从而使得鹿苑毛尖得以发展。鹿苑毛尖品质独具风格，芬芳馥郁，滋味醇厚，被誉为湖北茶中之佳品。鹿苑毛尖早在清代乾隆年间，就被选为贡茶。

鹿苑毛尖的鲜叶采摘时间在清明前后 15 天，采摘标准为一芽一、二叶，要求鲜叶细嫩、新鲜、匀齐、纯净，不带鱼叶、老叶、茶果。采回的鲜叶，先将大的芽叶折短，选取一芽一叶初展芽尖，折下的单片、茶梗，另行炒制。习惯是上午采摘，下午短茶，晚间炒制。鹿苑毛尖的制造分杀青、二青、闷堆、拣剔、炒干五道工序。

鹿苑，地理位置得天独厚，既是佛教圣地，又是我国重要的黄茶生产地。山因鹿名，寺随山名，茶随寺名，名山名寺名茶，天设地造，一脉相承。说到鹿苑毛尖茶的种植起源，还有一个传说流传至今。相传，在鹿苑寺刚建成的时候，有一位僧人在寺边发现一株茶树，采后品尝，馨香浓郁，回味无穷，惊呼道此乃人间神茶！顿时寺院传开，僧徒纷纷种植，当地群众也竞相引种。后来，这位僧人又在寺后的岩坡上发现三株罕见的白茶树，色白芽壮，品质超群，因此又有“白茶鹿苑寺”之称。到了清代乾隆年间，鹿苑毛尖被选为贡品。乾隆皇帝饮后，顿觉清香满口，精神倍增，夜寝难眠，龙颜大悦，便将鹿苑毛尖茶命名为“好淫茶”。清光绪九年，临济正宗四十五世僧人金田到鹿苑寺云游讲经，品饮鹿苑毛尖之后，遂赋诗一首：“山精石液品超群，一种馨香满面熏。不但清心明目好，参禅能伏睡魔军。”而古今流传的“清漆寺的水，鹿苑寺的茶”，也正是对鹿苑毛尖的赞语。鹿苑毛尖，是大自然的造化与赐予，是鬼斧神工的集成与展示，在它身上，不仅能品尝绝品贡茶，也可以领略佛教文化的神秘魅力。

鹿苑毛尖之所以能被历代皇帝选为贡茶，自然是与其优良的品质特征分不开的。在选购鹿苑毛尖的时候，可以将其品质特征作为鉴别的依据。一般说来，鉴别鹿苑毛尖，要从以下两个方面入手：

一方面，鉴赏干茶。鹿苑毛尖茶的干茶从外形上看，条索环状，像环子脚的样子，白毫显露，满披于整个茶身，色泽金黄或者谷黄，略带鱼子泡。如果没有环子脚和鱼子泡的典型特征，则多半是假冒的仿品鹿苑毛尖。

另一方面，鉴赏内质。上好的鹿苑毛尖经沸水冲泡后，汤色黄净明亮，同时会产生一股香气，且香郁高长持久，有一点像兰草的香味。茶汤入口之后，滋味醇厚回甘，清凉爽口。而冲泡过后的叶底，依然嫩黄匀整，纯净无杂物。如果汤色和叶底出现混浊物，则说明是鹿苑毛尖的陈茶或变质茶。

现今时代，人人讲究科学与健康，喝茶自然不能只喝味道了，更要喝出健康才好。而鹿苑毛尖茶就是这样一种健康饮品。科学研究表明，鹿苑毛尖茶中含有多种对人体有益的物质成分，而且其含量相比于同类茶来说，也是较高的。常喝鹿苑毛尖，不仅可以降脂减肥、抗御辐射、益思提神、护齿明目、生津止渴、消热解暑，而且，在增强人体的免疫力，消臭消炎、帮助消化、改善肠胃、抵抗衰老、延年益寿等方面，也能发挥积极的作用。可以说，鹿苑毛尖茶既是年轻人的健康茶，又是老年人的朋友茶。

但需要提醒茶叶爱好者们，每一种茶叶都会有一个饮用的最佳时段。只有在那个时段品饮，才会最大限度地发挥茶叶的功效。对于鹿苑毛尖茶来说，最好是在进餐或进餐一个小时后饮用，这样可以对食物进行消化和吸收，达到健脾养胃的效果。如果再配以清幽舒缓的音乐，就更是锦上添花了。

温州黄汤

温州黄汤，又叫做平阳黄汤，是浙江省的主要名茶之一，主要产地在浙江省平阳、苍南、泰顺、瑞安、永嘉等县，以泰顺的东溪与平阳的北港所产品质最佳。该茶创制于清代，并被列为贡品，距今已有200余年。民国时期失传。新中国建立后，于1979年又恢复生产。温州黄汤一般在清明节前采摘，其采摘标准为细嫩多毫的一芽一叶和一芽二叶初展，要求大小匀齐一致。炒制的基本工艺是杀青、揉捻、闷堆、初烘、闷烘五道工序。

说起温州黄汤的发现，还有一段传说故事呢。相传有一年，平阳县热得出奇，有个穷汉子靠砍柴为生，大热天没砍几刀就热得头晕脑涨，唇焦口燥，胸闷疲累，于是到附近的山洞里找个阴凉的地方歇息。刚坐下，他只觉一阵凉风带着清香扑面吹来，远远望去原来是一棵小树上开满了小白花，茶叶又厚又大。他走过去摘了几片含在嘴里，凉丝丝的，嚼着嚼着，头也不昏胸也不闷了，精神顿时爽快起来，于是从树上折了一根小枝，挑起柴下山回家。这天夜里突然风雨交加，在雷雨打击下，他家一堵墙倒塌了。第二天清早，一看那根树枝正压在墙土下，枝头却伸了出来，很快爆了芽，发了叶，长成了小树，那新发芽叶泡水喝了同样清香甘甜，解渴提神，小伙子长得更加壮实。这事很快在村里传开了，问他吃了什么仙丹妙药，他把事情缘由说了一遍。大家都纷纷来采茶叶泡水治病，向他打听那棵树的来历。小伙子说是从山上的一个山洞里折来的。因为这种茶叶冲泡后汤色是黄亮清澈的，于是他就把这种茶叶叫做温州黄汤了。大家络绎不绝地前来引种移栽，温州黄汤很快就繁殖开来，长得满山遍野都是，从此，温州黄汤就成为名茶而传播四方。

温州黄汤发展至今，已有许多种类，而每一个种类的特点又有所不同，因此，要想鉴别温州黄汤的真伪，就需要熟悉各个种类的不同特点。通常情况下，可以从以下几个方面的特点入手：

首先，看干茶的外形。温州黄汤的外形因种类不同，差异很大，容易混淆不清。有的像白茶类的白毫银针；有的像绿茶类的细烘青；有的像毛峰；有的像绿大茶。但总的来说，虽然形状各异，其色泽都黄绿多毫，外形细紧纤秀。

其次，观察冲泡后的汤色。温州黄汤汤色最明显的特点，茶汤是纯黄色，汤面没有或很少夹混绿色环，黄汤的茶名也是由此得来。温州黄汤橙黄鲜明，茶色透明鲜亮，与陈化的绿茶汤不同。青茶汤色是橙黄色或金黄色，其色度深浅与黄茶不同。

最后，品口感，观叶底。上好的温州黄汤香气清芬高锐，清高幽远，入口后，滋味鲜醇爽口，醇厚甜爽，别有风味。温州黄汤滋味与绿茶、青茶不同，滋味要精品细寻，才能识别。另外，其叶底匀整成朵，芽叶成朵匀齐。

还需要注意的是，很多消费者对茶叶的分类没有一个明确的概念，大都凭直观感觉来辨别黄茶。这种识别黄茶的方法，混淆了加工方法和茶叶品质极不相同的几个茶类，涉及很多种品质各异的茶叶，如有的因鲜叶具嫩黄色芽叶而得名的黄茶，而实为绿茶类。还有采制粗老的绿茶，晒青绿茶和陈绿茶；青茶的连心、包种等都是黄色黄汤，很易误认为是温州黄汤。所以，在选购温州黄汤之前，最好对其进行深入了解一下。

此外，温州黄汤以其香气馥郁、滋味醇厚和回味无穷而备受青睐，并且以其能抗衰老、防癌症、降血脂、治糖尿病等多种功能而令人注目。尤其是在抗动脉硬化方面，有着很好的疗效。该茶对于防止血管病变，血管内血栓形成以及中医瘀血症等都有积极的意义。

广东大叶青

广东大叶青茶是广东省的特产，是黄大茶（创制于明代隆庆年间，距今已有四百多年历史。叶大、梗长、黄色黄汤，具有浓烈的老火香，俗称锅粑香）的代表品种之一。它主要产地在广东省舌耕内韶关、肇庆、湛江等县市。那里的茶园多分布在山地和丘陵地区，土质多为红壤土，透水性好，非常适宜茶树的生长。

广东大叶青茶以云南大叶种茶树的鲜叶为原料，其采摘标准为一芽二三叶，它的制造分为萎凋、杀青、揉捻、闷黄、干燥五道工序。具体制法是先萎凋后杀青，再揉捻闷堆，这与其他黄茶不同。杀青前的萎凋和揉捻后闷黄的主要目的，是消除青气涩味，促进香味醇和纯正，产品品质特征具有黄茶的一般特点，所以也归属黄茶类。

广东大叶青茶凭借着自身独特的品质特征，已经成为人们馈赠亲友的上好佳品。而选购到质量上乘的广东大叶青也成为人们的一大关注点。其实对于一般消费者和茶叶爱好者来说，可以从以下两个方面对广东大叶青茶进行鉴别：

一方面，看干茶的外形。上好的广东大叶青干茶从外形上看，条索肥壮，紧结重实，老嫩均匀，叶张完整、茶毫显露，色泽青润显黄。而质量较为低劣的广东大叶青茶叶则条索松散，色泽暗淡不油润。

另一方面，观茶叶的内质。广东大叶青茶的真品在经过开水冲泡后，汤色是橙黄明亮的；轻轻一嗅，香气纯正，清新持久；入口之后，滋味浓醇回甘，丝质润滑；冲泡几旬过后，其叶底会呈淡黄色，但是茶叶依然是肥厚柔软，完整无破碎的。

近年来，医学界对广东大叶青茶进行了诸多的实验研究，发现广东大叶青茶的保健功效突出表现在两大方面：首先，有利于降脂减肥。广东大叶青茶独特的制作工序使其保留了鲜叶中的天然物质，其富含氨基酸、茶多酚、维生素、脂肪酸等多种有益成分，能促进人体脂肪代谢和降低脂肪沉积体内，从而达到较好的瘦身效果。其次，有利于美容养颜。广东大叶青茶中含有丰富的维生素 C，其中的类黄酮可以增加维生素 C 的抗氧化功能。两者的结合，可以更好地维持皮肤白皙、保持年轻，所以广东大叶青能让女人更美丽。

此外，为了避免茶叶被氧化，在保存广东大叶青茶的过程中，隔绝氧气是必要的。如果能用抽氧充氮袋来贮装，广东大叶青一般可保持 3~5 年不变质。如果用铁罐、保温瓶等密封容器保存，最好在容器内垫一层无毒塑料膜袋，而且贮存时尽量减少容器的开启时间。另外，不要把广东大叶青和其他茶叶混装，同时还要远离香皂、汽油、樟脑丸等散发气味的物品，以免广东大叶青茶叶吸附异味，从而影响了其本身的品质特点。

第六章　了解醇厚黑茶

黑茶是毛茶制造过程中或者制造后，经过渥堆发酵制成的茶，外形大多是黑褐色的，属于后发酵茶。黑茶主要供边远少数民族地区饮用，因此，又称为边销茶。如今，在几千年前古人开创的茶马古道上，络绎不绝的马帮身影不见了，清脆悠扬的驼铃声也远去了。但是，远古飘来的茶草香气却并没有消散殆尽，黑茶依然在人们的日常生活中扮演着重要的角色。那么，对于黑茶，应该了解哪些方面的内容呢？下面，我们就一一为你揭开黑茶的神秘面纱。

宫廷普洱茶

宫廷普洱茶，是一种全发酵茶，主要产于我国云南省的西双版纳境内，是我国的特有地方名茶。宫廷普洱茶茶性温和，而且生产历史悠久，早在清朝时就被定为皇室的贡品。

宫廷普洱采用云南大叶茶树的鲜叶加工而成，每年清明节前后采摘，其采摘标准为一芽一叶初展，或者一芽二叶初展。在制作工艺上，宫廷普洱要经过杀青——揉捻——晒干——渥堆——晾干——筛选分类——紧压成型等多道工序。宫廷普洱茶的成品茶以其“形美、味甘、色亮”的上好品质而享誉海内外，并且被誉为“中国茶叶中的名门贵族”。

近年来，随着宫廷普洱茶的兴起，其市场上也不免出现一些鱼目混珠的现象。对于一般消费者而言，要想减少受骗的可能，在购买之前就应该了解一些关于宫廷普洱茶的特点。至于鉴别宫廷普洱茶，大体上可以从以下几个方面进行。

第一，看外观。优质的宫廷普洱茶的干茶陈香显露，无异、杂味，色泽棕褐或褐红（即褐色中又带有些许红色），具油润光泽，条索肥壮，断碎茶少；而质量比较次的宫廷普洱茶则稍有陈香或只有陈气，甚至带酸馊味或其他杂味，条索细紧不完整，色泽黑褐、枯暗无光泽。

第二，看汤色。宫廷普洱茶在冲泡过后，泡出的茶汤红浓、明亮，会出现“金圈”，汤上面看起来有油珠形的膜。如果茶汤红而不浓，欠明亮，且有尘埃物质悬浮其中，有的甚至发黑、发乌，则大抵说明是宫廷普洱茶的陈品或者假冒产品。

第三，闻气味。质量上乘的宫廷普洱茶热嗅时，陈香显著浓郁，香味纯正，气感较强，冷嗅时，陈香悠长，是一种干爽的味道。而质量低劣的宫廷普洱茶闻上去会有一股陈香的气息，但夹杂着酸馊味、铁锈水味或其他杂味，也有的是“嗅霉味”。

第四，品滋味。优质的宫廷普洱茶入口之后，滋味浓醇、滑顺、润喉、回甘，舌根生津；如果口感滋味平淡，不滑顺，不回甘，舌根两侧感觉不适，甚至产生涩麻感，那么就说明是劣质的宫廷普洱茶了。

第五，看叶底。宫廷普洱茶的真品叶底通常色泽褐红、匀亮，花杂少，叶张完整，叶质柔软，不腐败，不硬化；而质量较次的叶底则会色泽花杂、发乌欠亮，或叶质腐败，硬化。

宫廷普洱茶作为茶中名品，除了具有舒适的口感之外，自然也会有诸多对人体有益的保健功效。近年来，国内外对宫廷普洱茶的生理、药理功能进行了更加深入的研究，宫廷普洱茶的功能也进一步得到了开发。有研究发现，宫廷普洱茶具有美容的效果，被誉为“美容新贵”，可以对人体的皮肤进行深层排毒，达到纤体紧肤的效果。同时，宫廷普洱茶可以生津止渴、消暑、解毒、通便。尤其是受便秘困扰的群体，借助宫廷普洱茶的特殊功效，能够调节肠胃，恢复正常功能，彻底解决因便秘引起的青春痘以及口臭问题，从而可以摆脱肤色暗沉的困扰。此外，宫廷普洱茶的最大一个功效就是可以降低血脂含量，使血管舒张，从而加速血液循环，解决因气血不畅引起的肤色暗沉以及各种恼人的斑点问题。

另外，需要注意的是，尽管宫廷普洱茶十分名贵，但是隔夜的宫廷普洱千万喝不得。对于隔夜的宫廷普洱剩茶，可以将其煮沸用来泡脚，这样可以促进足部的血液循环，有利于足部经络的护理，从而使人体全身的经络更加通畅。

安化黑茶

安化黑茶，是中国古代名茶之一，因产自中国湖南益阳市安化县而得名。安化黑茶以边销为主，主要销给西北的少数民族，因此也称“边茶”。在采摘要求上，安化黑茶主要讲究两点：一是要有一定的成熟度，二是要新鲜。其采摘标准为，一级茶叶要求一芽二三叶为主，二级茶叶要求一芽四五叶为主，三级茶叶要求一芽五六叶为主。安化黑茶的制作工序一般要经过杀青——初揉——渥堆——复揉——干燥五个步骤。20 世纪 50 年代曾一度绝产，以至于默默无名。2010 年，湖南黑茶走进中国上海世博会，成为中国世博会十大名茶之一。安化黑茶再度走进茶人的视野，成为茶人的新宠。

安化黑茶的由来颇具传奇色彩。相传，古代的时候，在著名的丝绸之路上，有一天，专门负责运送茶叶的马帮途中突然遇到下雨。茶商心痛不已，又不甘心将茶叶全部丢弃。恰巧此时，途径一个痢疾病泛滥的村子，村里很多百姓都病倒了。村民们没吃没喝。看到此番情景，茶商想到自己的车上有许多发霉了的茶叶。反正也不值钱了，就送给这些可怜的百姓吧。结果奇迹发生，村子里的人们在服下了茶商给的茶以后，痢疾全好了。因为当时看到的茶叶是黑色的，便将此茶命名为“安化黑茶”。从此以后，此茶声名大振，不仅在这个村子里被视为神茶，在整个丝绸之路的附近地区，都知名度大增。今天，安化黑茶从湖湘大多数人不知的茶叶品种，一跃成为很多湖南人馈赠亲友的首选。

真品的安化黑茶有着特定的功效，曾被权威的台湾茶书誉为“茶文化的经典，茶叶历史的浓缩，茶中的极品”。因此我们在选用安化黑茶时，就得选用正宗原产地生产的安化黑茶。那么，怎样识别正宗安化黑茶呢？我们可以从外观和内质上去鉴定。

一方面，从整体上去看外观、外形。安化黑茶的条索紧接，呈泥鳅状，砖面端正完整，棱角分明。散茶一般条索均匀，颜色黑中带褐。优质的安化黑茶都是色泽发黑且有光泽，而劣质的安化黑茶会有红色或棕色等杂色物质掺杂其中。

另一方面，从冲泡过程看内质。从茶汤上看，上好的安化黑茶汤色是黑中带亮的，具有耐冲泡的特性。若茶汤色发浑，有杂质，不耐冲泡的，则多半是假冒的安化黑茶。从滋味上看，优质的安化黑茶味道醇厚，香气纯正，有松烟的香气。劣质的安化黑茶则味道苦涩，有浓重的霉味或者其他异味。

中国自古就有“以茶治病”的历史，安华黑茶自然也不例外，具有多重保健功效。安化黑茶属于后发酵茶，其独特的加工过程，尤其是微生物的参与使其具有特殊的中医药理功效。其主要成分是茶黄素与茶红素，且富含茶多糖类化合物，被医学界认为可以调节体内糖代谢、降血脂、降血压、降血糖、抗血凝、血栓、提高机体免疫力、抑制癌细胞扩散。临床试验证明，黑茶之特殊功效显著，是其他茶类不可替代的。同时，安化黑茶还是一种低咖啡因的健康饮料，与可乐以及其他茶类相比，安化黑茶不影响睡眠。

至于安化黑茶的贮藏方法，一般可以采用以下两种，既方便家庭中使用，又能有效保证安化黑茶茶叶的质量。其一，冷藏贮存法。将含水量在6%以下的安化黑茶干茶装进铁或木制的茶罐，罐口用胶布密封好，把它放在电冰箱内，长期冷藏，温度保持在5℃，效果较好。其二，生石灰贮存法。选用干燥、封闭的陶瓷坛，放置在干燥、阴凉处，将安化黑茶茶叶用薄牛皮纸包好，扎紧，分层环排于坛的四周，再把灰袋放于茶包中间，装满后密封坛口，灰袋最好每隔1~2个月换一次，这样可使安化黑茶茶叶久存而不变质。

六堡茶

六堡茶，是我国历史名茶之一，属黑茶类。主要产地在广西壮族自治区梧州市苍梧县六堡乡。六堡茶素以“红、浓、醇、陈”四绝而著称。六堡茶的采摘标准是一芽二三叶，经摊青、低温杀青、揉捻、渥堆、干燥制成，分为特级、一至六级。六堡茶的品质以陈香为上品，因此凉置陈化是其制作过程中的重要环节。六堡茶的陈化一般用篓装堆，存放于阴凉的泥土库房，经过大概半年的时间，茶叶就会出现陈味，汤色也会变得红而浓，由此形成六堡茶的独特风格。六堡茶还有特殊的槟榔香气，存放越久品质越佳。近年来，六堡茶主要销往我国广东、广西和港澳地区，同时也有外销东南亚地区。

在六堡茶的发源地，一直流传着这样一个美丽的传说。相传，很久以前，龙母在苍梧县帮助当地的百姓抵抗灾害，造福黎民。龙母死后，升天成仙，但是她又想要回到苍梧了解民间疾苦，于是，便下凡到苍梧六堡镇的黑石村。她发现村里人的生活都非常贫困。这里多山少田，人们种出的稻米，自己吃都不够，还要拿出一部分出山去换盐巴，真是太苦了，怎么办呢？龙母尝试了很多方法也没有用。就在一筹莫展之际，她看到黑石山下的泉水清澈明亮，便忍不住尝了一口，顿时觉得清甜滋润，异常鲜美，而且连所有的劳累也一扫而空了。就在这时，龙母娘娘想到了一个好办法，如此甜美的泉水一定能灌溉出好的植物。于是，龙母呼唤农神让它在这里播了一些茶树种子，经过龙母悉心栽培，果然长成了一棵长势旺盛、叶绿芽美的茶树。于是，她把这棵茶树的神奇之处告诉给当地的人们，只要把这棵茶树的叶芽拿去卖给山外的人，就等于把这里甜美的泉水分享给了他们，就可以换取足够的粮食和盐巴了。龙母娘娘走后，这棵茶树很快就开花结果了，人们将种子散播开来，变成了漫山遍野的茶树林，遍布六堡镇。后来，为了纪念龙母对六堡百姓的厚爱，便将此茶起名为六堡茶。

近年来，随着六堡茶越来越被广大爱茶之人所推崇，品饮六堡茶、谈论六堡茶就成了爱茶之人的一种时尚。而说到六堡茶，自然少不了要提到它的鉴别方法。在鉴别六堡茶方面，关键要注意以下几个方面的特征：

首先，观其形。六堡茶条索长整尚紧，色泽黑褐光润，并且耐于久藏，越陈越好。而假冒的六堡茶在工艺上没有经过专门的杀青，因而其干茶看上去像掉在地上的老树叶一样，没有柔润感，叶边卷曲，而且茶叶的反面还带有青色或青黄色。

其次，赏汤色。上好的六堡茶会因为陈年已久的原因而有红而浓的特色，汤色红浓明亮，而质量较次的六堡茶则汤色浑浊，而且青中带黄，看不出清透的红色和槟榔色。

最后，品味道。正宗的六堡茶会有浓郁的陈香味，而且有着独特的槟榔香、果香或者松烟香，滋味醇和爽口，略感甜滑，叶底呈红褐色。而假冒的六堡茶则有一股“坑”味，而且喝下去之后，喉头会感觉有点紧，有茶友戏称为“锁喉”。

如果说对其他茶类人们追求的是“青春”的滋味，那么对六堡茶而言，人们追求的则是那愈陈愈香的特质以及其对人体健康有益的保健功效了。六堡茶属于温性茶，除了具有其他茶类所共有的保健作用外，更具有消暑祛湿、明目清心、帮助消化的功效。既可以在饱食之后饮用以助消化，也可以空腹饮用以清肠胃。在闷热的天气里，饮用六堡茶清凉祛暑、倍感舒畅。六堡茶在晾置陈化后，茶中便可见到有许多金黄色“金花”，这是有益品质的黄霉菌，它能分泌淀粉酶和氧化酶，可催化茶叶中的淀粉转化为单糖，催化多酚类化合物氧化，使茶叶汤色变棕红，消除粗青味。经科学实验表明，六堡茶除含有人体必需的多种氨基酸、维生素和微量元素外，所含脂肪分解酵素高于其他茶类，所以六堡茶具有更强的分解油腻、降低人体类脂肪化合物、胆固醇、三酸甘油酯的功效。坚持长期饮用，可以健胃养神、减肥健身。因此，随着人们生活水平的提高，六堡茶愈来愈受到消费者的喜爱。

此外，六堡茶在保存的时候有几个注意事项：其一，六堡茶的茶叶不宜密闭，应略透气。可以用棉纸、宣纸或牛皮纸包裹即可存入瓷瓮或陶瓮内，瓮不必密盖，可以略为透气。其二，六堡茶茶叶应远离厨房及有怪味处。其三，六堡茶茶叶散仓味以每年十、十一月吹北风时，让自然风吹最佳，因北风干燥，湿度在五十度上下。另外，用电风扇微风吹也可以，但是要注意不要让太阳光直射。

云南普洱茶

云南普洱茶，是我国云南特有的地方名茶，主要产于我国云南省普洱市。云南普洱茶有生茶和熟茶之分，生茶是自然发酵而成，熟茶则是人工催熟而制成。云南普洱茶采用云南大叶种茶树的鲜叶加工制作而成，其制作工艺包括杀青——揉捻——渥堆——晾干——筛选分类——挤压成型等过程。一直以来，“越陈越香”被公认为是云南普洱茶区别其他茶类的最大特点，“香陈九畹芳兰气，品尽千年普洱情”。同时，与很多茶贵在“新”的特点所不同，普洱茶贵在“陈”，往往会随着时间的累积而逐渐升值。如今，云南普洱茶的神奇魅力征服了越来越多的人，并远销海内外。

在广大的普洱茶区，流传着一个关于云南普洱茶美丽的民间传说。清朝乾隆年间，普洱城内有一大茶庄，庄主姓濮。这一年，濮氏茶庄的团茶被普洱府选定为贡品。清朝时，制作贡茶十分讲究，每一道工序都十分繁杂神圣。本来应该是由濮老庄主入京送茶的，但这年，濮老庄主病倒了，只好让少庄主与普洱府罗千总一起进京纳贡。当时濮少庄主大约二十三四岁，他与二十里外磨黑盐商的千金白小姐相好，再过几天就打算迎亲了，眼下正在筹办婚礼呢。但是时间紧迫，皇命难违，濮少庄主万般无奈，只好挥泪告别老父和白小姐。经过一百多天的艰难行程，总算在限定的日期前赶到了京城。他想，明天就要上殿贡茶了，贡了茶，咱就昼夜兼程赶回去，只是不知贡茶怎样了。想到这里，他跑到存放贡茶的客房把贡茶从马驮子上解下来，打开麻袋一看，糟了，原本绿中泛白的青茶饼变成褐色的了。再一细查，所有的茶饼都变色了。濮少庄主一下子瘫坐在地上，他知道自己闯了大祸，把贡品弄坏了，说不定还要株连九族。这天一大早，乾隆召集文武百官一起观茶品茶，各地进献的贡茶都在朝堂上一字排开。乾隆一看全国各地送来的贡茶真是琳琅满目，一时还真不能判定优劣。突然间，他眼前一亮，发现有一种茶饼圆如三秋之月，汤色红浓明亮，犹如红宝石一般，显得十分特别。乾隆大悦，问手下的人此为何茶，得知是普洱府送上来的普洱茶后，连口赞道："好茶，好茶。"传令太监冲泡赏赐文武百官一同品鉴，醇香顿时溢满大堂，赞赏之声不绝于耳。乾隆十分高兴，他重重赏赐了普洱府罗千总一行，并下旨要求普洱府从今以后每年都要进贡这种普洱茶。罗千总由悲转喜，回到店中，把这个好消息告诉了濮少庄主，少庄主自是喜从天降，他们重谢了小二，要回了那饼撬了一个角的普洱茶，赶回了普洱府。濮老庄主一家领受了皇上的赏赐，普洱府也是阖府同庆，犹如过节一般热闹了三天。后来，濮庄主同普洱府的茶师根据这饼茶研究出了云南普洱茶的加工工艺，其他普洱茶庄也纷纷效仿，云南普洱茶的制茶工艺在普洱府各茶庄的茶人中代代相传，并不断发扬光大。从此，云南普洱茶岁岁入贡清廷，历经两百年而不衰，皇宫中"夏喝龙井，冬饮普洱"也成了一种时尚和传统。

现在，云南普洱茶不再作为贡品，不再是只能被权贵之人所品饮，而是人人可以享用的大众饮品。但是，由此带来的问题就是种类繁多，质量参差不齐。因此，在选购云南普洱茶的时候，质量的把握就是一个非常重要的问题。一般情况下，我们可以从以下几个方面对云南普洱茶进行鉴别。

其一，鉴干茶。首先，看云南普洱茶叶的条形是否完整，叶老或嫩，老叶较大，嫩叶较细；其次，嗅干茶气味兼看干茶色泽和净度，优质的云南普洱散茶的干茶陈香显露，没有异味和杂味，色泽棕褐或褐红，油润光亮，褐中泛红，条索肥大壮实，断茶与碎茶较少；质量较次的则稍有陈香或只有陈气，甚至会带有酸味、馊味或是其他各种杂味，外形也较优质茶差了许多，不仅条索表现出细紧不完整的特点，连色泽也变得枯暗无光、发黑发褐。

其二，看汤色。优质的云南普洱散茶，泡出的茶汤红浓明亮，具有

“金圈”，并且表面还覆盖着一层油珠形的膜。如果茶汤红而不浓，欠明亮，有尘埃物质悬浮其中，有的甚至发黑、发乌的话，则多半说明是劣质的云南普洱茶。

其三，闻气味。上好的云南普洱茶热嗅陈香显著浓郁，具纯正，“气感”较强。冷嗅陈香悠长，飘入鼻孔的是一种甘爽的气味。质量较次的云南普洱茶则有陈香，但夹杂酸馊味、铁锈水味或其他杂味，甚至还有“嗅霉味”。

其四，品滋味。优质的云南普洱茶滋味浓醇、滑顺、润喉、回甘，舌根生津。若滋味平淡，不滑顺，不回甘，舌根两侧有不适感，甚至产生涩麻感的云南普洱茶，则不是上品。

其五，看叶底。这主要是看叶底色泽、叶质，看泡出来的叶底完不完整，是不是还维持柔软度。优质的云南普洱茶叶色泽褐红、匀亮，花杂少，叶片完整，质地柔软，不腐败，不硬化；质量较次的云南普洱茶则色泽花杂、发乌欠亮，或者出现叶质腐烂、硬化的状况。

近年来，国内外对云南普洱茶的生理、药理功能进行了更加深入的研究，云南普洱茶的功能也进一步得到了开发。据研究发现云南普洱茶具有美容的效果，有美容界新贵之称，可以深层排毒。云南普洱茶可以生津止渴、消暑、解毒、通便，特别适合有便秘困扰的人群，借助普洱茶，可以使肠胃得到有效调节，有助于其正常功能的恢复。它还能彻底解决因便秘引起的痘痘以及“淑女杀手”的口臭问题。此外，云南普洱茶最大的一个功效就是可以降低血脂含量，舒张血管，促进血液循环，解决因气血不畅引起的肤色暗沉以及各种恼人的斑点；可以纤体紧肤。

喝普洱茶好处很多，但也有一定的副作用，尤其是一些女性朋友，在生理期、怀孕期、临产期、更年期的时候，最好不要喝云南普洱茶。

七子饼茶

七子饼茶，又称圆茶，是云南省西双版纳傣族自治州勐海县勐海茶厂生产的一种传统名茶，也属于紧压茶。它是将茶叶加工紧压成外形美观酷似满月的圆饼茶，然后将每 7 块饼茶包装为 1 筒，故得名“七子饼茶”。它以普洱散茶为原料，经筛、拣、高温消毒、蒸压定型等工序制成。成品七子饼茶有严格的规格标准：直径 21 厘米，顶部微凸，中心厚 2 厘米，边缘稍薄，为1厘米，底部平整而中心有凹陷小坑。每饼重357克，以白绵纸包装后，每7块用竹笋叶包装成1筒，古色古香，宜于携带及长期贮藏。出口饼茶亦有采用古朴典雅的纸盒包装的，每盒1块。

相传，在一个无法考证的年代，今普洱县凤阳乡宽洪村困卢山，有一卢姓人家，家境贫寒，种茶为生。家有七子一女。一日，卢老汉与七个儿子商议如何维持生计及儿女婚娶之策，但是商议了七天也没有一个好的解决办法。最后，老汉仍然希望儿子们种茶制茶，以茶业为生。但卢老汉家庭贫困，无力购买土地山林，无法实现老人的这一愿望。卢老汉气得口吐鲜血，卧床不起，身体日渐虚弱，在病床上躺了七七四十九天。危难之际，七个儿子四处寻医问药都无济于事。第四十九天，七子无量到离家很远的原始丛林中给父亲采药，无意中发现了一棵很大的茶树，心想父亲一生爱茶，何不采点回去在老人弥留之际了却他的一点心愿呢？于是无量采了些大茶树上的鲜叶，回家后煎出茶汁，掰开父亲的嘴灌了几滴。喝过后，卢老汉顿时精神陡增，第二天居然可以下床干活了。于是，卢老汉每天叫七个儿子都分头到深山采茶。从此，七兄弟每天背竹篓，带上绳索，翻山越岭到森林峡谷中采摘野生茶叶。日久天长，兄弟七人各自有了自己的采茶线路和地域，并和当地姑娘结婚、安家、生子，各据一方，渐渐地便形成了七个儿子管辖的产茶区域。卢老汉夫妇及女儿仍以种茶为业。由于七兄弟平时都忙于自己的事业，只有每年父母生日才回到普洱。他们深知父母爱茶如命，都将自己采制的最好的茶用棉布小袋装好带回普洱。由于路途遥远，只有骑马，茶叶在路途中日晒夜露、受潮，东西又多，相互挤压，到了普洱打开后都挤压成饼了，但味道比刚制时候更好。由于七个儿子送的茶一个比一个好，老人十分高兴，倍加珍惜，将每个儿子送的茶拿出一个用竹壳包扎在一起，存放家中，待来年或多年后，家中来了好友、上宾，拿出来招待客人。客人观其色，闻其香，品其味后赞不绝口，问及茶之来源和名称，老人自豪地指着竹壳对客人说："这是我的七个儿子。"日久天长，"七子拜寿"和"七子饼茶"在当地传为佳话。普洱七子饼茶在当地名声越来越响，许多茶人、茶商纷纷慕名而来，指名要卢家"七子饼茶"，更有许多茶坊纷纷仿效。七子饼茶由此而美名远扬，流传至今。七子饼茶因其品质上乘，有寓意而独树一帜，久盛不衰，更是当今茶人品饮黑茶之首选。

七子饼茶有着深厚的文化寓意，但是，在选购七子饼茶的时候，不仅是要买一种文化，更要注重该茶叶的质量，因此，鉴别七子饼茶的真伪还是很有必要的。说到七子饼茶的鉴别方法，一般要从以下两个方面把握：

一方面，鉴赏干茶。七子饼茶的外形结紧端正，松紧适度，茶面匀整，熟饼色泽红褐油润，带有特殊陈香或桂圆香。七子饼茶的生饼的色泽随年份不同而千变万化，一般呈青棕、棕褐色，油光润泽。

另一方面，鉴赏内质。七子饼茶冲泡后，水浸出物将近40%，汤色红黄明亮，香气浓郁，持久纯高，滋味醇厚，清爽滑润，爽口回甘生津。

七子饼茶同其他种类的普洱茶一样，具有多种保健功效，历来被认为是一种具有保健功效的饮料。经诸多科学实验研究表明，七子饼茶具有降低血脂、减肥、抑菌、助消化、暖胃、生津止渴、醒酒解毒等多种功效，因此，它素有“美容茶”“减肥茶”“益寿茶”和“窈窕茶”之美称。但是，七子饼茶也并不是适宜于所有人群饮用，对于吃东西容易上火、容易便秘、容易长痘等属虚火体质的人来说，可以喝生茶或轻度发酵的七子饼茶；如果是不习惯那股苦味而喝熟茶，切记泡的时候加点白菊花或蜂蜜，加点荷叶也可以。尽管七子饼茶的确有减肥的功效，但是否有效，则因人而异，毕竟它不是减肥药。同时，喝七子饼茶要长期坚持，不会短期内就有明显效果的，所以不要轻易就认为无效而放弃。

黑砖茶

黑砖茶，是由湖南白沙溪茶厂独家生产的一种黑茶。黑砖茶用选自安化、桃江、益阳、汉寿、宁乡等县茶厂生产的优质黑毛茶作为原料，经发酵和发花工艺产生冠突曲霉，色泽黑润，汤如琥珀，滋味醇厚，香气纯正，独具菌花香。其成品茶块状如砖，因此而起名为黑砖茶。黑砖茶制作时，先将原料筛分整形，风选拣剔提净，按比例拼配；机压时，先高温汽蒸灭菌，再高压定型，检验修整，缓慢干燥，包装成为砖茶成品。在中国西北地区，历来有着“宁可三日无粮，不可一日无茶”的说法。数百年来，黑砖茶以其独特的、不可替代的作用和功效，与奶、肉并列，成为西北各族人民的生活必需品，被誉为“中国古丝绸之路上神秘之茶、西北少数民族生命之茶”。

黑砖茶在湖南省安化县的生产历史十分悠久。早在明朝万历年间，由户部正式定为运销西北地区以茶易马的“官茶”后，陕、甘、宁、晋地区的茶商，到朝廷在各地设置的茶马司以货币易领“茶引”，至安化大量采购黑茶砖，运销西北地区以茶易马。大都运往兰州再转销陕、甘、青、新、宁、藏少数民族地区。明末清初西北地区的“边茶”十之八九由安化黑茶供应，多在陕西泾阳压成茶砖。1939 年，湖南省茶叶管理处在安化县设厂大批量生产黑砖茶，产品分“天、地、人、和”四级，统称为“黑茶砖”。1947 年，安化茶叶公司设厂于江南镇，在茶砖面上印有“八”字，称作“八字茶砖”，一经问世，就在市场上出现供不应求的局面。新中国成立后，中国茶业公司安化砖茶厂积极扩大生产，产品改称“黑砖茶”，主要销往我国西北少数民族地区。

黑砖茶虽然名字极为普通，但是该茶的品质是极佳的。在鉴别黑砖茶的时候，不管从外形上，还是内质上，都要对该茶有一个全面的把握和了解。具体说来，要掌握以下几个方面的特点：

第一，赏干茶。黑砖茶从外形看来，条索细长，条形比较完整，应该是 4~5 级的毛茶作为底料，黑砖茶干茶色泽棕褐色，会散发出少许油光，干茶闻起来有樟香，所以气味稍带生刺味，在茶砖边缘会有少许风化的迹象。

第二，观汤色。黑砖茶在冲泡过后，汤色会呈现出明显的栗色，比较清澈，茶汤透气，可以有极少的微小悬浮物。如果汤色通红一片，或者有大量悬浮物出现，则多半是由于添加了人工色素，不是质量很好的黑砖茶。

第三，品滋味。黑砖茶的茶汤初入口，会感到有明显的樟香味，略带涩感，茶汤爽滑，回甘明显，鲜爽生津，但是水性稍薄。水性薄是上好黑砖茶的特点，千万不要因此而误以为是劣质的黑砖茶。

第四，看叶底。黑砖茶经过多次冲泡后，叶底的色泽会呈现为暗褐色，比较均匀光亮，花束较少，叶质较柔软，捏起来有弹性。而叶底破碎凌乱、坚硬没有弹性的黑砖茶，则说明是假冒的或质量没有过关的黑砖茶了。

黑砖茶作为黑茶中的优良品种，含有多种对人体健康有利的有效成分。近年来，通过科学的研究表明：黑砖茶的功效与作用主要表现在四个方面。第一，清脂肪，减肥胖。黑砖茶中的多酚类及其氧化产物不仅能溶解脂肪，促进脂类物质排出，还可活化蛋白质激酶，加速脂肪分解，降低体内脂肪的含量。第二，清肠胃，助消化。黑砖茶富含膳食纤维，具有调理肠胃的功能，清肠胃，而且有益生菌参与，能改善肠道微生物环境，助消化。我国民间有利用黑砖茶治疗腹胀、痢疾、消化不良的传统。第三，清血管，降三高。黑砖茶中富含茶黄素，能软化血管，有效清除血管壁内的粥样物质，而其中的茶氨酸可有效抑制血压升高，类黄酮物质能使血管壁松弛，增加血管的有效直径，能降低血压；茶多糖具有类似胰岛素的作用，降低血糖含量；多酚类及其氧化产物能溶解脂肪，促进血管内脂类物质排出，降低血液中胆固醇的含量。第四，清毒素，护肝肾。黑砖茶中独特的益生菌功能因子和多酚类氧化物、儿茶素等多种化合物成分，参与人体内新陈代谢，对人体内脏具有特殊的净化功能，可以吸附体内的有毒物质排出体外，能深层排毒；又对病菌有抑制作用，可保护肝肾。

生沱茶

沱茶，最早产于云南省景谷县，因此又称“谷茶”。沱茶是一种紧压茶，现在的主要产地在我国云南省的下关、勐海、临沧、凤庆、昆明等地，一般以黑茶为制作原料。沱茶从外表上看似圆面包，从底下看似厚壁碗，中间下凹，颇具特色。通常在包装时，每五个用竹箬包成一包，以树皮绳或竹篾捆绑，结实牢靠，很有意思。沱茶的种类，依原料不同有绿茶沱茶和黑茶沱茶之分。而生沱茶，指的是那些只经过晒青蒸压而制作成的紧压茶。生沱茶一个茶坨的分量比一块茶砖要小得多，因此更容易购买和零售。

关于生沱茶名称的由来，传闻很多。有的人说，生沱茶的成品形状犹如一个团，团由沱转化而来，因此得名“沱”。也有的人认为，早年的时候，云南生沱茶主要销往四川沱江一带，因此而得名“沱茶”。据说，古时候，马帮一般将几个用油纸包好的茶坨连起，外包稻草做成长条的草把。将这种茶制作成团状就是为了方便古时长途运输及其长期存储。

现在，尽管人们已经不用再依靠马帮来进行长途运输了，但是生沱茶并没有因此而淡出人们的生活，在商场或者各大茶叶店都能够看到生沱茶的存在。在鉴别生沱茶的时候，一般可以从以下几个方面入手来分辨真伪。

首先，看生沱茶的干茶。生沱茶的真品外形端正，呈碗形，内窝深而圆；外表满布白色茸毫；一般规格都是外径 8 厘米，高 4. 5 厘米；色泽青翠油润，条索紧结；含水量在 9%左右。而假冒的生沱茶则外形不规则、扭歪，内窝浅而小；外表无茸毫；规格不定，大小不一；色泽枯暗，有黄片；紧结床松膨；含水量明显高于真品，一般能达到 10%~12%。

其次，观生沱茶的内质。上好的生沱茶一经冲泡后，其汤色黄而明亮，香气纯正持久，滋味浓醇鲜爽，叶底肥壮鲜嫩。如果生沱茶质量较次，那么干茶冲泡后，汤色会混浊不清，香气寡淡，甚至有郁闷、杂异气味，滋味杂而平淡，酸涩，叶底粗老瘦硬。

最后，鉴生沱茶的包装纸。通过包装纸来鉴别茶叶的真伪是生沱茶的特殊之处。一般说来，真品生沱茶的包装纸上彩印鲜亮，图文清晰。如果包装纸用自制木刻版加上颜料印刷而成，图文暗旧，套色不正，且色彩易脱落，则说明是劣质或者假冒的生沱茶了。

此外，生沱茶作为茶叶家族中的重要成员之一，其药用功能则更负盛名。因此，生沱茶在人们心目中的地位和声望越来越高。现代医学研究表明，生沱茶有降脂减肥的作用。它的降脂减肥效果与降脂药物“安妥明”的疗效相似，降脂率达64%，而且没有副作用。不仅如此，生沱茶还具有抗胆固醇奇效。每天坚持饮用一些生沱茶，可以使人体血液中的脂肪降低。生沱茶中含有一种或数种不详物质，在水中溶解后有促进新陈代谢，平衡和节制胆固醇的奇效。此外，生沱茶还能降低人体中的三酸甘油酯，以及血尿酸的比例。

熟沱茶

熟沱茶，是沱茶中的一个重要种类。同生沱茶一样，熟沱茶也是以黑茶为制作原料，经过高温蒸压精制而成的紧压茶。不过，二者最大的不同之处在于熟沱茶要经过一个渥堆发酵的过程。因此，熟沱茶无论从干茶的颜色，还是汤色上看，都要比生沱茶深，而且滋味也要更加醇厚一些。熟沱茶的成品茶褐润洁净，似有银色白纱附面，包装古朴精美，特色浓郁。目前，熟沱茶主要产于我国云南省的下关、勐海、临沧、凤庆和昆明等地。而且，熟沱茶除了在国内有广阔的市场之外，近年来还远销至西欧、北美以及亚洲各地。

熟沱茶虽然与生沱茶同属于一种茶类，但是由于其制作工艺有所不同，因此，在茶叶品质上还是有一些细小的差别的。而且，目前的茶叶市场中也夹杂着许多假冒和劣质的茶叶，这样一来，对熟沱茶的品质特征有所了解，是诸多欲购买和品鉴熟沱茶人士所必需的。通常情况下，我们可以从以下两方面把握。

一方面，看干茶。上好的熟沱茶沱型周正，外形圆整，质地紧结端正，色泽呈现褐红色或者暗红色，并且隐约会显现出一点黄色。如果外形条索松散，没有光泽，则说明是熟沱茶的陈品或者劣质品。

另一方面，赏内质。好的熟沱茶干茶经过冲泡后，汤色红浓透亮，有油润的光泽。茶汤入口之后，色、香、味俱佳，滋味浓酽香醇，性温味甘，而且能持久留香，耐人寻味。熟沱茶有耐冲泡的特点，愈久愈醇，冲泡几旬之后，依然味道如初。其叶底褐红，肥厚完整。如果汤色和叶底有混浊情况出现，并且口感干涩的话，则说明熟沱茶的质量没有过关。

熟沱茶在海外市场上极为畅销，历来都颇受国外消费者的欢迎和认可。究其原因，除外形比较特别之外，主要还是与熟沱茶的保健功效密不可分。从我国传统的中医角度来讲，熟沱茶的茶性比较温和，不寒不燥，具有解渴利尿，明目清心，除腻消食等功效。此外，熟沱茶在健胃养胃方面也有着积极的作用，经常饮用熟沱茶，不仅可以有一个好胃口，而且可以有效清理肠道，达到降脂减肥的目的。

另外，需要注意的是，熟沱茶有自己的包装纸，所以在保存的时候，不宜在外面再包上一层塑料袋。如果茶叶已经打开，可以将熟沱茶茶叶放入茶瓮中。对于茶瓮的选择，一般用不上釉的陶瓮来贮存新茶，而上釉了的陶瓮一般用来贮存陈茶。

茯茶

茯茶，是黑茶中最具特色的产品，既是后发酵茶，又是全发酵茶。茯茶主要销往边疆地区，原本是民族地区特需商品。因为都是在伏天加工，所以称之为“伏茶”。茯茶的效用与茯苓相似，所以又美称为茯茶、福砖。由于系用官引制造，交给官府销售，又叫官茶、府茶。一般情况下，茯茶的陈放年代越久香味越浓，茶汤越易冲泡出来，茶汤色泽红艳明亮。茯茶的这些好处与其制作过程中的特殊工艺不无关系——茯茶作为砖茶中的特殊高档品种，其制作需要经过选料、筛制、渥堆、压制、发花、烘干等二十多道工序。

说到茯茶的发展历史，还经过了几番波折，才有了今天的良好发展局面和态势。唐代以后，茯茶叶由官方统制，贮存一地边地府库，交换马匹，被称为“官茶”；而茶商由产地贩运交售给茶马司的茶叶，须向户部纳税请领执照，称为“请引”。每“引”规定可贩茶 50 千克，纳税 200 钱；不及“引”者，谓之“奇零”，另行发给“由贴”。没有“由引”及茶引不等者即为“私茶”。当时朝廷为鼓励茶商贩运茶叶，每次将茶运到茶马司交割后，都奖给茶商：上引附茶 350 千克，中引 280 千克，下引 210 千克，作为酬劳，由他们自己出售或换马。因此种酬劳是在正茶之外附发的，故称作“附茶”。以后用谐音“茯”代替“附”，便出现了“茯茶”。在明清时期六百余年间先后生产的“马合盛”“天泰全”“泰合诚”“人民”牌茯砖茶深受西部地区广大消费者青睐。建国后由于集中公私合营生产规模扩大，最后集中于咸阳，使咸阳成为中国最大的茯茶茶叶集散地和加工地。一直到1958年，因为存在原料二次运输问题，陕西咸阳人民茯茶厂关闭。1959年湖南白沙溪茶厂改用机器压制，开始大量生产茯茶。1970年按政府统一安排，茯茶改由湖南益阳茶厂生产。现在，茯茶的生产与销售都有了长足的进展，也越来越得到了西北人民的青睐，其影响力也在日益扩大。

品味茯茶，不仅是一种享受，也是一门艺术，但是，在品味茯茶的韵味之前，还是要先学会辨别才行。一般可以从以下几个方面对茯茶进行鉴别：

首先，看茶叶的外包装。通常在鉴别茶叶的时候，人们不会在意包装的问题，但是，对于茯茶来说，不同年代的外包装决定了茯茶的陈旧和质量，包括纸的材质、标签字样、商标等。

其次，看茶叶的原料。上好的茯茶用料十分考究，大部分选用叶片大、叶张肥厚、色泽黑褐油润均匀一致的黑毛茶为原料。而质量等级稍微低一点的茯茶则用的是拼配原料，部分采用平地茶原料，叶张薄、瘦，含梗较多，色泽也较黄褐，欠均匀一致。

再次，看茶叶的外形。不同年代的茯茶茶叶，色泽也有所不同。新茯茶的茶砖表面有大量的金黄色颗粒，形似“米兰”。随着陈放年代的延长，色泽逐步萎缩变白，三十年的茯茶已基本见不到金花留下的痕迹，隐约可见白色欠均匀的斑点。

最后，看冲泡后的内质。陈放多年的茯茶，茶汤滋味表现为甜醇爽滑。十几泡之后，茶汤色泽逐渐变淡，但甜味犹存，且更加纯正。而冲泡多次之后，茯茶的叶底黑褐均匀，质地稍硬，用手指轻轻一捏即碎。

茯茶不仅味道独特，而且在品尝美味茶汤的同时，也对人体的健康有诸多益处。长期饮用茯茶，能够调节人体新陈代谢，增强人体体质，提高免疫力、延缓衰老，并起到有效的药理保健和病理预防作用。近年来，茯茶的特殊功效已经得到茶学、医学、微生物学等领域专家的广泛认同。西北地区广泛流传的“一日无茶则滞、二日无茶则痛、三日无茶则病”的说法，在千百年来的饮用实践中也充分证明了这一点。

另外，还需要注意的是，由于茯茶茶叶吸附性强，又易吸收异味，再加上茯茶的香味成分大都是经过再加工而形成的，所以较不稳定，极容易自然发散或氧化变质，因此建议大家在茯茶拆封之后，用以下几种方法贮藏。其一，可以利用干燥箱储存。因为干燥箱温度稳定，也隔绝空气，将茯茶茶叶放在干燥箱中储存不会潮湿或氧化。其二，可以利用罐子储存。先用小罐子分装少量茯茶茶叶，以便随时取用，其余的茶叶用大罐子密封起来储存。最好不要使用玻璃罐、瓷罐、木盒或药罐，因为这些器具具有透光、不防潮、易碎的缺点。

湘尖茶

湘尖茶，又称天尖茶、贡尖茶或生尖茶，是湖南黑茶紧压茶中的上品。湖南黑茶成品有“三尖”和“三砖”之称。“三砖”指黑砖、花砖和茯砖；“三尖”指湘尖一号、湘尖二号、湘尖三号。湘尖茶采用谷雨时节的鲜茶叶，通过初制直接渥堆加工而成，口感甘润爽滑，有独特的松烟香，并且采用中国最古老最传统的散装篦篓包装，是中国茶叶传统文化的宝贵遗产。湘尖茶曾被列为贡品，专供皇室品饮，湘尖茶主销陕西，特别为关中一带广大消费者所喜爱，现在全国许多省、市饮用湘尖茶已经成为一种潮流。此外，湘尖茶还畅销华北各地。

湘尖茶的足迹遍布全国各地，相伴随的，还有一个关于湘尖茶的美丽传说。相传，湖南省境内，有个仙师殿，住着一户烧窑的人家。夫妻两人没有生育，就领了一个外甥当儿子。这个外甥本来就有点仙骨，天天在仙师殿前过往，就得着了仙气。到后来，居然可以进到刚烧好的窑里，若无其事地把还红得发烫的砖头端出来，并且一点也不会伤到身手。旁边的人看了觉得奇怪，就告诉了他的舅舅。舅舅认为是自己的外甥本事大，但舅妈却害怕了，她害怕如果家里出了精怪，就要倒灶了。于是，她就叫手下人在外甥再次进窑的时候封了窑门。手下人也没有多想，结果，就真的把窑门封了。外甥出不来，像砖头一样被窑火烧着。烧着烧着他就烧成了仙，化作一股青烟走了。这个烧出来的神仙像一团火球，到了西天门王母娘娘的瑶池外面，怎么也不让进去。他只好在瑶池外急得团团转。用扇子扇，不行。越扇越红。在草地上滚，也滚不掉满身火气。跳到溪水里洗，当时好一点了，爬上来就又成了一个火球。这时，他遇到一位仙风道骨的老翁，老翁看到外甥之后，认为他这个是内火，靠水洗、靠滚草地都不行，必须先消火才可以。于是，就每天给这个小外甥喝一种茶水，几日过后，小外甥竟奇迹般地好了起来。后来，小外甥才知道，这位仙翁是位茶神，而他所喝的茶叫作“湘尖茶”。从此，这位小外甥就成了蟠桃大会上的常客了。在他下凡至人间的时候，就将这种茶子播种在了湖南地区，于是，人间也便有了湘尖茶的存在。

那么，今天存在于人间的湘尖茶，究竟有哪些特征呢？一般情况下，在选购湘尖茶的时候，可以从以下几个方面把握其品质特征，以保证买到正品真品。

第一，鉴干茶。湘尖茶从外形上看，条索紧结，茶毫显露，茶芽质嫩，色泽乌黑油润，并且黑中带褐。如果湘尖茶的干茶颜色是黄褐带暗的，则说明是陈茶的颜色，不是质量上乘的真品。

其次，闻香气。湘尖茶在冲泡之后，会散发出独特的茶香，其香气清香持久，气味纯正，稍微带有焦香，或者松烟香。而闻上去如果香气平淡的话，则多半是质量较次的湘尖茶了。

最后，品内质。上好的湘尖茶在初次冲泡的时候，汤色是橙黄明亮，清澈见底的。入口之后，茶的滋味浓厚醇和，鲜爽生津，回味无穷。而冲泡几旬过后，叶底是黄褐均匀的。如果在品尝湘尖茶的过程中，觉得滋味微涩，汤色暗褐，叶底黑褐粗老的话，就说明是湘尖茶的陈茶或者假冒伪劣茶了。

湘尖茶发展至今，不仅市场在逐渐拓宽，而且人们对湘尖茶的认识与研究也在不断深入。湘尖茶既可以泡饮，也可以煮饮；既适合清饮，也适合熬制奶茶，特别是在南方各茶馆煮泡壶茶，家庭煎泡冷饮茶，很合时宜。湘尖茶因为具有存放越久越陈香的特性和一定的药理保健功效，而极具收存价值。湘尖茶，西北人食用牛羊肉食和奶制品后饮用，会感到特别和谐、舒爽；而南方人在饮酒后，饮用几杯热的或冷的湘尖浓茶亦倍感舒适、清爽。即使各种美食令你腹撑肚圆，只要几杯浓浓的湘尖茶水下肚，便无积食腹胀之恼，长期饮用，具有减肥功效。

藏茶

如今，“藏茶保健”已在国内外掀起热潮。由于藏茶多方面、双向调节的功能，使它的适用人群非常广泛，无论胖瘦，都可以从饮用藏茶中获益。

藏茶是典型的黑茶，颜色呈深褐色。它是中国砖茶的鼻祖，是近 300 万藏族同胞的主要生活饮品。西藏地处高原，高原缺氧，辐射强，可是西藏气候干燥，不产蔬菜、水果，藏民常年以肉类为主，辅以青稞炒面（亦称糌粑），不吃植物油、醋，也没有菜可吃。而茶就作为一种生活饮品在藏民生活中起着主导作用。

茶对藏族人民来说，如同青藏高原上流淌的生命的血液，所以藏谚云："宁可三日无粮食，不可一日无茶。"很多人认为藏民是吃肉喝奶长大的，牛羊是吃草长大的，青菜是草一类的东西。由于饮食结构的问题，藏民缺乏各种维生素，而茶中含有茶多酚、咖啡碱、氨基酸、维生素等，正可生津止渴，化食去腻，补充各种维生素的不足。茶对他们来说，不是一般意义上的饮料，而是生活中不可或缺的圣物，千百年来，藏茶保障着生活在高寒、缺氧、强辐射的雪域高原上藏族同胞的健康。

鉴赏藏茶有四绝：谓之"红、浓、陈、醇"。其中，"红"指茶汤色透红，鲜活可爱；"浓"指茶味地道，饮用时爽口酣畅；"陈"指陈香味，且保存时间越久的老茶，茶香味越浓厚；"醇"指入口不涩不苦、滑润甘甜、滋味醇厚。

在平时的生活中，藏民就是吃肉、糌粑，喝奶茶，不仅吃肉要喝茶，糌粑没茶更是无法下咽。他们一日三餐喝茶，早晨起来要喝茶，一进帐篷要喝茶，闲下无事要喝茶，有客人来更要喝茶，临睡之前还要喝茶，可以说他们时时刻刻都离不开茶，每一天少说也要喝上十几碗茶。茶壶就放在"塔夸"（即灶）的牛粪火上，里面随时都煨着茶。连外出放牧，也都带着壶或锅，随时可以支上三块石头来烧茶。

在藏民所饮的茶中，有的加了酥油，有的加了奶或盐，是非常有特色的，而且藏茶还有许多保健功效。对于地处平原的人来说，也可以借鉴藏民的茶养生方法。

第三篇

应季而饮，全年香茶均有时

《茶谱》中记载：“人饮真茶能止渴。”《日用本草》中记载：茶能“除烦止渴”。在孙大缓著《茶谱外集》中：“夫其涤烦疗渴，换骨轻身，茶茗之利，其功若神。”饮茶对人体健康有很多好处，但你是否知道，饮茶与季节之间有着什么样的联系呢？中医学历来认为：科学饮茶除了宜温、宜淡、宜少，切忌过烫、过浓、过多之外，还应以四季有别为最佳的饮茶保健之道。喜欢饮茶的朋友，可根据不同季节选择不同品种的茶叶，这样会更有利于你的健康。

第一章　春季养生茶饮

《黄帝内经》云："春三月，此谓发陈。天地俱生，万物以荣。"春季养生以春令之气、生发舒畅的特点，注意保健体内的阳气，使阳气不断而渐旺起来。"春"为四季之首，万象更新之时，正当万物生发之际，也是新茶上市之时。鲜嫩的春茶滋味鲜爽、香气浓烈，春来品茗，那么春季饮什么样的茶才能真正收到养生防病之效呢？下面我们为大家详细介绍一下。

立春喝养肝护肝茶饮

立春是一年中的第一个节气，"立"，开始之意，立春揭开了春天的序幕，表示万物复苏的春季的开始。春天来了，大地复苏。然而，这春风送暖、春阳上舟的时节，对人们的养生保健来说并非是一片阳光灿烂，相反的，更多的是险情。民间说，春天是"百草回芽，百病易发"的季节。由此可见，在春天采取积极的防治措施，以顺应季节的变化是有着重要意义的。如果春季养生得法，将有益于全年的健康。

具体来说，此时要着眼于"生"字。人的身体与大自然是相通的，立春也是人体阳气生发的时节起始点，所以其养生重点就是养好人体的阳气，让它生发起来，使新陈代谢从冬天恢复过来，尽快适应春天的气候，得以正常运行。另外，按自然界的属性，春属木，与肝相应。肝主疏泄，在志为怒，恶抑郁而喜调达。因此，在春季养生方面就要注意养肝，戒暴怒，忌忧郁，做到开朗乐观，心境平和，使肝气得以生发，达到养肝护肝之目的。

那么，在立春节气饮用什么茶才合适呢？接下来我就为大家介绍两款。

1. 名称：决明子楂干绿茶

材料：决明子 3 克，绿茶 5 克，山楂干 2 克。

制作方法：①将山楂干放入清水中浸泡 2 分钟后，用清水冲净。②锅中倒入清水，放入山楂干和决明子，用大火煮开后，改成小火煮 10 分钟，然后放入绿茶继续煮 5 分钟。③放入冰糖搅匀，然后用漏网将茶滤出即可饮用。

保健功效：此茶清凉润喉，口感适宜，具有清热平肝、降脂降压、润肠通便、明目益睛之功效，尤适合于血压高、血脂异常、便秘者饮用。

健康提示：①决明子有宫缩催产作用，孕妇不宜饮用。②决明子以颗粒均匀、饱满、黄褐色者为佳，炒时有香气溢出即可，不要炒煳，以免影响疗效。③决明子茶苦寒伤胃，因此，脾胃虚寒、气血不足者，不宜饮用。

2. 名称：菊花罗汉果茶

材料：菊花 3 朵，罗汉果 1/4 颗。

制作方法：①首先把罗汉果放置于清水中浸泡一会，然后进行加热将水煮沸。②几分钟后加入菊花，将火关闭闷一会，闷的时间久一些，待罗汉果味浓时就可以饮用。

保健功效：罗汉果和菊花二者搭配茶饮，具有清热润肺、生津止渴、疏散风热、清肝明目等效果，不仅适用于肺热或肺燥咳嗽、百日咳及暑热伤津口渴等症，更是糖尿病、肥胖等不宜吃糖者的理想替代饮料。

健康提示：①罗汉果不可以随便喝，不注意正确的泡水方法和比例效果会相反。②罗汉果性凉，体质寒凉的人要少吃。

雨水喝缓解春困茶饮

过完“立春”以后，紧接着就是“雨水”。“雨水”的来临预示着寒冷的冬天过去，温暖的春天来临，雨水也渐渐增多起来。时值雨水季节，北方冷空气活动仍很频繁，天气变化多端，是全年寒潮出现最多的时节之一，经常伴有“倒春寒”。而人体的皮肤此时已经开始疏松，以适应阳气的生发，寒温冷热不适，过早地脱去棉衣，寒气会乘虚而入，初生的阳气尚不足以与春寒抗衡，抵御能力减弱，极易感受各种疾病。

每逢雨水时节，再加上冬春换季，有时许多地方会出现大旱，干燥缺水的环境更容易让人产生困乏感——春困。一般的春困其实并不是病，而是由于气温变化等原因引起的。此期间，人会变得无精打采、昏昏欲睡，有人也称之为“春天疲劳综合征”。

对付春困，除了采用饮食、运动和保持情绪开朗等措施外，喝花茶也是非常好的选择。下面，我们就为大家介绍一些比较适合在雨水节气饮用的茶品，从而赶跑“春困”。

1. 名称：菊花人参茶

材料：菊花 2~3 朵，人参 2~3 片。

制作方法：①选取菊花的干花蕾，人参原材料。②将人参切碎成细断或细片，和菊花的干花蕾一起放入泡茶的器具中，再用热水加盖浸泡 10~15 分钟即可倒出饮用。

保健功效：菊花人参茶不仅对人的神经系统具有很好的调节作用，可以提高人的免疫力，有效驱除疲劳，而且具有祛火明目、提神之功效。

健康提示：①有高血压的人不宜使用人参，所以高血压的人不适合饮用菊花人参茶；②因人参不宜与茶叶、咖啡、萝卜一起服用，所以饮用菊花人参茶的时候最好不要和茶叶、咖啡、萝卜一起饮用，以避免饮用菊花人参茶失效。

2. 名称：柠檬薰衣茶

材料：柠檬 1~2 片（或者柠檬汁），薰衣草 2 克。

制作方法：①选取薰衣草干花蕾 2 克，5~6 颗柠檬片或少许柠檬汁。②将干燥的薰衣草花蕾、柠檬片一起放入茶杯中，加入沸水加盖 5~10 分钟。如果是与柠檬汁一起搭配，待茶呈淡绿色温凉后加入即可。

保健功效：柠檬与薰衣草相搭配，兼顾了滋补、消除疲劳、振奋精神、利尿、促进消化与血液循环多方面保健功效，适用于头疼、乏力及困倦等。

健康提示：孕妇要避免使用过多剂量的柠檬薰衣草。

3. 名称：茉莉大白毫

材料：茉莉大白毫茶叶若干。

制作方法：①将备好的茉莉大白毫放置杯中。②冲入 100℃的开水，至杯的七分满。③3 分钟后，就可以品饮了。

保健功效：茉莉大白毫是用茉莉花窨制的特种茉莉花茶叶，具有抗氧化、抗衰老、降血糖、降血脂、减肥消脂、防止动脉硬化、抑制细菌、抗辐射等功效，同时具有理气开郁、辟秽、和中的功效，能够很好地起到提神醒脑，缓解春困的作用。此茶亦适合电脑前工作的人喝，可以防辐射，解困。

健康提示：①请饭后饮服，且孕妇要慎饮此茶。②冲泡不宜太久，一般 3~7 分钟就可饮用。此外，选购茉莉大白毫时，要注重茶叶的品质：一般上等茶所选用毛茶嫩度较好，以嫩芽者为佳，最好是能满足无叶、多白毫、条形细长饱满三个条件。茉莉大白毫的品质与芽和叶息息相关，芽越少，叶越多，茶叶的品质越差。低档茶叶则以叶为主，很少见嫩芽，甚至是根本就没有芽。

4. 名称：碧潭飘雪花茶

材料：碧潭飘雪花茶叶 5 克。

制作方法：①将茶叶放入盖碗中。②用 90℃左右开水冲泡茶叶。③3 分钟后，细饮慢品，体会茶的真味。

保健功效：此茶含有多种微量元素，而且在振奋精神、缓解春困、润肺止咳等方面功效明显，长期饮用对人体有益。

健康提示：冲泡碧潭飘雪花茶水温不宜过低，否则茶叶滋味过淡；水温也不宜过高，否则茶叶有焖熟味。

5. 名称：龙井茶

材料：龙井茶叶 5 克。

制作方法：①将 80℃的开水冲入杯中，至杯的三分满。②将备好的龙井茶叶拨至杯中。③将杯子轻轻转动，散发出茶香。④再次冲入 80℃的开水，至杯的七分满。⑤3 分钟后，就可以品饮。

保健功效：①兴奋作用，帮助人们振奋精神、增进思维、消除疲劳、提高工作效率。②利尿作用，用于治疗水肿、水潴瘤。③强心解痉作用，饮用此茶可以有效地消除支气管痉挛的症状，缓解血液流动不畅的情况。也正因为如此，龙井茶便成了辅助人们治疗心肌梗死、支气管哮喘等症的良药。④抑制动脉硬化作用，可以活血化瘀，防止动脉硬化。⑤减肥作用，能调节脂肪代谢，特别是乌龙茶对蛋白质和脂肪有很好的分解作用。⑥防龋齿作用，能变成一种较为难溶于酸的“氟磷灰石”，就像给牙齿加上一个保护层，提高了牙齿防酸抗龋能力。

健康提示：泡制此茶时应控制好水温，应用大约 75~85℃的水。千万不要用100℃沸腾中的水，因为龙井茶是没有经过发酵的茶，所以茶叶本身十分嫩。如果用太热的水去冲泡，就会把茶叶烫坏，而且还会把苦涩的味道一并冲泡出来，影响口感。

6. 名称：薄荷菊花茶

材料：薄荷叶3片，菊花3朵。

制作方法：①将菊花、薄荷放入杯中。②倒入开水泡3分钟即可。

保健功效：薄荷具有疏散风热、清利头目、利咽、透疹、疏肝解郁之功效，而且还能消炎止痛。其与菊花搭配，能够起到缓解疲劳、醒脑提神的作用，对口干、火旺、目涩，或由风、寒、湿引起的肢体疼痛、麻木的疾病均有一定的疗效。

健康提示：①饮薄荷菊花茶时可在茶杯中放入几颗冰糖，这样喝起来味更甘。②每次喝薄荷菊花茶，不要一次喝完，要留下三分之一杯的茶水，再加上新茶水，泡上片刻，而后再喝。

惊蛰喝滋润肌肤茶饮

惊蛰是24节气中的第三个节气。其意思是天气回暖，春雷始鸣，惊醒蛰伏于地下冬眠的昆虫。虽然到了这一节气，气温已经有所回升，但是很多人皮肤特别容易干燥起皮。尤其是那些女士娇嫩的脸上，多会泛起干皮。虽说这是一种常见现象，但爱美的女性对此无比烦恼。

那么，为什么我们的皮肤会在这个时候如此干燥？我们该如何进行简单而有效的预防和应对呢？

究其原因，从惊蛰开始，人体内的微生物（包括毒素）经过冬眠伏潜后也开始活跃。于是人体需要通过汗液、体液，特别是二便将毒素排出，而肺、脾、肾三脏是人体水液代谢调节的核心脏腑。肺主身体之表，调理皮肤汗孔的开阖，脾主运化水湿；肾主水，调理二便。所以，在惊蛰时节人体很容易因缺水导致皮肤干燥，此时滋润肌肤就变得尤为重要了。而水是肌肤健康的原动力，是美丽容颜的保证。其实要解决皮肤干燥起皮的办法很简单，首要就是给肌肤喝饱水。尽管如此，“喝水”也是有讲究的，这里为大家推荐一些惊蛰节气时有助于保持皮肤滋润的茶品吧。

1. 名称：沙参麦冬茶

材料：沙参 8 克，麦冬、桑叶各 6 克。

制作方法：①沙参、麦冬和桑叶共置保温杯中。②以沸水适量冲泡。③盖闷 15 分钟，代茶频饮。

保健功效：沙参、麦冬、桑叶三者结合而成本茶，不仅能够润肤生津，而且具有养阴润肺、清燥止咳等功效，适用于治疗肺热阴虚、久咳不止、咽干无痰或痰少黏稠，并伴有虚热盗汗等病症。

健康提示：风寒咳嗽和肺胃虚寒的人不适合服用此茶。

2. 名称：红枣茶

材料：红枣 12 颗，茶叶 8 克，红糖适量。

制作方法：①将红枣与茶叶放入锅中，加入清水与红糖煮到红枣熟软。②把茶叶过滤掉，饮煮好的茶汁即可。

保健功效：①脾胃虚弱、腹泻、倦怠无力的人，每日饮用此茶，能补中益气，健脾胃，达到增加食欲，止泻的功效；②红枣茶为补养佳品，能够滋润气血，能提升身体的元气，增强免疫力；③针对女性躁郁症，哭泣不安，心神不宁等症，饮用此茶可起到养血安神，疏肝解郁的功效；④常饮红枣茶可以保护脾胃。

健康提示：①由于红枣含糖量高，糖尿病患者饮用此茶需要注意。②红枣具有活血补血的功效，但是红枣会使血气流于体表，这样人看起来会很红润。由于月经期间血气是下行的，所以女性在月经期间不适宜饮用红枣茶。③此处搭配的茶叶宜选择红茶类，因为红茶能够暖胃、提神、补充维生素，在茶性上更适宜与红枣搭配。

3. 名称：枸杞党参茶

材料：枸杞子 15 克，党参 5 克，红枣 5 枚。

制作方法：①将枸杞子、红枣、党参洗净后，倒入砂锅中。②加入适量的水煮沸，改小火煮 20 分钟。③滤去渣即可饮用。

保健功效：党参与枸杞搭配饮用能够起到滋肾养肝，益气养血的疗效，尤其适于各种中气不足者服用。常饮此茶，可有效增强机体的抵抗力。

健康提示：枸杞党参茶肝火盛者禁用，邪盛而正不虚者不宜用。

春分喝温补阳气茶饮

3月21日是“春分”节气。“春分者，阴阳相伴也。故昼夜均而寒暑平。”一个“分”字道出了昼夜、寒暑的界限。由于春分时节平分了昼夜、寒暑，人们在此时应特别注意保持人体的阴阳平衡。

现代医学研究证明：人在生命活动的过程中，由于新陈代谢的不协调，可导致体内某些元素的不平衡状态出现，并因此导致早衰和疾病的发生。而一些非感染性疾病都与人体元素平衡失调有关。如心血管病和癌症的发生，都与体内物质交换平衡失调密切相关。

关于保持人体阴阳平衡的方法，《黄帝内经·素问》中谈道：“调其阴阳，不足则补，有余则泻。”也就是说：虚则补，实则泻。如益气、养血、滋阴、助阳、填精、生津为补虚；解表、清热、利水、泻下、祛寒、去风、燥湿等则可视为泻实。总之，无论补或泻，都应坚持调整阴阳，获得机体平衡为原则，以科学方法进行养生保健，才能有效地强身健体，防止疾病。

具体来说，在春分这个从冬季到春季的过渡期间，人体由于冬天血流量减缓，而进入春季后，随着气温升高，身体上的毛孔、汗腺、血管开始舒张，皮肤血液循环开始旺盛起来，因此供给大脑的血液就会明显不足，也就是中医上所认为的阳气生发不足。因此，春分时节要养生美容，保持健康，就需要顺应大自然的变化来调节温补自身的阳气。特别是女性本身性属阴，在养生保健美容方面尤其要注意补阳气。

接下来，我们就为大家详细介绍几种在春分时节适合饮用的茶品，以让朋友们在日常生活的饮茶中做到轻松养生保健。

1. 名称：核桃茶

材料：红茶3克，核桃仁3克，红枣2枚，桂圆肉3克。

制作方法：①将核桃仁碾成粉。②将上述的几种材料混合与核桃仁粉混合，加入适量的水，煮20分钟左右。③代茶温饮即可。

保健功效：补肾阳，益血气。此茶中的桂圆成分，性温味甘，能够益心脾，补气血，具有良好滋养补益作用，适用于心脾虚损、气血不足所致的失眠、健忘、惊悸、眩晕等症状，具有补血安神，健脑益智，补养心脾的功效。核桃仁成分含有多种人体需要的微量元素，能够对顺气补血，止咳化痰，润肺补肾起到很好的效果。两者与红茶、核桃按照科学的比例制成茶饮，能够很好地起到调节人体阴阳平衡，温补阳气的作用。

健康提示：①核桃茶煮制时不可将核桃仁量放置过多，一次性放置过多的核桃仁，会影响消化。②此茶中含有红枣，月经期间的女性慎饮。

2. 名称：灵芝茶

材料：灵芝 1~2 片。

制作方法：①将灵芝磨成粉加入杯中。②冲入沸水泡 10~15 分钟。③代茶饮即可。④如果需要提升吸收效果可以将灵芝片放入锅中，加热煮沸 30 分钟，再冲泡饮用。

保健功效：①灵芝茶具有保肝解毒促进肝脏对药物、毒素的代谢作用，并可有效地改善肝功能，使其相关指标趋于正常。②灵芝茶能有效地扩张冠状动脉，增加冠脉血流量，改善心肌微循环，增强心肌氧和能量的供给；还可明显降低血胆固醇、脂蛋白和甘油三酯，并能预防动脉粥样硬化斑块的形成。③增强免疫机能，抗衰老作用。

健康提示：灵芝请置于室内阴凉干燥处，儿童不宜。

3. 名称：党参花茶

材料：党参 2 克，花茶 3 克。

制作方法：①将党参和花茶放入杯中。②冲入开水泡 5 分钟。③反复冲饮至味淡即可。

保健功效：此款党参茶具有补中益气、增强免疫力、扩张血管、生津、降压的保健功效。

健康提示：肝火盛者禁用，邪盛而正不虚者不宜用。

4. 名称：杜仲五味茶

材料：杜仲 2 克，五味子 2 克。

制作方法：①将上述两种材料放置杯中。②冲入沸水，加盖闷 10~15 分钟。③反复冲饮至味淡即可。④也可将两种药材放入锅中，加热煮沸 30 分钟，过滤出茶汤即可饮用。

保健功效：杜仲与五味子配伍而泡制的茶可以很好地起到补肝益肾、滋肾涩精、强筋健骨的良效，适用于治疗肝肾不足的性功能低下，症见腰痛、头晕脑涨、失眠、阳痿、遗精等。此茶温补特别好，老少皆宜，特别对三高人群、亚健康人群和虚胖减肥族等有显著疗效。

健康提示：①因湿热蕴结下焦所致之遗精、腰痛者不宜饮用。②肝火旺盛者慎用杜仲茶，一定要用也得配六味地黄丸同服。

清明喝调节血压茶饮

清明节气，太阳到达黄经 15 度，我国大部分地区的日均气温已升到 12℃以上。此时正是桃花初绽，杨柳泛青，春意盎然的时候。清明一到，气温升高，雨量增多，正是春耕春种的大好时节。故有“清明前后，点瓜种豆”“植树造林，莫过清明”的农谚。同时，清明节是中国最重要的传统节日之一。它不仅是人们祭奠祖先、缅怀先人的节日，也是中华民族认祖归宗的纽带，更是一个远足踏青、亲近自然、催护新生的春季仪式。

清明时节也是需要养生的一个重要时节。一到清明，许多人会出现头痛、眩晕、失眠、健忘等不适症状。这是为什么呢？这是因为血压升高而引起的。在五行中，春属木，与人体肝脏相对应。肝主疏泄，调节全身的气血运行，清明是肝气向外舒展的节气，如果肝气郁结无法向外舒发，人体气血运行便会紊乱，进而诱发高血压等。如果血压反复升高，还会有中风等心脑血管疾病的危险。

预防高血压需要调理肝脏，条畅肝阳。高血压属于“眩晕”的范畴，多因精神紧张，思虑过度，七情五志过极而化火，所以在日常生活中，要保持心情舒畅，要学会制怒，保持心态平和，使肝火熄灭，肝气顺畅。其次，高血压可能由于劳累过度，嗜食肥甘，饮酒过度等因素导致阴阳失去平衡，所以在日常生活中需要进行适量的运动，像散步、太极拳、踏春等。目前，高血压患者除了坚持药物治疗外，经常用中药泡茶饮用也能起到很好的辅助治疗作用，那么下面为大家介绍几种适合在清明时节饮用的茶品。

1. 名称：三宝茶

材料：普洱茶 3 克，菊花 2 朵，罗汉果 1/10 个。

制作方法：①将罗汉果、菊花、普洱茶一起放入杯中。②冲入 100°C 沸水泡 5 分钟。③过滤出茶汤，温饮即可。

保健功效：《本草纲目》中称普洱有清热解毒、消暑生津、消食除腻，通便利水等功效。普洱茶较温和，更适宜老年人饮用。罗汉果为历代朝廷贡品，被誉为“东方神果”“长寿之神果”和“神仙果”，有清热润肺、止咳化痰、润肠通便的功效。因此，包含上述材料的三宝茶具有清上散风，调压调脂的作用。

健康提示：此茶具有清热解毒的作用，不太适合阴虚体质的人群饮用。同时此茶含有菊花，如果对菊花有过敏体质的人饮用此茶，应先饮用少量此茶进行尝试，如果没有问题则可放心饮用。

2. 名称：决明菊花茶

材料：决明子 5 克，野菊花 1~2 克。

制作方法：①将决明子、野菊花放入杯中。②冲入开水冲泡 3 分钟。③温饮即可。

保健功效：决明子与野菊花相配伍，不仅可平肝阳、调血压，对视神经有良好的保护作用，还有抑制葡萄球菌生长及收缩子宫、降压、降血清胆固醇的功效，对防治血管硬化与高血压有显著效果。此茶也适用于目赤涩痛、羞明多泪、头痛眩晕、目暗不明、大便秘结等症。

健康提示：①野菊花的药性较强不适宜多饮用。②决明子可引起腹泻，长期饮用对身体不利。

3. 名称：淡竹叶莲子心茶

材料：淡竹叶 2 克，莲子心 2 克。

制作方法：①将淡竹叶、莲子心入杯中。②冲入开水冲泡 5 分钟。③温饮即可。

保健功效：淡竹叶与莲子心相配伍，不仅能扩张外周血管、降低血压，还可以迅速安定神经、引导精神重振、去除体内燥热、充分补充体力。此茶可治疗心衰、休克、阳痿、心烦、口渴、吐血、遗精、目赤、肿痛等病症。中老年人特别是脑力劳动者经常食用，还可以健脑，增强记忆力，提高工作效率，并能预防老年痴呆的发生。

健康提示：①便秘和脘腹胀闷者不宜饮用。②体虚有寒者、孕妇需慎饮，最好不饮。

谷雨喝调理肠胃茶饮

每年的 4 月 19~21 日，太阳到达黄经 30 度时为谷雨。古籍记载：“三月中，自雨水后，土膏脉动，今又雨其谷于水也。”这时天气温和，降雨增多，空气中的湿度逐渐加大，对谷类作物的生长发育影响很大。同时，谷雨也是春季最后一个节气，谷雨节气的到来意味着寒潮天气基本结束，气温回升加快。

谷雨是一个气候转变较为强烈的时节，此时我们在养生中应遵循自然节气的变化，针对其气候特点进行调养：第一，春天肝木旺盛，脾衰弱，可在谷雨的十五天中，脾却处于旺盛时期，顺应此时的养生原则应多做些体育运动，并可适当进行轻补，但不宜过。第二，谷雨时节肝肾处于衰弱状态中，所以应注意加强对肝肾的保养。第三，脾的旺盛会使得胃强健起来，使消化功能处于旺盛的状态中。

上述三个方面，第三点是重中之重。因为在谷雨前后，人体都会处于脾胃旺盛状态，消化功能旺盛有利于营养的吸收，使身体能够适应下一季节的气候变化，而此时也恰是一个比较“危险”的时候。我们稍微饮食不当，就极易使肠胃受损，导致胃肠疾患乘虚而入。正因如此，这一时期也是肠胃病的易发期，很多医院胃肠科门外长长的患者大队就是最好的证明。

对此，大家可以在谷雨时节通过饮用适当的茶品进行肠胃的调养。当然，喝茶也要适量，否则不但起不到养胃的作用，反而会伤身。下面，就为大家介绍几种能够养胃的茶，让大家在日常生活中就能预防、治疗肠胃病。

1. 名称：参术健脾茶

材料：党参10克，炒麦芽10克，陈皮10克，白术10克。

制作方法：①将上述材料倒入锅中。②加适量水，煮20分钟。③取茶汤，代茶饮用。

保健功效：①参术健脾茶具有益脾健胃和助消化之功效，主治脾虚运化不良、胃脘胀闷，对年老体弱、全身倦怠乏力、面色发白、脾胃气虚、消化力弱、饮食减少、腹胀肠鸣等症状有较好的疗效。②大病初愈时，或慢性衰弱病人，不思饮食，食量减少，身体消瘦，语声低微，四肢无力，可以饮用此茶。

健康提示：党参能够补中益气，与白术同用以补中健脾；麦芽健脾消食，陈皮化湿行气。同时，湿困中焦而脘闷、舌苔厚腻，或舌红津伤而口干烦渴者，均不宜饮用此茶。

2. 名称：陈皮甘草茶

材料：陈皮3克，甘草3克。

制作方法：①将上述材料倒入杯中。②冲入沸水，泡8~10分钟。③代茶饮用。

保健功效：此茶健脾益气，既可用于肺气拥滞、胸膈痞满及脾胃气滞、脘腹胀满等症，又对脾胃虚弱、倦怠乏力、心悸气短、咳嗽痰多、脘腹、四肢挛急疼痛等状有明显效果。

健康提示：①气虚体燥、阴虚燥咳、吐血及内有实热者不适合服用陈皮，所以饮此茶需要谨慎。②长期服用甘草成分会对身体造成不利的影响，饮者在饮用此茶时需注意。

3. 名称：茯苓苏梗茶

材料：茯苓3克，紫苏梗3克，干姜一块。

制作方法：①将上述几种材料放入杯中。②冲入沸水泡10分钟。③饮用时滤掉茶渣即可。

保健功效：此茶具有燥湿运脾、行气消胀、渗湿利水、宁心安神的功效，可治小便不利、水肿胀满、风寒咳嗽、脾胃气滞、痰饮咳逆、呕逆、泄泻、遗精、淋浊、惊悸、健忘等症。

健康提示：①如果饮用者小便过多或者出汗过多不宜长期饮用此茶。②阴虚内热、血热的人不宜饮用此茶。③孕妇亦慎饮此茶。

4. 名称：太子乌梅茶

材料：太子参4克，乌梅1颗，甘草3克，冰糖适量。

制作方法：①将上述几种材料放入杯中。②冲入开水泡10分钟即可。

保健功效：太子参主要用于脾气虚弱、胃阴不足的食少倦怠，气虚津伤的肺虚燥咳及心悸不眠、虚热汗多，能益脾气，养胃阴。其与乌梅、甘草配伍而成的太子乌梅茶，具有补肺健脾、补气生津之功效，尤适用于体虚乏力、食少、肺虚咳嗽、自汗、心悸、口渴等症。

健康提示：①感冒发热，咳嗽多痰，胸膈痞闷之人忌饮。②菌痢、肠炎的初期忌食。③妇女正常月经期以及怀孕妇人产前产后忌食之。

5. 名称：柠檬红茶

材料：柠檬2片，红茶3克，白糖3克。

制作方法：①将红茶放入杯中。冲入开水冲泡，过滤出茶汤。②将柠檬片投入茶汤中，加入白糖调匀即可。③代茶饮用。

保健功效：柠檬与具有提神消疲、生津清热、养胃消炎之功效的红茶配伍，加强了其本身生津止渴的功效，使全茶方具有更好的理气和胃、生津止渴之功效。不仅如此，此款柠檬红茶还具有滋润肌肤、促进血液循环、活化细胞、消炎等功效，也是美容养颜的不错之选。

健康提示：柠檬红茶具有柠檬的清香滋味，健胃整肠帮助消化，颇适合餐后饮用。

春夏之交的养生茶饮

北方有一句很有名的民谚，叫做“春脖子短”。很多时候，在月初的时候人们还需要穿着毛衣毛裤来抵御“倒春寒”，到了月末却可以直接穿上凉快的短袖 T 恤。除此之外，春夏之交的时节一天当中的温度差别也非常大，早晚还是有点凉，而中午却是艳阳高照。多变的天气总是给人们的工作和生活带来非常多的麻烦。

于是，在不少人的印象中，春夏之交便成了麻烦的代名词。然而，这还不是最糟的。更有一些本来体质不错的人一到这个时候便小病不断。这些小病虽然持续的时间并不长，却着实让人讨厌。到底如何做才能在春夏之交拥有一个健康的体魄呢？这就需要我们从自身的实际情况出发，并结合季节的特点与医生的指导意见做出科学的选择。

在春夏之交，随着气温的不断上升，人体的皮肤、肌肉血管的舒张也逐渐由弱转强，血液循环速度也在不断加快，大脑皮质的兴奋度也在逐步增高。这些变化都有利于人体不断地吸收积聚阳气。不恰当的增减衣物及贪饮清凉饮料会破坏人体的正常运行程度，从而导致阳气的损伤，而阳气的损伤又是人们小病不断的重要原因。要想不断地积聚阳气，保持身体健康，我们就需要在此时进行及时的调养。至于调养的方法，我们不妨选择目前最为流行的茶饮养生。只要选择恰当，茶饮一样可以达到清泄暑热的功效。

1. 名称：生地黄糖茶

材料：生地黄、黄砂糖各 5 克，白术 10 克。

制作方法：①将准备好的生地黄和白术放在保温壶中。②向保温壶中倾入 500 毫升沸水，并加盖闷制。③闷制 15 分钟之后，加入黄砂糖，搅拌均匀之后即可饮用。

保健功效：生地黄糖茶具有保肝强心、补气暖胃的功效，适于每天喝上 1~2 壶。

健康提示：①注意生地黄与白术之间的配伍比例。②幼儿不宜饮用此茶。

2. 名称：荷叶甘草茶

材料：鲜荷叶 100 克，甘草 5 克，白糖适量。

制作方法：①将准备好的鲜荷叶洗净切碎。②在锅中放入 1000 毫升清水煮沸备用。③将切碎的荷叶与甘草一起放入锅中，煮十几分钟。④去渣取汁，向茶汁中加入白糖，搅拌均匀之后即可饮用。

保健功效：荷叶甘草茶具有清热解暑、利尿止渴的功效。饮用荷叶甘草茶，我们便可以远离晚春初夏时节的风热感冒、头痛目赤、咽喉肿痛等症状带来的烦恼。

健康提示：①注意鲜荷叶与甘草之间的配伍比例。②幼儿慎用此茶。

3. 名称：黑糖地瓜饮

材料：地瓜（切块）30~50 克，山药 10 片，黑糖 5~10 克，姜汁 5 毫升。

制作方法：①将准备好的地瓜和山药放入碗中。②加入 500~750 毫升的水，放入电蒸锅中。③待地瓜和山药煮熟之后，加入姜汁、黑糖，搅拌均匀即可饮用。

健身功效：黑糖地瓜饮具有益气散寒，强肾健脾的功效。它可以帮助饮用者调理身体，疏通血液循环的通道，缓解身体疲劳。

4. 名称：荸荠茅根茶

材料：鲜荸荠、鲜茅根各 100 克。

制作方法：①将准备好的鲜荸荠与鲜茅根洗净后放入锅中。②在锅中加入 1000 毫升清水，并开火煎煮 20 分钟。③20 分钟之后，去渣取汁，加入白糖搅拌均匀之后，即可饮用。

保健功效：荸荠茅根茶具有清热化痰、生津止渴的功效。

健康提示：①注意荸荠与茅根之间的配伍比例。②荸荠茅根茶尤其适合深受晚春天气导致的呼吸道不适困扰的人士饮用。

第二章 夏季养生茶饮

夏季炎热，饮茶消暑是很多人乐于享受的一种解暑方式。在民间流行这样的一句话：“烫茶伤人，饭后消食，晚茶致不眠，空心茶令人心慌，隔夜茶伤脾胃，过量茶使人消瘦。”正所谓“水能载舟，亦能覆舟”，饮茶必须要讲究科学，特定的时节饮特定的茶，选择正确的泡服方法及饮用量，夏季喝茶既有好处也有禁忌，只有采取正确的饮茶方法才能有益健康。

立夏喝滋养阴液茶饮

每年5月5日或6日是农历的立夏。“斗指东南，维为立夏，万物至此皆长大，故名立夏也。”立夏表示即将告别春天，意味着夏天的开始，立夏时节温度明显升高，炎暑将临，雷雨增多，农作物进入旺季生长的一个重要节气。“立夏不下，犁耙高挂”，“立夏无雨，碓头无米”，这两句广为人知的谚语很好地概括了立夏节气的特点。

由于立夏开始温度逐渐攀升，人们就会觉得烦躁上火，食欲也会有所下降。同时，进入立夏，暑为主气，为火热之气所化，独发于此时。所以此时是人体新陈代谢旺盛的时期，阳气外发，伏阴在内，气血运行也随之相应地旺盛起来，并且活跃于机体表面。为适应这种天气，人体皮肤毛孔开泄，而使汗液排出，通过出汗，以调理体温，适应暑热的气候。但是，汗液流失过多也容易引起人体内阴液的丧失，造成心火上炎，引起口舌生疮等，所以我们此时尤其要注意滋养阴液。

滋养阴液的最主要方法是通过饮食补充，目前比较流行的是饮补，尤其是茶饮。日常生活中，根据自己的情况和喜好，喝上一款滋养阴液的养生茶饮，是立夏保养身心的不二之选。

1. 名称：雪梨百合冰糖饮

材料：雪梨 1 个，百合 10 克，冰糖适量。

制作方法：①将雪梨洗净，连皮取肉切片，百合洗净。②将雪梨与百合一同放入砂锅中，加入适量清水，先以武火煮沸后转小火。③加入冰糖，带冰糖融化后即可。

保健功效：雪梨具有生津润澡、清热化痰、养血生肌的功效，又有降低血压和养阴清热的效果。其与百合配伍而成的雪梨百合冰糖饮，具有滋阴润肺、生津止渴、养颜美容等多种功效，尤其适用于高血压、肝炎、肝硬化患者饮食。

健康提示：①雪梨性寒，一次不宜多食用。②脾胃虚寒、腹部冷痛和血虚者，不可以多饮此茶，多饮易伤脾胃。

2. 名称：增液益阴茶

材料：玉竹 3 克，沙参 2 克，冬麦 2 克，生地黄 2 克。

制作方法：①将以上材料放入杯中。②冲入沸水，泡 10 分钟。代茶饮用。③也可将以上材料放入锅中煮 20 分钟，取茶汤饮用即可。

保健功效：此茶具有清肺胃之热、养阴生津、增液润燥之功效，尤其适用温热病后、体虚不复、口燥咽干、舌红，大便干结、肺结核病潮红、颜红、口干等症。

健康提示：脾胃湿热、口苦、舌苔黄腻者忌用。

3. 名称：五味二冬茶

材料：五味子 3 克，天冬 3 克，冬麦 3 克。

制作方法：①将以上食材放入茶杯中。②冲入沸水，泡 5~10 分钟。③代茶饮用即可。

保健功效：此茶具有滋阴润燥，益气生津、润肺清心等功效，适用于久咳虚喘、梦遗滑精、通尿尿频、心悸失眠等症。

健康提示：由于五味子有升血压的效果，所以高血压患者慎饮此茶，同时孕妇对此茶亦需少饮。

小满喝清利湿热茶饮

“斗指甲为小满，万物长于此少得盈满，麦至此方小满而未全熟，故名也。”这句话是说从小满开始，大麦、冬小麦等夏收作物已经结果，籽粒渐见饱满，但尚未成熟，所以叫小满。小满以后，黄河以南到长江中下游地区开始出现35℃以上的高温天气，每到此时防暑工作就不得不引起人们的重视。

小满节气正值五月下旬，气温明显增高，如若贪凉卧睡必将引发风湿症、湿性皮肤病等疾病。进入小满后，随着气温不断升高，雨水也多，空气中湿度比较大，加之或因外伤暴露，或因贪凉饮冷，或因汗出沾衣，或因涉水淋雨，或因居处潮湿，以至感受湿邪而引发风湿症、湿性皮肤病。中医理论认为，湿为阴邪，易伤人体阳气，其性重浊黏滞，故易阻遏气机，病多缠绵难愈，所以很多皮肤病都难以根治。

在小满节气的养生中，人体作为一个有机的整体，与外界环境是息息相关的，必须掌握其湿热的自然规律，顺应自然界的变化，保持体内外环境的协调，才能达到防病保健的目的。说得再深入些，疾病的发生关系到正气与邪气两个方面的因素。体内正气能够战胜邪气、压制邪气、驱逐邪气，人才能保持健康；体内邪气如果“打败”了正气，人就会表现出相应的病证。由于邪气是导致疾病发生的重要条件，而湿和热又属于大害于人体的邪气，因此，小满时节养生应该从去湿热、增强机体正气和防止病邪的侵害入手。

鉴于上述分析，养生专家推荐我们在此节气时宜科学饮用清利湿热的茶饮。那么，有哪些茶饮具有清利湿热的功效呢？下面我们一起来看一下吧！

1. 名称：茅根茶

材料：白茅根3克。

制作方法：①将白茅根放入杯中。②冲入沸水泡5分钟。③代茶饮用。

保健功效：白茅根为禾本科植物茅草根茎，性味甘寒，具有清热利尿、解暑除燥、生津止渴、润肺和胃等功效。其凉血不留瘀、清热不伤胃、利尿不伤阴、甘润不黏滞的优点，既能缩短凝血时间，又能降低血管通透性，故广泛用于热性失血症。

健康提示：脾胃虚寒、腹泻便溏者忌食。

2. 名称：薄荷竹叶车前茶

材料：薄荷 2 克，竹叶 2 克，车前草适量。

制作方法：①将以上材料放入杯中。②冲入沸水闷泡 5 分钟。③代茶温饮（可去渣再饮用）。

保健功效：此茶清热祛湿，消暑利水，有疏风、散热、消暑、明目、祛痰、解毒的功效。

健康提示：阴虚血燥体质，或汗多表虚者忌饮；脾胃虚寒，腹泻便溏者切忌多饮久饮。

3. 名称：竹叶茅根茶

材料：竹叶 3 克，白茅根 3 克。

制作方法：①将竹叶、白茅根放入杯中。②冲入沸水浸泡 5 分钟。③代茶饮。

保健功效：竹叶能够清热除烦，生津利尿，不仅可用于心火炽盛引起的口舌生疮、尿少而赤，或热淋尿痛（如急性泌尿系统感染），而且能够治热病烦渴、小便短赤、口糜舌疮等。其与白茅根配伍而成的茶饮，具有更好的清热利湿之功效，而且作用平和。

健康提示：由于竹叶与茅根属于去热材质，质寒，所以脾胃虚寒、腹泻便溏者忌食。

4. 名称：安吉白茶

材料：安吉白茶 5 克。

制作方法：①将备好的茶叶拨至杯中。②沿杯边冲入 85℃的开水。③3 分钟后，即可饮用。

保健功效：①保护神经细胞，对脑损伤和老年痴呆症可能有帮助；②能调节脑中神经传达物质的浓度使高血压患者降低血压；③具有消除神经紧张和镇静作用；④提高学习能力与记忆力；⑤改善女性经期综合征；⑥增强抗癌药物的疗效；⑦减肥、护肝的作用。

健康提示：此茶孕妇及神经衰弱者需慎饮。

5. 名称：绿豆薏仁茶

材料：绿豆 30 克，薏仁 30 克，水 1500 毫升，冰糖适量。

制作方法：①提前将绿豆、薏仁用清水浸泡3~5小时，然后洗净，沥干水分备用。②取一干净的锅，置于火上，加入1500毫升的清水，再将泡好的薏仁、绿豆放入锅中，以大火煮至沸腾后，转小火煮至熟透，滤出原料，留取汤汁。③最后加入适量冰糖，搅拌均匀后，温饮即可。夏季放入冰箱，经过冰镇后口感更佳。

保健功效：这道“绿豆薏仁茶”集减肥、美白、消暑于一身，有很好的清热解毒、利尿消肿之功效，尤其适于水肿型肥胖者。

健康提示：孕妇及体质虚寒者慎服此茶。

芒种喝清热降火茶饮

芒种，是农作物成熟的意思，为二十四节气中的第九个节气。有这样一句谚语：“芒种夏至天，走路要人牵；牵的要人拉，拉的要人推。”短短几句话，反映了芒种时人们的通病——懒散。其原因是芒种节气气温升高，空气中的湿度增加，体内的汗液无法通畅地发散出来，湿热弥漫空气，人身之所及，呼吸之所受，均不离湿热之气。

中医还指出，芒种时节，人体阳气将逐渐上升至最高点，同时，体内的新陈代谢也将达到最高峰，脏腑对气血津液等营养物质的需求也将最大。如果此时不注意体内的气血运行，或经络不畅，脏腑的营养物质供给不周，代谢产物排出不顺，火热之邪就会乘虚而入，导致人体阴阳失衡，使人睡眠不安或不足、困倦劳乏之态，血虚者甚至会出现心动过速等。

所以，芒种时节选择清热降火的茶饮是保健养生的主要途径之一。对此，我们接下来就为大家推荐几款制作简单而功效显著的清热降火茶饮，以帮助大家度一个健康轻松的芒种节气。

1. 名称：白菊麦冬茶

材料：白菊花3朵，麦冬3克，蜂蜜适量。

制作方法：①将白菊花、麦冬一同放入杯中。②冲入沸水泡5分钟。③待温后加入蜂蜜调匀，当茶饮用即可。

保健功效：此茶能够养阴生津，清热醒脑，润肺止咳，可用于肺胃阴虚之津少口渴、干咳咯血；心阴不足之心悸易惊及热病后期热伤津液等症。夏季没有精神、心烦失眠或肠燥便秘，均适宜饮用此茶。

健康提示：冬麦是一种很好的中药材，配沙参、川贝可治肺阴虚干咳，一般是加水煎服。

2. 名称：银花茶

材料：金银花 3 克，菊花 2 克，胖大海 1 个。

制作方法：①将金银花、菊花、胖大海一同放入杯中。②用沸水冲泡，待胖大海张开后。③代茶饮即可。

保健功效：①抗炎解毒作用，对痈肿疔疮、肠痈肺痈有较强的散痈消肿、清热解毒、消炎作用；②疏热散邪作用，对外感风热或温病初起，身热头痛、心烦少寐、神昏舌绛、咽干口燥等有一定作用；③凉血止痢作用，对热毒痢疾、下痢脓血、湿温阻喉、咽喉肿痛等有解毒止痢凉血利咽之效。

健康提示：经常饮用胖大海会产生大便稀薄、胸闷等副作用，故此茶不宜久饮。

3. 名称：君山银针茶

材料：君山银针 5 克。

制作方法：①将 90°C 开水冲入杯中，至杯的三分满。②将备好的茶叶投至杯中。③再次向杯中冲入水，至杯的七分满。④3 分钟后，茶叶在水中上下飘动，慢慢伸展开，观赏“茶舞”。⑤欣赏完茶舞，即可慢慢品饮茶汤。

保健功效：此茶既具有杀菌、消炎等功效，又具有兴奋解倦、益思少睡、消食祛痰、解毒止渴、利尿明目等疗效。

健康提示：体质虚弱者不宜饮用君山银针。

4. 名称：山楂蜜银茶

材料：山楂 3 克，金银花 2 克，蜂蜜适量。

制作方法：①将金银花、山楂放入杯中。②冲入沸水泡 5 分钟。③加入蜂蜜搅匀即可。

保健功效：此茶具有清热解毒、清凉解表、润茶轻身之功效，也常用于治疗风热感冒。

健康提示：体质寒凉、胃肠不好的人尽量少喝，且同一剂茶不宜冲泡次数过多。

夏至喝退热降火茶饮

夏至，每年的6月21日或22日，为夏至日。夏至这天，太阳直射地面的位置到达地球的最北端，几乎直射北回归线，北半球的白昼延长，且越往北越长。“不过夏至不热”“夏至三庚数头伏”，天文学上规定夏至为北半球夏季开始，但是地表接收的太阳辐射热仍比地面反辐射放出的热量多，气温继续升高。虽然夏至日不是一年中天气最热的时节，但不断地升温亦主导了这个节气的走向。

由于夏至后便是三伏天，即一年之中最炎热的时期。所以，夏至节气的炎热天气对人体的消耗也是较大的，因为吃不好、睡不实，受到炎热的煎熬，因此有人称之为枯夏。人在此后很容易发生中暑、生病的情况。也正因如此，旧时在这时多驱鬼以求安，而且还讲究中午歇晌，讲究吃补食。

对此，夏至节气养生要非常讲究。从养生学角度看，夏至多饮些退热降火的健康茶，可以轻松而有效地应对气候带给人体的不良影响。在诸多退热降火类茶饮中，冬瓜皮茶、薄荷茶、茅根清热茶和金钱黄柏茶都是不错的选择。

1. 名称：冬瓜皮茶

材料：冬瓜皮3克，干姜1克。

制作方法：①将冬瓜皮、干姜一同放入杯中。②冲入沸水泡10分钟。③汤代茶饮。

保健功效：清热利水，消暑生津。夏天气候炎热，心烦气躁，闷热不舒服时宜食；热病口干烦渴，小便不利者宜食。

健康提示：因营养不良而致虚肿慎服。

2. 名称：薄荷绿茶茶

材料：薄荷2克，绿茶3克，冰糖适量。

制作方法：①将薄荷、绿茶一同放入杯中。②冲入沸水泡3分钟。③滤除叶渣，加冰糖调味即可。

保健功效：本方清热消暑之功效，可以刺激食物在消化道内的运动，帮助消化，尤其适合肠胃不适或是吃了太过油腻的食物后饮用；同时还适宜头痛目赤、咽喉肿痛、口疮口臭、牙龈肿疼、风热瘙痒者。

健康提示：不可大量饮用薄荷茶，以免引起不良反应。

3. 名称：茅根清热茶

材料：白茅根 3 克，灯芯草 3 克，绿茶 3 克。

制作方法：①将以上材料放入杯中。②用沸水冲泡 5 分钟。代茶饮用即可。

保健功效：白茅根与性寒味甘的灯芯草配伍，再加上清心降火的绿茶，具有更好的清热、利尿、通淋之功效，尤其适用于泌尿系统炎症和呼吸道疾病等。

健康提示：脾胃虚寒，溲多不渴者忌服。

4. 名称：金钱黄柏茶

材料：金钱草 2 克，炒黄柏 2 克。

制作方法：①将金钱草、炒黄柏放入杯中。②冲入沸水，泡 10 分钟，即可饮用。

保健功效：金钱草成分可以利水通淋，清热解毒，散瘀消肿，主治肝胆及泌尿系结石、热淋、肾炎水肿、湿热黄疸。炒黄柏有清热燥湿、泻火除蒸、解毒疗疮的作用。两者相配伍，具有更好的清热泻火、燥湿利尿之功效。

健康提示：炒黄柏宜置于通风干燥处，务必防潮，否则功效大受影响。

小暑喝裨益消化茶饮

“夏满芒夏暑相连”。过了夏至，就是相连的两个叫“暑”的节气了。俗话说，“小暑接大暑，热得无处躲”“小暑大暑，上蒸下煮”，均说明了这一时期的热。时至小暑（每年的 7 月 7 日左右），很多地区的平均气温已接近 30℃，时有热浪袭人之感，常有暴雨倾盆而下，所以防洪防涝显得尤为重要。农谚就有“大暑小暑，灌死老鼠”之说。

此时正是进入伏天的开始，按照中医理论，小暑是消化道疾病多发时节，保健养生重在清热祛暑，健脾化湿，促进消化。

下面，就为大家推荐几款具有上述保健功效的茶饮，助大家过一个快乐无忧的小暑。

1. 名称：消食茶

材料：焦山楂 12 克，焦麦芽 15 克。

制作方法：①将山楂、炒麦芽放入杯中。②冲入开水泡 5 分钟。③取汁代茶饮。

保健功效：消食茶具有消食化滞之功效，尤其对摄入肉类或油腻过多所致的食滞有非常好的疗效。

健康提示：山楂含有大量的山楂酸、柠檬酸和苹果酸等成分，食之过多或吃的时间过长，有腐蚀牙齿之弊，用之不宜过量。

2. 名称：萝卜蜂蜜茶

材料：白萝卜 1/2 根，花茶 5 克，蜂蜜适量。

制作方法：①将白萝卜去皮洗干净，切块放入锅中煮 20 分钟，过滤出萝卜汤。②将花茶冲泡成浓茶，过滤出茶汤。③然后加入白萝卜汁、蜂蜜，调匀即可饮用。

保健功效：此茶不仅具有健脾益气、助消化之功效，而且还有清热生津、凉血止血、化痰止咳等作用。

健康提示：体弱屡易感冒咳嗽，久治不愈或反复迁延的婴儿，可试用。但风热咳嗽，见发热痰黄者，则不宜选用此茶。

3. 名称：薄荷茶

材料：干薄荷 3 克，冰糖少许。

制作方法：①将薄荷放入杯中。②冲入开水泡三分钟。③放入冰糖调匀，即可饮用。

保健功效：此茶可清热解暑，健胃助消化，祛风邪，治头痛。

健康提示：不适合长期使用，孕妇更要避免使用。因为会减少产妇乳汁的分泌量，具有刺激性，不可给产妇、幼儿使用。

4. 名称：清暑花茶

材料：野菊花 2 朵，茉莉花 3 朵。

制作方法：①将野菊花、茉莉花一同放入杯中。②冲入适量的沸水，盖闷片刻。③代茶饮用。

保健功效：此茶具有清暑解热、芳香开窍的功效。

健康提示：野菊花因性微寒，常人长期服用或用量过大，可伤脾胃阳气，要慎饮。

大暑喝预防中暑茶饮

大暑，顾名思义，相对小暑更加炎热。正如人们常说“热在三伏”，大暑一般处在三伏里的中伏阶段。这时在我国大部分地区都处在一年中最热的阶段，而且全国各地温差也不大。其气候特征主要表现为：“斗指丙为大暑，斯时天气甚烈于小暑，故名曰大暑。”

由于大暑气候炎热，酷暑多雨，暑湿之气容易乘虚而入，且暑气逼人，心气易于亏耗，尤其老人、儿童、体虚气弱者往往难以将养，而导致疰夏、中暑等病。如果当你出现全身明显乏力、头昏、心悸、胸闷、注意力不集中、大量出汗、四肢麻木、口渴、恶心等症状时，多为中暑先兆。

所以，此时防暑降温工作不容忽视。对此，我们可常饮一些芳香化浊、清解湿热之茶饮。接下来，我们一起看看都有哪些适合在大暑节气防暑降温的茶品吧。

1. 名称：乌梅凉茶

材料：乌梅1颗，绿茶3克。

制作方法：①将乌梅、绿茶一同放入杯中。②用开水冲泡5分钟，过滤出茶汤。③温饮即可。

保健功效：清凉解暑，生津止渴。

健康提示：感冒发热，咳嗽多痰，胸膈痞闷之人忌饮；菌痢、肠炎的初期忌饮。妇女正常月经期以及怀孕妇人产前产后忌饮之。

2. 名称：白牡丹茶

材料：白牡丹5克。

制作方法：①将备好的白牡丹茶叶，用茶匙拨至杯中。②将95℃水冲入杯中。③5分钟后，一杯清新香甜的白牡丹茶就泡制好了。④稍温后即可品饮。可以反复冲泡3~5次。

保健功效：此茶具有退热降火、提神醒脑、镇静降压之功效，饮用后令人精神愉悦、心旷神怡。

健康提示：饮用此茶，不宜太浓，一般150毫升的杯子，只要5克茶叶就够了，第一次冲泡时间约为5分钟，经滤过倒入茶盅即可饮用。第二次冲泡3分钟即可。一般一杯此茶可冲泡4~5次。

3. 名称：柠檬茶

材料：柠檬1个，冰糖适量。

制作方法：①将干净柠檬切薄片，取2片备用。②在杯中放入柠檬片、冰糖，冲入开水。③温饮即可。

保健功效：此茶具有健胃理气、生津止渴、祛暑清热、安胎、疏滞、化痰、止咳、健脾、止痛、杀菌等功能。

健康提示：①由于柠檬富含果酸，经期不要喝，以免腹痛。②痰多、伤风感冒、胃寒气滞、腹部胀满者不易食用。

夏秋之交的养生茶饮

俗语说："一天有四季，十里不同天。"过渡时节是最难把握的。夏秋之交便是这样一个难以准确把握的时节。此时，大暑已过，立秋未来，天气中虽然已经透出隐隐的凉意，但是中午还是热得让人难受。这可愁坏了爱美的小姑娘们。若是穿漂亮的裙装，早晚会觉得寒意森森；若是穿上休闲的长袖T恤，中午又会汗流浃背。关于如何穿才得体便成为夏秋之交一个非常鲜明的特点。

除了难以选择穿衣之外，夏秋之交还是肠胃疾病最易复发的时节。虽说夏季是我们自身阳气增长最快的季节，但是它所带来的阵阵热浪也为我们带来了一些困扰。为了抵御热浪的侵袭，我们常常会选择食用一些清凉降温的食物和饮料。这样，经过了一夏天的消耗，肠胃的消化功能就会有所下降。而当秋天的凉意来到时，我们往往又会从盛夏时的厌食变得暴饮暴食。这样，肠胃不仅没有得到充分的休息，反而加重了负担。此外，天气、情绪等种种因素都会对人体造成非常大的影响。所以，我们的肠胃就很容易出现问题。

如何才能使自己顺利地度过夏秋之交，减少生病的概率呢？这时，我们不妨选择拥有"万药之药"美誉的茶来帮助我们达到养生的目标。下面便是几种常见的夏秋之交的养生茶饮。

1. 名称：扁豆茶

材料：脱皮白扁豆 30 克（鲜品 60 克）。

制作方法：①将准备好的扁豆放入锅中。②锅中加入适量清水，并开始加热。③待豆煮烂的时候，取豆汁饮用。

健身功效：扁豆茶具有健脾和中、消暑化湿的功效。它可以帮助我们远离夏秋之交极易出现的湿泻证、头晕目眩、面黄体倦等症状带来的烦恼。

健康提示：脾胃不健的人士最适于饮用此茶。

2. 名称：牛筋草茶

材料：鲜牛筋草 50~100 克。

制作方法：①将准备好的鲜牛筋草洗净，放入锅中。②锅中加入适量清水，并开始加热。③煎煮 10~15 分钟之后，去渣取汁，即可饮用。

保健功效：牛筋草茶具有清热解毒的功效。

健康提示：牛筋草茶最适于用来预防发生在夏秋之交的乙脑。

3. 名称：白兰花茶

材料：白兰花 15 克，蜂蜜适量。

制作方法：①将准备好的白兰花研末备用。②取 2 茶匙白兰花末放入杯中。③杯中注入适量温开水。④静置片刻，随后加入蜂蜜，调匀之后即可饮用。

保健功效：白兰花茶具有利尿化浊、化痰止咳的功效。

健康提示：白兰花茶是在夏秋之交遭逢慢性支气管炎及虚劳久咳人士的上佳之选。

4. 名称：香薷饮

材料：香薷 10 克，剪碎的厚朴 5 克，炒黄捣碎的白扁豆 5 克。

制作方法：①将准备好的香薷、厚朴与白扁豆放入茶杯中。②注入适量的沸水。③加盖闷制 1 小时之后，即可开盖饮用。

保健功效：香薷饮具有化湿解暑、发表的功效。

健康提示：香薷饮最适于用来防治长夏暑湿感冒、空调病等。

第三章 秋季养生茶饮

待暑期渐渐散去，秋季为人们带来丝丝的凉意。俗话说“一场秋雨一场寒”，总是待入深秋，人们才意识到秋天已到。不过，秋季的养生却不可等到秋意正浓时才进行。由于秋季是丰收的季节，也是茶叶上市的时节，所以人们在秋季总会经常地泡制一杯茶，在解秋燥的同时也品味着秋茶的浓意。其实，饮茶在秋季养生中更是扮演着重要的角色。学会正确饮茶，秋季人体的保养便已经成功了一大步。

立秋喝养胃润肺茶饮

大暑之后，时序到了立秋。立秋是肃杀的季节，预示着秋天的到来。有谚语说：“立秋之日凉风至”，即立秋是凉爽季节的开始。从其气候特点看，立秋由于盛夏余热未消，秋阳肆虐，特别是在立秋前后，很多地区仍处于炎热之中。

一方面，立秋以后气温由热转凉，人体的消耗也逐渐减少，食欲开始增加。因此，可根据秋季的特点来科学地摄取营养和调整饮食，以补充夏季的消耗，并为越冬做准备。由于秋季气候干燥，夜晚虽然凉爽，但白天气候仍较高，所以根据“燥则润之”的原则，应以养阴清热、润燥止渴、清新安神为主。

另一方面，立秋过后，因为肺与秋季相应，而秋季干燥，气燥伤肺，容易产生疾病，尤其需要润燥、养阴、润肺。而此时，肝脏、心脏及脾胃也还处于衰弱阶段。因此，立秋过后要加强调养肺脏和脾胃，使肺气不要过偏、脾胃不要过弱，以免影响机体健康。

总体来讲，立秋养生务必要注意祛暑滋阴、清热润燥、润肺养胃的保健工作。对此，我们接下来为大家推荐几款在这几方面效果不错的保健茶饮。

1. 名称：陈皮茶

材料：陈皮 3 克，白糖适量。

制作方法：①将陈皮放入杯中。②倒入沸水，盖上杯盖泡 5 分钟。③加入白糖搅匀即可代茶饮用。

保健功效：陈皮加白糖泡茶，健脾理气，化痰止咳，主治脾胃气滞之脘腹胀满或疼痛、消化不良、湿浊阻中之胸闷腹胀、纳呆便溏、痰湿壅肺之咳嗽气喘，适宜消化不良、食欲不振、咳嗽多痰之人饮用，也适宜预防高血压、心肌梗死、脂肪肝之人、急性乳腺炎者饮用。

健康提示：气虚体燥、阴虚燥咳、吐血及内有实热者慎服。

2. 名称：杏梨茶

材料：苦杏仁 3 克，鸭梨 1 个，冰糖少许。

制作方法：①将鸭梨去核后，切成小块。②将苦杏仁、鸭梨一同放入锅中，加适量清水炖煮。③煮熟后加入冰糖调味即可。

保健功效：苦杏仁与鸭梨搭配而成的茶饮，不仅能够改善肠部运动缓慢、调节人体血压、裨益视力，更具有润肺平喘、止咳化痰、生津润燥、清热化痰之功效，是秋季难得的养胃润肺茶饮。

健康提示：一般人群均可饮用，产妇、幼儿、病人，特别是糖尿病患者，慎饮。

3. 名称：天冬萝卜饮

材料：天冬 10 克，白萝卜 1 个。

制作方法：①将白萝卜去皮洗净、切碎。②将天冬、白萝卜一同放入锅中煮 30 分钟。③去渣饮用即可。

保健功效：润肺止咳，消食健脾。此茶的主要成分天冬能够养阴清热，治疗阴虚内热、津少口渴、肺燥干咳、痰稠难咯等病症；能够润肺滋肾，治疗肺肾阴虚、虚劳潮热；具有升高血细胞、增强网状内皮系统吞噬功能和延长抗体存在时间的作用；能使肌肤艳丽，保持青春活力。

健康提示：肺肾阴虚火旺者适宜饮用此茶，此茶亦可以熬制成汤进行饮用。

4. 名称：黄精枸杞茶

材料：黄精 2 克，枸杞 3 克。

制作方法：①将黄精、枸杞放入杯中。②倒入开水冲泡。③代茶饮即可。

保健功效：补中，养肝，滋肾，润肺。此茶中的黄精具有补气养阴、健脾、润肺、益肾功能，能够用于治疗脾胃虚弱、体倦乏力、口干食少、肺虚燥咳、精血不足、内热消渴等症，对于糖尿病很有疗效。枸杞成分可以滋补肝肾，益精明目，用于虚劳精亏、腰膝酸痛、眩晕耳鸣、内热消渴、血虚萎黄、目昏不明。

健康提示：中寒泄泻，痰湿痞满气滞者忌服此茶。

处暑喝清热安神茶饮

每年的8月23日前后（8月22~24日），太阳到达黄经150度时是二十四节气的处暑。处暑是反映气温变化的一个节气。“处”含有躲藏、终止意思，“处暑”表示炎热暑天结束了。处暑的到来，意味着我国许多地区将陆续开始了夏季向秋季的转换。时至此节气，才算实现了忍受多日酷暑煎熬的人们对秋天的期盼。

处暑之后，天气往往炎热程度减弱，我们早晚会感到秋天的凉意。不过，此时天气还未出现真正意义上的秋凉，有时晴天下午的炎热甚至不亚于盛夏，难怪有人称之为“秋老虎，毒如虎”。处暑时节人体的肺经削弱、肺燥明显，容易出现咳嗽、便秘、支气管炎等症状，有慢性哮喘或肺部肿瘤的病人症状尤其明显。此时宜食清热安神之品，每天早上喝点盐水、晚上喝点蜜水，既可补充人体水分，又可防便秘。

同时，由于在炎热的夏季，人的皮肤温度和体温升高，由于大量出汗使水盐代谢失调，胃肠功能减弱，心血管和神经系统负担增加，再加上得不到充足的睡眠和舒适的环境调节，人体过度消耗了能量，进入处暑后虽然人体出汗减少，体热的产生和散发以及水盐代谢也逐渐恢复到原有的平衡状态。由此人体进入一个生理休整阶段，身体就会出现各种不适，一些潜伏在夏季的症状就会出现，机体也产生一种莫名的疲惫感。对此，我们可以选择滋阴润燥、清热安神之品，特别是在中午、下午时间冲泡些茶饮来清热安神，非常裨益保健养生。

那么，哪些茶饮是此时比较适合的选择呢？下面，我们一一为大家推荐并详细介绍一下。

1. 名称：百合花冰糖茶

材料：百合花 3 克，冰糖适量。

制作方法：①将百合花与冰糖一起放入杯中。②冲入沸水泡约 5 分钟。③即可饮用。

保健功效：①宁心安神，能够有效治疗记忆力减退、失眠多梦、头晕目眩、眼睛发黑甚至癔症。②清心除烦，有些人心阴虚，精神差，经常出现心跳、惊慌、心烦、舌质发红、心神不安，此茶具有宁心的功能，食之可以缓解症状。③补中益气，有些人神气不足，言语低沉，呼吸微弱，舌干口苦，食欲不振，经常处于萎靡状态，这是中气不足的表现，如果多饮此茶，能缓解以上症状。④补阴退热，有的妇女常伴低温发烧症状，实属阴虚，饮用此茶可补阴并有消炎作用。⑤润肤防衰，百合中含有一定的润肤成分，所以多饮此茶的人皮肤不干燥，脸上皱纹少。⑥润肠通便，百合柔滑，有通肠之功，有便秘的患者，常饮此茶可不药而通，尤其是燥症，效果更佳。⑦化痰止渴，百合具有清肺的功能，故能治疗发热咳嗽，或加强肺的呼吸功能，因此此茶又能治肺结核。

健康提示：此茶孕妇禁用；脾胃虚寒、腹泻的人不宜饮用。

2. 名称：灯芯竹叶茶

材料：灯芯草 3 克，竹叶 3 克。

制作方法：①将灯芯草、竹叶置于杯中。②冲入开水，泡 10 分钟。③代茶饮用。

保健功效：清火利湿，除烦安神。其中，灯芯草性微寒，味甘、淡，有清心火、利小便的功效，多用于心烦失眠、尿少涩痛、口舌生疮等症。竹叶在我国拥有悠久的食用和药用历史，是国家认可并批准的药食两用的天然植物之一，有清热除烦、生津利尿的功效。二者搭配使用能够很好地起到清热、安神的作用。

健康提示：虚寒者慎饮，中寒小便不禁者勿饮，气虚小便不禁者勿饮。

3. 名称：枸杞百地茶

材料：枸杞 3 克，干百合 2 克，生地黄 2 克。

制作方法：①将以上三种材料加水同煮。②去渣取汁。③代茶饮即可。

保健功效：养阴清热，补虚安神。

健康提示：不是所有的人都适合饮用，由于枸杞温热身体的效果相当强，因此正在感冒发烧、身体有炎症、腹泻的病人、高血压患者最好别饮此茶。切记不可用熟地黄配制此茶。

4. 名称：菩提叶茶

材料：菩提叶 5 克。

制作方法：①将菩提叶置于杯中。②冲入沸水泡 8 分钟。代茶饮用。

保健功效：①对肌肤有软化与紧实的功能，能使皱纹不易生成，可以防止皮肤老化、可以消除黑斑。②可以减轻感冒、缓解神经紧张和焦虑，对神经衰弱、慢性失眠、防止动脉硬化具有疗效，同时具有降血压及降血脂的功效。③帮助消化及消除水肿，具镇定作用，对于失眠及头痛有很好的疗效。④可排除体内毒素，有瘦身效果，可减轻关节痛、肌肉酸痛等症。

健康提示：此茶在平时饮用可缓解精神紧张，安定情绪，情绪激动的高血压人及中年人建议多饮用，可随时安定情绪，改善健康。使用上无特殊禁忌，是大众皆可饮用的花茶。

白露喝滋阴益气茶饮

白露是处暑后面的节气，此时气温开始下降，天气转凉，早晨草木上有了露水。每年公历的 9 月 7 日前后是白露。我国古代将白露分为三候："一候鸿雁来；二候玄鸟归；三候群鸟养羞。"说此节气正是鸿雁与燕子等候鸟南飞避寒，百鸟开始贮存干果粮食以备过冬。可见白露实际上是天气转凉的象征。

"白露秋分夜，一夜冷一夜"，白露时节，暑气已消，虽然有时白天还较热，但夜间往往已凉意袭人，有一条谚语说"白露身勿露，免得着凉与泻肚"，就是提醒大家做好自我保健。

由于此时气候干燥，以预防秋燥为主，应适当多摄入一些富含维生素和润肺化痰润燥、滋阴益气的食物及茶饮。食物方面可考虑芋头、山药、百合、莲子、鸽子、鸭子、梨、栗子、柚子、甘蔗、葡萄、罗汉果等。茶饮方面则可以百合蜂蜜饮、银耳红枣茶、二子延年茶、天麦冬茶等为主。

1. 名称：百合蜂蜜饮

材料：干百合 3~5 克，蜂蜜适量。

制作方法：①将百合放入杯中。②冲入开水泡 10 分钟。③温服时，加入蜂蜜调匀即可。

保健功效：养阴，清心，安神。百合味甘、微苦，性微寒，有润肺止咳、清心安神作用。

健康提示：因为此茶性寒黏腻，所以脾胃虚寒、湿浊内阻者不宜多饮。

2. 名称：银耳红枣茶

材料：：银耳 30 克，红枣 10 枚，冰糖适量。

制作方法：将银耳、红枣和冰糖一起用水煎煮，即可饮用。

保健功效：此茶具有清心明目、滋阴养肾、止咳润肺、健脑益智的功效，对精神疲乏、心慌失眠、视物昏花、频频干咳气急、肌肤干燥不润等症有明显效果。

健康提示：银耳药性作用较慢，需长久食用方可见效。

3. 名称：二子延年茶

材料：枸杞子、五味子各 3 克，冰糖适量。

制作方法：①将枸杞子、五味子放入杯中。②冰糖适量，用开水冲泡。③代茶饮即可。

保健功效：补虚滋阴，补肾益肝，敛肺明目，固精止汗，补虚抗衰，延年益寿。

健康提示：枸杞一般不宜和秉性温热的补品如桂圆、红参、大枣等共同食用。

4. 名称：天麦冬茶

材料：天门冬 3 克，麦门冬 3 克。

制作方法：①将天门冬、麦门冬一起放入杯中。②冲入沸水浸泡 10 分钟。③代茶饮，每日一剂。

保健功效：天门冬为百合科植物天门冬的根块，麦门冬为百合科植物沿阶草的块根，二者配伍入茶，既能滋肺阴、润肺燥、清肺热，又可养胃阴、清胃热、生津止渴，是秋季养阴润肺止咳的疗效茶饮。同时，此茶还可以增液润肠以通便，是排便不畅者的佳选之一。

健康提示：湿痰或风寒咳嗽者忌用。

秋分喝调养脾胃茶饮

“斗指已为秋分，南北两半球昼夜均分，又适当秋之半，故名也。”太阳黄经为180度，阳历时间为每年的九月二十二至二十四日。按旧历说，秋分刚好是秋季九十天的中分点。正如春分一样，阳光几乎直射赤道，昼夜时间的长短再次相等，可以说秋分是一个相当特殊的日子。从这一天起，阳光直射的位置继续由赤道向南半球推移，北半球开始昼短夜长。中医讲究“天人合一”，养生防病要根据季节变化做出相应的调整。那么，就让我们来看看，秋分到来之际养生该注意些什么。

四季的季节特点是春生、夏长、秋收、冬藏，秋季是一个“阳消阴长”的过渡阶段，尤其在秋分以后，秋主收的特点更为明显，阳气、阴津等都要进入收藏、收敛的状态，为冬季做准备。精神调养最主要的是培养乐观情绪，保持神志安宁，避肃杀之气，收敛神气，适应秋天平容之气。体质调养可选择登高观景之习俗，登高远眺，释放内心的情绪。调节饮食应以清润、温润为主，以润肺生津、养阴清燥。但同时注意不要过补，否则会给肠胃造成负担，以致胃肠功能失调。

这就需要我们在平日的饮食搭配上应根据食物的性质和作用合理调配，做到因时、因地、因人、因病之不同辨证用膳，以避免机体早衰、保证机体正气旺盛。接下来便为大家介绍几种适合在秋分时节饮用，用来调节脾胃的茶饮。

1. 名称：甘松茶

材料：甘松2克，陈皮3克。

制作方法：①将陈皮、甘松一起放入杯中。②冲入沸水，盖好杯盖，泡10分钟即可。③代茶饮即可。

保健功效：甘松可解除平滑肌痉挛，对中枢神经有镇静作用，并有抗心律不齐作用；其与醒脾健胃的陈皮配伍入茶，共奏理气解郁止痛之效，尤其适用于治疗胃神经痛、胃痉挛等脾胃气滞者。

健康提示：胃肠实热舌红口干者忌饮此茶。

2. 名称：参芪薏仁茶

材料：党参2克，黄芪2克，薏仁2克，生姜2克，大枣2枚。

制作方法：①将以上材料一同放入茶杯中。②冲入沸水，加盖泡约10分钟。③去渣后代茶饮用。

保健功效：补中益气，健脾除湿。此茶尤适用于慢性肠炎属脾虚有湿者；饮食减少、神疲乏力、大便溏薄、甚或泄泻、脱肛者；亦可用于营养性水肿属脾虚有湿者。

健康提示：湿热泄泻者不宜饮用此茶。

3. 名称：大红袍

材料：大红袍3克。

制作方法：①将茶叶放入茶杯中。②冲入95~100°C的开水，冲泡大红袍。③3分钟后，过滤出汤茶。④即可品饮。可反复冲7~8泡。

保健功效：提神益思，消除疲劳、生津利尿、解热防暑、杀菌消炎、解毒防病、消食去腻、减肥健美；防癌症、降血脂、瘦身、抗衰老；改善皮肤过敏、防龋、健胃整肠助消化、降血糖、降血压的作用。

健康提示：大红袍偏温性，大多人都可以喝，不过神经衰弱、体质偏热者，少饮此茶。

寒露喝强身健体茶饮

寒露是农历二十四节气中的第17个节气，在每年的公历10月8日前后，寒露当天太阳达到黄经195度。它是一个反映气候变化特征的节气，“寒”是指寒冷。从字面意思可以看出这时的天气明显变得寒冷了，与白露节气时相比气温下降了很多，地面上的温度也更低了，很可能成为冻露。民谚有“露水先白而后寒”之说，其意为经过白露节气后，露水从初秋泛着一丝凉意转为深秋透着几分寒冷的“白露欲霜”。从露色洁白晶莹的露气寒冷欲凝，生动地反映出气温的不断下降。随着寒气增长，万物也逐渐萧索，这是热与冷交替的季节。

寒露是热与冷交替的季节的开始，在这段时间里，我们应该注意什么呢？

中医学在四时养生中强调“春夏养阳，秋冬养阴”。因此，寒露时节必须注意保养体内之阳气。当气候变冷时，正是人体阳气收敛，阴精潜藏于内之时，故应以保养阴精为主，也就是说，秋露时节养生不能离开“养收”

这一原则。

同时，寒露时节燥邪之气易侵犯人体而耗伤肺之阴精，如果调养不当，人体会出现咽干、鼻燥、皮肤干燥等一系列的秋燥症状。因此暮秋时节的饮食调养应以滋阴润燥（肺）、强身健体为宜。

为了顺应寒露时节的节气，我们专门为大家推荐几款针对此时的强身健体茶饮。

1. 名称：枸杞决明茶

材料：枸杞子 3 克，决明子 3 克。

制作方法：①将枸杞子和决明子一并放入杯中。②冲入沸水，约 10 分钟即可。代茶饮。

保健功效：此茶具有补肝益肾、清热明目等功效，适用于肝肾亏虚所引起的头昏眼花、眼干涩痛、肝虚泪下、不耐久视、眼前黑花飞舞、视瞻昏渺、青盲及阴虚劳咳等症，而且还可以润肠通便。

健康提示：①此茶一般人都可适用，每日可分次酌饮频服约 300 毫升，体力透支、虚劳疲累、熬夜者更适宜饮用，但消化不良，慢性腹泻者不宜长期饮用。②上班族可以用 3~4 倍剂量（决明子 15~20 克，枸杞子 15~20 克），一次煮好一日之用量，装瓶分次服用。

2. 名称：桑葚冰糖饮

材料：桑葚 3 克，冰糖适量。

制作方法：①将桑葚放入杯中。②用沸水泡 7 分钟。③加入冰糖，调匀即可。

保健功效：桑葚含有丰富的营养成分，特别是含有众多的胡萝卜素，具有补肝、益肾、熄风、滋液的功效，与冰糖组成糖饮具有补肝、益肾、熄风、生津之功效，适用于肝肾阴亏、目暗、耳鸣等病症。

健康提示：①因桑葚中含有溶血性过敏物质及透明质酸，过量食用后容易发生溶血性肠炎。②少年儿童不宜多吃桑葚，因为桑葚内含有较多的胰蛋白酶抑制物——鞣酸，会影响少年儿童对铁、钙、锌等物质的吸收。③脾虚便溏者亦不宜吃桑葚，饮此茶。④桑葚含糖量高，糖尿病人应忌饮食。

3. 名称：五味子红枣茶

材料：五味子 3 克，红枣 1 枚，冰糖适量。

制作方法：①将五味子、红枣放入杯中。②冲入沸水，泡 10~15 分钟。③代茶饮用。

保健功效：五味子与红枣配伍入茶，具有补养肝肾、益气生津之功效，适用于肝硬化转氨酶增高患者食用。

健康提示：湿热内蕴、外感发热者不宜饮用此茶。

霜降喝滋肺润肺茶饮

每年阳历 10 月 23 日前后，太阳到达黄经 210 度时为二十四节气中的霜降。霜降是秋季的最后一个节气，是秋季到冬季的过渡节气。秋晚地面上散热很多，温度骤然下降到 0 度以下，空气中的水蒸气在地面或植物上直接凝结形成细微的冰针，有的成为六角形的霜花，色白且结构疏松。

霜降之时乃深秋之季，在五行中属金，五时中（春、夏、长夏、秋、冬）为秋，在人体五脏中（肝、心、脾、肺、肾）属肺。根据中医养生学的观点，在四季五补（春要升补、夏要清补、长夏要淡补、秋要平补、冬要温补）的相互关系上，则应以平补为原则，在饮食进补中当以食物的性味、归经加以区别。

同时，由于气候干燥，人体肺部极易因为干燥引起不适、病变，所以霜降时节也是容易反复咳嗽、慢性支气管炎复发或加重的时期。针对这一呼吸系统疾病的高发期，市民可多吃具有生津润燥、宣肺止咳作用的食物，如生梨、苹果、橄榄等，或者可以饮用一些养肺润肺的茶品。

1. 名称：红枣生姜茶

材料：红枣 2 个，生姜 1 片，红糖适量。

制作方法：①将红枣、生姜放入杯中。②加入红糖，冲入沸水泡 8 分钟。③代茶饮用。

保健功效：《本草经读》指出，生姜与大枣同用者，取其辛以和肺卫，得枣之甘以养心营，合之能兼调营卫也。此方具有补中益气、温中散寒之功效，适用于食欲不振、贫血、反胃吐食、面色无华者。

健康提示：此茶宜早上饮用，晚间饮用易造成失眠。

2. 名称：党参茶

材料：党参 2 克。

制作方法：①将党参放入杯中。②冲入开水泡7分钟。③代茶饮用，冲饮至味淡。

保健功效：党参为我国常用的传统补益药，古代以山西上党地区出产的党参为上品，具有补中益气、健脾益肺、生津降压之功效。

健康提示：此茶孕妇需慎用，胃阴不足，舌光红无苔者忌用。

3. 名称：黄精冰糖茶

材料：黄精2克，冰糖适量。

制作方法：①将黄精、冰糖放入杯中。②冲入开水泡10分钟。③代茶饮用。

保健功效：滋阴养心，润肺除燥，适用于肺结核、支气管扩张、咯血及妇女低热、白带等。

健康提示：由于此茶中的黄精成分作用缓慢，可久服此茶。但其性质滋腻，易助湿邪，因此脾虚有湿、咳嗽痰多及中寒泄泻者均不宜服此茶。

4. 名称：熟地麦冬饮

材料：熟地2克，麦冬3克。

制作方法：①将熟地与麦冬洗净后，一同放入杯中。②冲入开水泡10分钟。③代茶饮用。

保健功效：熟地与麦冬配伍入饮，具有润肺化燥、滋阴补肾、滋阴之功效，可用于治疗肺燥干咳、虚痨咳嗽、津伤口渴、心烦失眠、内热消渴、肠燥便秘、血虚萎黄、眩晕、心悸失眠等，亦可用于肾阴不足的盗汗、遗精的症状。

健康提示：熟地不宜饮食过多，否则会有碍消化，使得痰多、腹胀食欲不振、大便溏稀。

秋冬之交的养生茶饮

“燥”是秋冬之交最为显著的气候特点。每逢此时，人们口中的干冷天气就会出现。一旦干冷天气来临，很多人就会感到口干舌燥。这种情况若是不能及时化解，由“燥”带来的邪气就会深入肺阴，进而会对胃、肝、肾等造成严重的危害。另外，初冬带来的早寒也会伤及人体的阳气，降低人体的免疫力。所以，进补便成为人们在秋冬之交所要重视的工作。

那么我们该如何进补呢？是不是只要吃几副补药就可以了呢？事实证明并非如此。很多人在吃完补药之后就会出现腹胀腹泻、失眠、胃部疼痛等症状。为什么补药还不能帮助这些人进补呢？根据我国传统中医的观点，上述症状属于“虚不受补”。这些人之所以会出现这种现象，多半是因为他们的体质过于虚弱，不能承受补品带来的功效。要想避免这种情况，我们就需要根据季节的特点、自身情况及补品的性味来科学进补。这时，性味平和的养生茶饮就成为不错的选择。我们可以在品味好茶的同时达到滋养身心的目标。下面就让我们一起进入秋冬之交的养生茶饮的世界吧。

1. 名称：橘红茶

材料：橘红 3~6 克，绿茶 5 克。

制作方法：①将准备好的橘红与绿茶放入保温性能较好的茶杯中。②向茶杯中注入适量的沸水。③将装满茶汁的杯子放入蒸锅中，隔水蒸 20 分钟。稍稍冷却之后即可饮用。

保健功效：橘红茶具有润肺消炎、理气止咳的功效。饮用橘红茶，我们便可以在秋冬之交的时节远离咳嗽痰多的症状带来的烦恼。

健康提示：①注意橘红与绿茶之间的配伍比例。②橘红茶适合每天 1 次随时饮用。

2. 名称：三辣饮

材料：大蒜、生姜、葱白各适量。

制作方法：①将以上材料放入锅中。②加入适量清水，并开始加热。③煎煮 10~15 分钟之后，即可取汁热饮。

保健功效：三辣饮具有温中散寒的功效。它最适合于在秋冬季为寒邪伤中、胃脘疼痛所困扰的人士饮用了。

保健提示：①注意大蒜、生姜、葱白之间的配伍比例。②由于三种材料均为刺激性较强的材料，所以脾胃较弱的人士要慎重饮用。

3. 名称：丹参黄芪茶

材料：丹参、黄芪各 6 克，枸杞、女贞子各 3 克。

制作方法：①将以上材料放入杯中。②向杯中倾入适量沸水。③加盖静置片刻之后，即可开盖饮用。

保健功效：丹参茶可以帮助我们调整机体的内在机制，从而达到活血化瘀、补气益肝的功效。

健康提示：①注意丹参、黄芪、枸杞、女贞子之间的配伍比例。②体质虚弱的人在秋冬之交可以选择丹参茶来养生，不过最好在饮用之前先听取医生的指导意见。

4. 玫瑰砂椒茶

材料：玫瑰花 6 克，研碎的砂仁 6 颗，研碎的胡椒 6 粒。

制作方法：①将以上材料放入茶壶中。②倾入适量沸水。③加盖闷制片刻之后，即可倒出茶汁饮用。

保健功效：玫瑰砂椒茶具有行气健胃止痛的功效。它最适于在秋冬之交容易被慢性胃炎、胃神经官能症、胸闷胀闷等症状侵袭的人士饮用。

第四章　冬季养生茶饮

俗话说：“冬三月草木凋零、冰冻虫伏”，冬季是自然界万物闭藏的季节，人的阳气也要潜藏于内。冬季气候寒冷，寒气凝滞收引，易导致人体气机、血运不畅，易引发各种疾病，危害人体的健康。如果在寒冷的冬季能够时常饮上几杯热茶，不仅可以驱寒取暖，对身体亦是一种好的保养方式。那么冬季有哪些茶是我们不能错过的呢？

立冬喝补充热量茶饮

“立冬”节气，在每年的11月7日或8日，古时民间习惯以立冬为冬季开始。对“立冬”的理解，我们还不能仅仅停留在冬天开始的意思上。追根溯源，古人对“立”的理解与现代人一样，是建立、开始的意思。但“冬”字就不是那么简单了，在古籍中“冬”的解释是：“冬，终也，万物收藏也”，意思是说秋季作物全部收晒完毕，收藏入库，动物也已藏起来准备冬眠。由此可见，立冬不仅仅代表着冬天的来临。准确地说，立冬是表示冬季开始，万物收藏，规避寒冷的意思。

立冬后，就意味着今年的冬季正式来临。草木凋零，蛰虫休眠，万物活动趋向休止。人类虽没有冬眠之说，但民间有立冬补冬的习俗。那么，在这段时间里，我们应该注意什么，又该有选择地摄取哪些饮食来保养自己呢？

医学上认为立冬进补能提高人体的免疫功能，不但使畏寒的现象得到改善，还能调节体内的物质代谢，使能量最大限度地贮存于体内，为来年的身体健康打好基础。在四季五补（春要升补、夏要清补、长夏要淡补、秋要平补、冬要温补）的相互关系上，此时应以温补，即补充热量为原则。

立冬时节温补，要少摄入生冷之物，但也不宜燥热，有的放矢地摄入一些滋阴潜阳，热量较高的膳食为宜。为此，饮茶亦是一种有效而简单的保养方式。

下面，我们就为大家介绍几种适合在立冬时节饮用的茶品。

1. 名称：首乌桂圆枣茶

材料：何首乌 20 克，桂圆肉 15 克，大枣 10 枚，红糖少许。

制作方法：①将何首乌、桂圆肉、大枣一同放入锅中。②冲入适量水煮 20 分钟。③取茶汤饮用即可。可吃桂圆、大枣。

保健功效：滋补肝肾，此茶中的主要成分何首乌主要包含磷脂、蒽醌类、葡萄糖苷类等成分，具有补肝肾、益精血、乌须发、强筋骨的功效，还有促进造血功能、提高机体免疫功能、降血脂、抗动脉粥样硬化、保肝、延缓衰老、影响内分泌功能、润肠通便等作用。

健康提示：平素大便溏薄之人忌食。

2. 名称：红枣山楂当归茶

材料：当归 2 克，山楂 3 克，红枣 2 克。

制作方法：①将当归、山楂、红枣放入杯中。②冲入沸水泡 10 分钟。③代茶饮用（每周 1~2 次）。④也可将茶材按比例放入锅中煮 20 分钟，取茶汤饮用，可食红枣。

保健功效：养血温中。此茶中红枣成分含有丰富的维生素 A、C、E、P，生物素，胡萝卜素，磷、钾、镁等矿物质，叶酸，泛酸，烟酸等。具有提高人体免疫力的功效。山楂成分营养丰富，可以防治心血管疾病，有强心的作用，可以开胃消食有活血化瘀的作用。当归成分则甘温质润，长于补血，有补血活血、调经止痛、润肠通便的功效。

健康提示：本茶具有补气血、暖肾阳之功效，适于阳虚型高血压患者食用。

3. 名称：枸杞茶

材料：枸杞子 5 克。

制作方法：①将枸杞子置于杯中。②冲入沸水泡 5 分钟后。③代茶饮用。

保健功效：此茶具有补益肝肾、解热、止咳化痰等功效，适于治疗体质虚寒、性冷感、健胃、肝肾疾病、肺结核、便秘、失眠、低血压、贫血、糖尿病、各种眼疾、掉发、口腔炎、护肤等各种疾病。尤其是体质虚弱、常感冒、抵抗力差的人，可常饮用。

健康提示：①由于枸杞温热身体的效果相当强，患有高血压、性情太过急躁的人，或平日大量摄取肉类导致面泛红光的人最好不要饮用此茶。②正在感冒发烧、身体有炎症、腹泻的人最好不要饮用。

小雪喝缓解心理压力茶饮

二十四节气的“小雪”，大致是每年 11 月 22 日前后太阳到达黄经 240 度时开始的。它是寒冷开始的标志，一般在中原地区已开始下雪了，而在我们南方地区则已是明显的深秋时分，秋风瑟瑟、秋雨阵阵了。“小雪”是反映天气现象的节令。雪小，地面上又无积雪，这正是“小雪”这个节气的原本之意。古籍《群芳谱》中说：“小雪气寒而将雪矣，地寒未甚而雪未大也。”这就是说，到“小雪”节气，由于天气寒冷降水形式由雨变为雪，但此时由于“地寒未甚”故雪下得次数少，雪量还不大，所以称为小雪。因此，小雪表示降雪的起始时间和程度，小雪和雨水、谷雨等节气一样，都是直接反映降水的节气。

小雪节气中，天气时常是阴冷晦暗，此时人们的心情也会受其影响，特别容易引发抑郁症。此症的发生多由内心压力过大所致，人们在日常生活中时常会出现情绪变化，这种变化是对客观外界事物的不同反映，属正常的精神活动，也是人体正常的生理现象，一般情况下并不会致病。只有在突然、强烈或长期持久的情志刺激下，才会影响到人体的正常生理，使脏腑气血功能发生紊乱，导致疾病的发生，正如：“怒伤肝、喜伤心、思伤脾、忧伤肺、恐伤肾”。说明，人的精神状态反映和体现了人的精神心理活动，而精神心理活动的健康与否直接影响着精神疾病的发生发展，也可以说是产生精神疾病的关键。因此，中医认为精神活动与抑郁症的关系十分密切，把抑郁症的病因归结为压力过大所致不无道理，于是调神养生对患有抑郁症的朋友就显得格外重要。

可见，小雪节气尤其需要注重抑郁症的预防。在诸多方法中，饮茶不失为一种有效的减压方式。

1. 名称：薰衣草蜂蜜茶

材料：薰衣草 3~5 克，蜂蜜适量。

制作方法：①将薰衣草放入杯中。②用沸水冲泡 3 分钟。③加入蜂蜜调味，代茶饮用。

保健功效：薰衣草茶有助镇静神经、帮助睡眠，解除紧张焦虑，也可治疗初期感冒咳嗽，还可逐渐改善头痛，安定消化系统，是治疗偏头痛的理想花茶。

健康提示：孕妇要避免使用过多剂量。

2. 名称：舒眠茶

材料：薰衣草 3 克，紫罗兰 3 克，粉玫瑰花 3 克。

制作方法：①将薰衣草、紫罗兰、粉玫瑰花放入杯中。②冲入热开水，静置 3 分钟。③代茶饮用。

保健功效：此茶具有清热解毒、滋润皮肤、温养心肝血脉、舒发体内郁气、镇静、安抚、抗抑郁、促进新陈代谢等功效。在寒冷的冬季常饮此茶，是舒压助眠的健康选择。

健康提示：孕妇不宜饮用。

3. 名称：灵芝甘草茶

材料：灵芝 6 克，甘草 5 克。

制作方法：①将灵芝和甘草一同放入杯中。②冲入沸水泡 10 分钟。③代茶饮用。此外，也可将灵芝、甘草一同放入锅中，加水煮 20~30 分钟，取茶汤饮用。

保健功效：此茶具有安神定志、益气护肝之功效，对于神经衰弱、失眠、消化不良、老年人支气管炎造成的咳嗽十分有效，同时还能增强身体的免疫功能，强化身体的机能，并能促进新陈代谢，帮助血液循环。对于长期熬夜，劳心劳力的工作者，此茶饮是补充体力的珍品。

健康提示：慢性活动性肝炎患者不宜饮用。

4. 名称：合欢山楂饮

材料：合欢花 3 克，生山楂 3 克。

制作方法：①将山楂、合欢茶一同放入杯中。②冲入沸水泡 8 分钟。③代茶饮用。

保健功效：将合欢花与生山楂配伍入茶，具有理气解郁、活血降脂的功效，主治神经衰弱、失眠、健忘、胸闷不舒等症，尤其适宜于气滞血瘀型高脂血病人服用。

健康提示：阴虚津伤者慎饮此茶。

大雪喝预防哮喘茶饮

“大雪”节气，通常在每年的 12 月 7 日（也有个别年份的 6 日或 8 日）。太阳黄经达 255 度时，为二十四节气之一的“大雪”。大雪，顾名思义，雪量大。古人云：“大者，盛也，至此而雪盛也。”到了这个时段，雪往往下得大、范围也广，故名大雪。相对于小雪，大雪时的天气更冷了。此时我国黄河流域一带渐有积雪，北方则呈现万里雪飘的迷人景观。

大雪以后，北方诸省容易出现大雾天气，由于烟雾中存在大量的细菌容易导致呼吸道疾病高发，尤其是哮喘，在这个时节发病率极高，而且非常容易突然加重。通常哮喘发作前几分钟往往会有过敏症状，如鼻痒、眼睛痒、打喷嚏、流涕、流泪和干咳等，这些表现叫先兆症状。随后，立即出现胸闷，胸中紧迫如重石压迫，约 10 分钟后出现呼气困难，这时甚至不用医生的听诊器就可以听到“哮喘音”，病人被迫端坐着，头向前伸着，双肩耸起，双手用力撑着，用力喘气。这样的发作可持续十几分钟至半小时。有时哮喘没有先兆症状即开始发作，常常因为呼吸极困难而窒息，会导致心力衰竭、体力不支而死亡。哮喘不但本身不易治疗，它还会引起许多其他疾病，它可以引起自发性气胸、肺部感染、呼吸衰竭、慢性支气管炎、肺气肿、肺心病等，严重影响人们的生活质量。

所以，在大雪时节，预防哮喘便成了养生保健中的重中之重。接下来，我们就为大家介绍一些可以降低哮喘发生概率的保健茶饮，以期让广大朋友们安度寒冷的大雪时节。

1. 名称：党参陈皮茶

材料：党参 2 克，茯苓 2 克，陈皮 3 克，冰糖少许。

制作方法：①将党参、茯苓、陈皮洗净后，一同放入杯中。②冲以沸水，泡约 10 分钟。③加入冰糖调匀，代茶饮用。

保健功效：党参为中国常用的传统补益药，与茯苓、陈皮配伍入茶，具有补中益气、敛肺定喘、止痰化咳、健脾益神之功效，是冬季预防哮喘的疗效茶饮之一。

健康提示：陈皮上可能残留部分农药，未处理干净泡制的茶不宜饮用。

2. 名称：杏仁蜂蜜茶

材料：甜杏仁 3 克，蜂蜜适量。

制作方法：①将甜杏仁放入杯中。②冲入沸水冲泡 10 分钟。③汤水温后，调入蜂蜜，代茶饮用。

保健功效：此茶具有润肠通便、止渴定喘之功效，适用于慢性支气管炎、咳逆上气、痰少、咽燥舌干等症。

健康提示：风热、湿痰、咳嗽者忌服此茶。

冬至喝滋补养生茶饮

“冬至”是我国二十四节气中最早制定的节气之一。冬至这天，北半球将迎来一年中白昼最短的一天。过了这天，太阳就会逐渐北移，北半球白天就会一天天变长。因此，我国古代又将冬至称为“日短”或“日短至”。古人对冬至的说法是：阴极之至，阳气始生，日南至，日短之至，日影长之至，故曰“冬至”。在二十四节气中，冬至最受重视，人们尤其关注冬至前后的养生与保健。

从养生学角度，冬至是滋补的大好时机。这主要是因为“气始于冬至”。从冬季开始，生命活动开始由盛转衰，由动转静。此时科学养生有助于保证旺盛的精力而防早衰，达到延年益寿的目的。

而关于“补”，尽管药补与食补都属于中医进补的范畴，但有所不同。食补是应用食物的营养来预防疾病，药补主要运用补益药物来调养机体，增强机体的抗病能力。食补一般没有副作用，而且可引起药物起不到的作用，但必须根据体质情况适当进补。饮茶作为食补中的一种有效方式，在冬至前后是非常不错的滋补选择。

下面，我们就为大家介绍四款针对冬至的滋补养生茶：

1. 名称：参杞陈皮饮

材料：党参 10 克，枸杞子 10 克，黄芪 30 克，陈皮 15 克。

制作方法：①将党参、枸杞子、黄芪、陈皮洗净后，一同放入锅中。②加入适量水，煮 30 分钟。③取茶汤饮用即可。

保健功效：此茶饮具有生津止渴、益气补血、滋阴保肝、养心安神之功效，对强身健体、病后恢复、神经衰弱等都有良好的疗效，适用于各种气虚不足者。

健康提示：①有实热及痰湿中阻、外感发热者不宜饮用。②凡脾胃虚弱、痰湿内阻者，均不宜用。③女性要应避开月经来潮时，以免增大月经量。④最好遵医嘱，有规律地分期饮服。

2. 名称：桂圆洋参茶

材料：桂圆肉 3 克，西洋参 2 克。

制作方法：①将桂圆肉、西洋参洗净后，一同放入炖杯中。②冲入沸水泡 10 分钟。代茶饮用。

保健功效：此茶具有补气养血、益智安神之功效，适用于气虚阴亏、内热、咳喘痰血、虚热烦倦等症。

健康提示：①鲜桂圆肉多食会易生湿热及引起口干。②患有外感实邪，痰饮胀满者勿食此茶。③此茶不宜与藜芦同用。

3. 名称：洋参麦冬茶

材料：西洋参 2 克，麦冬 2 克，红枣 1 枚，冰糖适量。

制作方法：①将西洋参、红枣、冬麦放入杯中。②冲入沸水泡 10 分钟。③加入冰糖，调匀即可。

保健功效：此茶具有养阴除烦、益气补气、健脾开胃等功效，还适用于肺燥干咳、虚痨咳嗽、津伤口渴、心烦失眠、内热消渴、肠燥便秘等症。

健康提示：西洋参性偏凉，不宜多食，而且易伤脾胃阳气。

4. 名称：圆肉花生饮

材料：桂圆肉 2 克，带衣花生 2 克，大枣 1 枚。

制作方法：①将大枣、花生仁、桂圆肉一同放入杯中。②冲入沸水泡 15 分钟后，代茶饮用。此外，也可将桂圆肉、花生、大枣与水按比例放入锅中，煮 30 分钟，取汤饮即可。

保健功效：此茶具有良好的滋养补益，补益气血、益智宁心、安神定志的功效，可用于心脾虚损、气血不足所致的失眠、健忘、惊悸、眩晕等症。

健康提示：此茶适宜于气血不足，阴虚纳差者。

小寒喝补肾壮阳茶饮

小寒是第二十三个节气，在 1 月 5~7 日之间，太阳位于黄经 285 度。对于中国而言，小寒标志着开始进入一年中最寒冷的日子。“小寒”一过，就进入“出门冰上走”的三九天了。

具体讲，小寒的特点是：天渐寒，尚未大冷。隆冬“三九”也基本上处于本节气内，因此有“小寒胜大寒”之说。而“小寒、大寒冻作一团”这句古代民间谚语，就是形容这一节气的寒冷。在此节气时，我国大部分地区已进入严寒时期，土壤冻结，河流封冻，加之北方冷空气不断南下，天气寒冷，人们也叫做“数九寒天”。

中医指出：寒属于阴邪的一种，容易损伤人体的阳气，而肾脏是人体阳气生发之处，故寒气最容易损害人的肾脏。你可别小瞧这种危害，一旦肾阳不足，我们身体的正常机能会大受影响。那些易感风寒、腰膝冷痛、尿频尿多、阳痿、遗精等问题都会乘虚而入，甚至引起一系列的疾病。

所以，进入小寒这样一个寒气盛行的节气，我们养生就要以补肾壮阳为主了。值得注意的是，在食补的同时搭配适当的茶饮，会起到更好的效果。

1. 名称：黄芪人参茶

材料：黄芪 2 克，人参 2 克，蜂蜜适量。

制作方法：①可将黄芪、人参放入杯中。②冲入沸水泡 10 分钟。③汤水温后放入蜂蜜，调匀即可饮用。此外，也可将黄芪、人参与适量水一同放入锅中，煮 20 分钟，取汤饮用。

保健功效：此茶具有补气生血、益阳安神之功效，适用于脾气虚弱、便溏泄泻、气短乏力、胃下垂、脱肛等症。在小寒来临之际，妇女饮此茶可益气活血、生津养颜，中老年人饮用可强身健体、增强免疫力。

健康提示：黄芪具有补气固表、利水退肿、拔毒排脓等功效，但表实邪盛、气滞湿阻、食积停滞、痈疽初起等实证，以及阴虚阳亢者，均须禁服。

2. 名称：覆盆子茶

材料：覆盆子 2 克，冰糖适量。

制作方法：①将覆盆子放入杯中。②冲入沸水泡 5 分钟。③放入冰糖调匀即可。

保健功效：覆盆子茶具有补肝益肾、固精缩尿、助肝明目之功效，能缓和烦躁的心情，安定身心，而且适合在有轻微的腹泻、生理痛、牙周炎、喉咙痛时饮用。

健康提示：肾虚火旺、小便短赤者、怀孕初期妇女慎服。

3. 名称：肉苁蓉红茶

材料：肉苁蓉 3 克，红茶 3 克，枸杞子少许。

制作方法：①将肉苁蓉、枸杞子洗净后，与红茶一同放入杯中。②冲入沸水泡 10 分钟，代茶饮用。

保健功效：①补肾阳、益精血，可有效地预防、治疗男子肾虚阳痿、遗精早泄及女子月经不调、闭经不孕等疾病。②润燥滑肠，能显著提高小肠推进速度，缩短通便时间，同时对大肠的水分吸收也有明显的抑制作用，从而促进粪便的湿润和排泄，具有真正的润肠通便作用。③还可增强免疫功能，尤其适于体质虚弱的老年人。④可调节循环系统，保护缺血心肌，降血脂，抗动脉粥样硬化、抗血栓形成；降低外周血管阻力，扩张外周血管，降低血压。⑤保护肝脏，抗脂肪肝。⑥延缓衰老。

健康提示：相火偏旺、胃弱便溏、实热便结者禁服此茶。

4. 名称：熟普洱茶

材料：熟普洱茶 3 克。

制作方法：①将熟普洱茶放入壶中。②冲入 100°C 沸水，然后快速将茶汤倒去。以此清洗茶叶中的杂质，并且唤醒茶叶。③再冲入沸水冲泡 10 秒左右，将茶汤过滤到品杯中。④饮用茶汤，可以冲泡 8 次以上。

保健功效：熟普洱茶具有消滞、开胃、去腻、减肥的作用，能够帮助消化、驱散寒冷，此外还有解毒作用。

健康提示：喝熟普洱茶好处很多，但也有一定的副作用，主要是针对一些女性朋友在特殊的时期及不同的体质，选择喝普洱茶的时候还有一些问题是需要注意的。具体来说，每个月生理期来临时的女性不宜喝此茶；孕妇正值怀孕期不适合喝此茶；孕妇将要临产前也不宜喝太多此茶；生产后想亲自哺乳的产妇不宜喝太多此茶；正值更年期的妇女不宜喝太多此茶。

大寒喝有益心血管茶饮

大寒是二十四节气中最后一个节气，每年 1 月 20 日前后太阳到达黄经 300°时为“大寒”。大寒，是天气寒冷到极点的意思。大寒，与小寒相对，都是表征天气寒冷程度的节气，因“寒气之逆极，故谓大寒”，它是中国二十四节气最后一个节气，过了大寒，又迎来新一年的节气轮回。

由于天气寒冷，我们在大寒时节为了维持身体体温，全身的血管一直处于收缩状态，以致血管阻力增强，血流不畅，极易发生心血管疾病。因此，心血管患者要做好大寒时节的预防措施。具体应从改变生活方式、控制好血压、合理用药等方面入手。

不过，仅仅做到以上的同时，还应该通过一些辅助的茶饮进行预防心血管疾病。这样才会达到好的效果。其中，丹参茶、补益麦冬茶、山楂桑葚饮、西洋参灵芝茶等都是不错的选择。

1. 名称：丹参绿茶

材料：丹参 2 克，绿茶 3 克。

制作方法：①将丹参、绿茶一同放入杯中。②冲入沸水，闷泡 5 分钟。代茶饮用。

保健功效：丹参与绿茶配伍入饮，具有活血化瘀、清心化痰的功效，同时，其中的咖啡碱有扩张心血管、增强毛细血管的功能；其多酚类物质还有降低血脂和血糖的作用，并能及时防治胆固醇升高、动脉粥样硬化、心肌梗死等冠心病、高脂血，是一种新型有效的防治冠心病、心绞痛、高脂血的理想保健饮品。

健康提示：孕妇及无瘀血者慎用。

2. 名称：补益麦冬茶

材料：麦冬 3 克，生地黄 2 克。

制作方法：①将麦冬、生地黄一同放入杯中。②冲入沸水泡 10 分钟后，代茶饮服。

保健功效：此茶具有补气、养血、滋阴、宁心的功效，尤其适用于治疗冠心病、心绞痛等症。

健康提示：脾胃虚寒泄泻，胃有痰饮浊湿及外感风寒咳嗽者忌饮此茶。

3. 名称：山楂桑葚饮

材料：山楂 3 克，桑葚 5 克。

制作方法：①将山楂、桑葚放入杯中。②冲入沸水泡 8 分钟。③去渣，代茶饮用。

保健功效：富含多种营养素的桑葚与山楂配伍而成的此茶，不仅具有补肝益肾、滋阴养血、清肝明目、消食降脂、软化血管等功效，而且具有乌发、美颜、抗衰、息风、解酒等作用。同时，常饮此茶对改善睡眠、提高人体免疫力、防癌同样有非常好的效果。

健康提示：由于桑葚性质偏寒，故脾胃虚寒，大便稀溏者不宜饮用此茶。

4. 名称：西洋参灵芝茶

材料：西洋参3克，灵芝3片。

制作方法：①将西洋参、灵芝片放入杯中。②冲入开水泡8分钟后，代茶饮用。④也可将西洋参、灵芝片放入锅中，加适量水煮20~30分钟，取茶汤饮用。

保健功效：西洋参与珍贵的中药材灵芝相配伍入茶，其自身滋阴补气、宁神益智等功效可以更好地发挥，使全方具有良好的益气、活血、养心之功效，冬季适时饮服，裨益心血管健康。

健康提示：凡阳气不足，胃有寒湿者忌服。

冬春之交的养生茶饮

著名词作家李清照曾在《声声慢》中写道："乍暖还寒时候，最难将息。"冬春之交便是如此。随着天气逐渐变暖，已经沉睡一冬的万物即将开启自己的复苏之旅，而整日"全副武装"的我们也极其渴望脱下有些笨重的冬装，换上充满清新气息的春装。不过，这个时候，我们千万不能掉以轻心，因为一不小心疾病就会突然来袭。

季节变更的时候通常也是疾病的多发时期。冬春之交的时节，天气时常会出现反复多变的情况，前几天还是"二月春风似剪刀"的初春天气，这几天又回到了"千树万树梨花开"的隆冬天气。所以，我们的生理机能也便需要反复地进行调整，一时要遵守冬藏的原则，一时又要遵守春生的原则。一旦调整出现误差的时候，我们就很容易生病。

另外，如此反复的天气也会对一些体弱的老年人和幼儿造成很大的影响。每逢此时，老年性肺炎、心血管疾病便会频频拜访体弱的老年人。与此同时，幼儿也容易出现感冒、支气管炎、急性肠炎等症状。

这时，我们就需要一方面做好防护，减少发病的概率，一方面要根据季节和自身体质的特点注意调整自己的饮食习惯，并加强相应的锻炼，从而提升身体的阳气。关于后者，我们还要参考医生的意见。中医认为，冬春之交气候特点是风气当令，易患各种风病、肝病、脾病和温病。于是，脾胃的保养便成为冬春之交的关键所在。所以，我们在调整自己的饮食习惯时就需要注意要通过减少咸味增加苦味的方法来养护自己的心气。同时还要注意适当均衡冷热食物的比例，以免造成脾胃阳气的耗损。

上述两个注意事项也是我们在冬春之交选择养生茶饮的重要参照标准。根据此标准，我们可以选择以下茶饮来养护脾胃。

1. 名称：预防流感茶

材料：板蓝根、大青叶各 15 克，野菊花、金银花各 30 克。

制作方法：①将以上材料放入茶杯中。②倾入沸水。③加盖静止片刻之后，即可开盖饮用。

保健功效：预防流感茶具有清热解毒、健脾益胃的功效。它可以帮助饮用者达到防治感冒、流行性脑炎以及流行性呼吸道感染的目的。

健康提示：①注意板蓝根、大青叶、野菊花和金银花之间的配伍比例。②此茶仅适用于由脾胃不适引起的流行性感冒等病症，对由其他原因引起的感冒等症效果并不明显。

2. 名称：玉屏茶

材料：黄耆、白术、枸杞各 15 克，防风 5 克。

制作方法：①将以上材料放入锅中。②放入相当于 5 碗量的清水。③先用大火煮沸，再改用小火，直至锅中的汤汁减少到 3 碗左右的数量即可盛出饮用。

保健功效：玉屏茶具有促进肠胃吸收、增强身体免疫力、预防感冒的功效。

健康提示：①注意黄耆、白术、枸杞和防风之间的配伍比例。②玉屏茶不仅适合全家人一起饮用，更是预防幼儿感冒的首选。

3. 名称：山楂首乌茶

材料：山楂、何首乌各 15 克。

制作方法：①将山楂、何首乌分别洗净切碎，放入锅中。②倾入适量清水，浸泡材料。③2 小时之后，开火煎煮 1 小时。④关火，去渣取汁后即可饮用。

保健功效：山楂首乌茶具有消脂减肥的功效。

健康提示：①注意山楂与何首乌之间的配伍比例。②山楂首乌茶尤其适合于体弱肥胖的人士在冬春之交的时节饮用。

第四篇

因人而异，沏杯属于自己的健康茶

在社会生活中，存在着各种各样的群体，而不同的茶对于不同的群体，也有着不同的作用。那么，不同体质的人该如何健康饮茶？女人饮哪些茶才最适当？哪些茶最适宜老人饮用？特殊的群体又怎样用茶调理自己的身体？接下来，我们将有针对性地给你最适合的建议。

第一章 女人的健康茶饮

女人如水，娇柔欲滴，因此需要加倍地呵护与关爱。茶，对于女人来说，是一种养生调理的绝佳饮品。现代都市的女性越来越多地参与到社会生活的各个方面，繁忙而劳碌，有的还肩负着工作和家庭的双重重任。饮一口茶，不但可以让疲惫的你神经舒缓，压力释放，还可以由内而外地调整身体状态，重拾健康活力。然而，对于女人而言，哪些茶饮最有益于健康？它们神奇的功效又体现在哪里呢？

红花茶：活血化瘀

红花，在这里主要指的是番红花，又称藏红花、西红花，属鸢尾科植物，被印度女性称为“让女人美丽的花”。我们取用的部分一般是它的花柱或柱头。其形如线，先端较宽大，向下渐细呈尾状，先端边缘为不整齐的齿状，下端则是残留的黄色花枝；其长约2.5厘米，直径约1.5毫米，紫红色或暗红棕色，微有光泽；其体轻，质松软，干燥后质脆易断；其气异，微有刺激性，味微苦。红花在全国各地都有种植，不仅具有活血通经，散瘀止痛，祛斑消炎等药理作用，而且有提高心血管活性、降血压血脂、抗血栓、抗疲劳、防衰老等保健作用。

关于红花治疗妇产瘀血症的奇效，至今还流传着一个故事。据宋代顾文荐《船窗夜话》记载，新昌有一位姓徐的妇女产后病危，家人请来一位姓陆的名医诊治。待他赶到病人家，产妇气已将绝，唯有胸膛微热，大夫诊后考虑再三说：“此乃血闷之病，速购数十斤红花方可奏效。”他命人用大锅煮红花，沸腾后倒入三只木桶，取窗格放在木桶上，让病人躺在窗格上，用红花的药气去熏，待药汤冷后再加温倒入桶中。如此反复，过了一会儿，产妇僵硬的手指开始能动了，就这样熏蒸了半天左右，产妇逐渐苏醒，脱离了险境。

古代产妇瘀血需要用红花，现代的女性同样也很需要它。日益繁重的工作和生活压力让女性容易肝郁气结，肝郁不解就气血不通，气血不通就容易月经不调。再加上现代女性都是美丽“冻”人，平时又喜欢贪凉喝冷饮，所以大部分都气虚体寒，盆腔内积压瘀血，导致痛经、闭经，严重的还引起妇科炎症和肿瘤。而中医认为红花味辛，性温，归心经、肝经，气香行散，入血分，具有活血通经，祛瘀止痛，美容祛斑的功效，主治痛经、经闭、产后血晕、瘀滞腹痛、胸痹心痛。

就广大女性朋友来讲，我们主要就是利用红花活血通经，散瘀止痛的作用。我们可以选择传统的红花茶调理身体，也可以针对身体的不同问题，将红花与不同的原料搭配起来，调配出对自己更加合适的健康茶饮。下面，我们就为大家详细介绍一下，以满足女性朋友们的不同需求。

1. 名称：红花茶

材料：红花 2~3 克。

制作方法：①把红花放入杯中，用沸水冲泡；②约 10 分钟后，即可饮用。(水随时可以添加，直到红花味道淡却。)

保健功效：此茶通过活血化瘀，加速血液循环，促进新陈代谢，增加排除黑素细胞所产生的黑色素，促进滞留于体内的黑色素分解，使之不能沉淀形成色斑，或使沉淀的色素分解而排出体外；增强冠脉流量，抑制血栓形成，促进血液循环；能显著提高耐缺氧能力，对免疫力的提升用促进作用；活血镇痛通经，适用于血寒性闭经、痛经及各种瘀血性疼痛，包括无月经、月经过多、冠心病所致胸痛等。

健康提示：①红花也可以煎水服用，但用来养血活血时，用量不宜过大，而用于活血祛斑时，用量宜多。②饮服红花可能导致流产和胚胎死亡率的上升，因此孕妇忌用此茶。③月经量过多的女性在经期最好不要饮用此茶。

2. 名称：玫瑰红花茶

材料：玫瑰 20 克，红花 15 克。

制作方法：将玫瑰、红花混匀后放入杯中，用开水冲泡后即可服用。

保健功效：对闭经、痛经等女性生理期问题有调理的作用。

健康提示：①有出血倾向者不宜服用此茶。②经量过多的女性在经期最好不要饮用此茶。

3. 名称：红花三七茶

材料：红花 15 克，三七 4 克。

制作方法：①将红花、三七混匀后，分三次放入杯中。②以沸水冲泡，温浸片刻，待稍凉即可饮用。

保健功效：此茶具有舒张血管、降脂降压之功效，既是女性调血养血的保健茶饮，又是女性保养心脏的健康之选。

健康提示：请遵医嘱，孕妇禁用，经量过多的女性在经期最好不要饮用。

4. 名称：青皮红花茶

材料：青皮 10 克，红花 10 克。

制作方法：①将青皮晾干以后切成丝，与红花一同放入砂锅。②加水浸泡 30 分钟之后，煎煮 30 分钟。③用洁净纱布过滤，去渣后取汁，即可饮用。

保健功效：理气活血，对气滞血瘀型治疗盆腔炎有意想不到的疗效。

健康提示：作茶可频频饮用，或早晚 2 次分服。孕妇禁用，经量过多的女性在经期最好不要饮用。

5. 名称：红花绿茶

材料：红花适量，绿茶适量。

制作方法：①将红花的茎叶洗净、切碎、烘干。②将红花按照 5%～20%的比例与绿茶混合，并通过掺和、搅拌、分筛、复烘及装袋等工序，制成袋泡茶。③开水冲泡即可饮用。

保健功效：花茶茎叶中含有丰富的维生素、氨基酸、多糖体及钙元素，具舒筋活血、提神健脑、消脂减肥等多种保健功能。

健康提示：不宜睡前饮用。

6. 名称：产后红花茶

材料：红花 15 克，干荷叶 5 克，蒲黄 3 克，当归 5 克。

制作方法：①将红花、干荷叶、蒲黄、当归放入锅中，用沸水冲泡。②加盖闷 15 分钟后即可饮用。

保健功效：治疗产后瘀滞腹痛、恶露不尽。

健康提示：饮此茶期间注意保持轻松的心情，配合充足的休息。

7. 名称：桃仁红花茶

材料：川芎 7.5 克，桃仁 15 克，郁金 15 克，当归 7.5 克，藏红花 7.5 克

制作方法：①将郁金用水过滤；桃仁先经过炮制。②将所有药材用 450 毫升热开水冲泡 10~20 分钟后，滤药取汁，即可饮用。③也可以将所有药材放入电锅内锅中，加入 3 碗水，外锅放 1 杯水，待开关起跳后，滤药取汁，即可饮用。

保健功效：祛瘀行血，润燥滑肠，活血化瘀，有镇痛消炎、改善痛经的功效。

健康提示：此方为 1 天的分量，3 天服用 1 次，10 次为 1 个疗程。另外，孕妇不宜服用。

玫瑰花茶：疏肝解郁

玫瑰象征爱情，象征浪漫，象征女人姣好的容颜，也象征着一种铿锵不屈的品格。自古以来，各种关于玫瑰的传说在各国民间流传。在求爱的时候，男孩子喜欢献上一捧玫瑰表达自己的爱恋，让女孩子为之动容。无论是一朵、三朵、十二朵，抑或是九百九十九朵、一千零一朵……无尽的浪漫都会在夜空下绽放开来，温暖这个世界。而玫瑰，作为一种上佳的茶材，更是博得了天下女子的芳心。

在植物分类学上，玫瑰是一种蔷薇科蔷薇属灌木，在日常生活中则是蔷薇属一系列花大艳丽的栽培品种的统称，这些栽培品种亦可称作月季或蔷薇。玫瑰果实可食，无糖，富含维生素 C，常用于香草茶、果酱、果冻、果汁等。玫瑰在世界各地，特别是东亚和欧美有广泛的栽培，有紫玫瑰、白玫瑰、红玫瑰、重瓣紫玫瑰、重瓣白玫瑰、现代杂交月季等多个品种。

中医指出，玫瑰味甘、微苦，性温，归肝经、脾经，具有行气解郁、和血止痛的疗效，常用于肝胃气痛，食少呕恶，月经不调，跌扑伤痛等症状的调养与治疗。正因如此，茶叶店里常有颜色鲜艳的干玫瑰花出售，只是很多人由于不了解其作用而忽视了它。其实，女性平时常用它来泡水喝，有很多好处。尤其是月经期间情绪不佳，脸色黯淡，甚至是痛经等症状，

都可以得到一定的缓解。此外，玫瑰花性温，能够使人的心肝血脉得到温润地滋养，使体内的郁气舒发出来，是人们宁心抗抑郁的好帮手。女性在月经前或月经期间常会有些情绪上的烦躁，喝点玫瑰花茶可以起到调节作用。在工作和生活压力越来越大的今天，即使不是月经期，也可以多喝点玫瑰花茶，安抚、稳定情绪。

那么，如何制作出口感适宜，味道芳香，功效明显的玫瑰花茶饮呢？我们接下来就将对这个问题进行解答。

1. 名称：玫瑰枸杞茶

材料：玫瑰、枸杞各3~5克。

制作方法：①将玫瑰和枸杞一同放入杯中，用沸水冲泡。②静置约10分钟即可饮用。可反复冲泡直至茶味淡却。

保健功效：玫瑰通经活络，养血安神；枸杞补肝肾，对虚劳精亏、血虚萎黄具有很好的疗效。这款茶的主要作用是养肾补精、养血安神。

健康提示：经期中的女性，可以在茶水中加入少量红糖。因为红糖有补血的作用，同时还可以让茶水更加香甜。

2. 名称：玫瑰红枣茶

材料：玫瑰3~5克，红枣2~3粒。

制作方法：①把玫瑰和红枣一同放入杯中，用沸水冲泡。②静置10分钟后即可饮用。可反复冲泡直至茶味淡却。

保健功效：这款茶的主要功效是补中益气、养血安神，对气血不足引起的失眠、健忘、眩晕等疾症，具有明显的疗效。

健康提示：这款茶水尤其适合女性经期引用。

3. 名称：牡丹花玫瑰茶

材料：牡丹花1~2朵，玫瑰花5克。

制作方法：①把牡丹花和玫瑰一同放入杯中，用沸水冲泡。②静置5分钟后即可饮用。可反复冲泡直至茶味淡却。

保健功效：这款茶的主要功效是益气养血，促进血液循环，经常饮用能够使气血充足，并兼有美容养颜、镇痛降压的作用。

健康提示：茶水中加入适量蜂蜜、冰糖或者红糖，能令滋味更加香甜清美；这款茶尤其适合女性经期饮用。

4. 名称：月季玫瑰雪莲红花茶

材料：月季花、玫瑰花、雪莲子、红花各3~5克。

制作方法：①把月季花、玫瑰花、雪莲子、红花一同放入杯中，用沸水冲泡。②静置10分钟左右即可饮用。可反复冲泡直至茶味淡却。

保健功效：这款茶的主要功效是益气活血、调节月经，同时具有美容作用。另外，月季、玫瑰、雪莲、红花都有镇痛的作用，这道茶尤其适合痛经的女性。

健康提示：在这款茶中，红花不宜孕妇，月季花不适合血热血虚之人。

5. 名称：玫瑰冰菊茶

材料：玫瑰花3~5克，菊花3~5克，蜂蜜适量。

制作方法：①把玫瑰、菊花放入杯中，用沸水冲泡。②静置约10分钟后，加入适量蜂蜜即可饮用。可反复冲泡直至茶味淡却。

保健功效：这款茶的主要功效是镇静安神、舒缓神经，能有效缓解身心压力，还有降血脂、血压的作用，尤其适合工作强度大的白领一族。

健康提示：茶水中加入冰块或将茶放入冰箱冰镇一下，适合夏季消暑解烦。

6. 名称：玫瑰薄荷洋甘菊茶

材料：玫瑰3~5克，薄荷1~3克，洋甘菊3~5克。

制作方法：①把玫瑰、薄荷、洋甘菊放入杯中，用沸水冲泡。②静置约10分钟左右即可饮用。可反复冲泡直至茶味淡却。

保健功效：这款茶的主要功效是清热祛痒、镇静安神，能够缓解情绪紧张、心绪不安，以及减轻失眠的症状。

健康提示：夏季可以将适量的玫瑰花、薄荷叶和洋甘菊放入大锅中煎煮。用熬煮后的水泡澡，能够清凉肌肤，放松神经，还能缓解夏季蚊虫叮咬引起的皮肤瘙痒。

7. 名称：勿忘我玫瑰茶

材料：勿忘我3~5朵，玫瑰5~10克。

制作方法：①把勿忘我和玫瑰放入杯中，用沸水冲泡。②静置3~5分钟即可饮用。可反复冲泡直至茶味淡却。

保健功效：这款茶的主要功效是宁心安神，促进血液循环和细胞新陈代谢，增强人体免疫力，兼有美白润肤的功效。

健康提示：勿忘我和玫瑰都有养血调经的作用，尤其适合经期女性饮用。

8. 名称：玫瑰巧梅茶

材料：玫瑰3~5克，红巧梅2~3朵。

制作方法：①把玫瑰和红巧梅一同放入杯中，用沸水冲泡。②静置5分钟后即可饮用。

保健功效：这款茶的主要功效是调理女性经血、改善内分泌、加速人体新陈代谢、延缓衰老，同时也能够祛斑养颜。

健康提示：脾胃虚寒、经常腹泻的人士和孕妇要慎饮。

总之，玫瑰花茶性质温和、降火气，可调理血气，促进血液循环，养颜美容，对女性来说可谓是一剂经典良茶。

葛根茶：补充雌激素

葛根，为豆科植物野葛，是中国南方一些省区的一种常食蔬菜。它的主要成分是淀粉，并含有胡萝卜甙、氨基酸、香豆素类等。其味甘凉可口，常作煲汤之用。

葛根可作为药物应用。明朝著名的医学家李时珍对葛根进行了系统的研究，认为葛根的茎、叶、花、果、根均可入药。他在《本草纲目》中这样记载：葛根，性甘、辛、平、无毒，主治：消渴、身大热、呕吐、诸弊，起阴气，解诸毒。现代科学研究还发现：葛根能够提高肝细胞的再生能力，恢复正常肝脏机能，促进胆汁分泌，防止脂肪在肝脏堆积；促进新陈代谢，加强肝脏解毒功能，防止酒精对肝脏的损伤；通过改善心肌缺血状态，防治冠心病、心绞痛、心肌梗死等心血管疾病；通过改善脑缺血状态，防治脑梗死、偏瘫、血管性痴呆等脑血管疾病；强化肝胆细胞自身免疫功能，抵抗病毒入侵，等等。

另外，雌激素对于女人来讲，是女人体内自产自销的保健品和美容剂。雌激素分泌过少，女人就会皮肤粗糙，面容晦暗，乳房发育不全，成为一个“太平公主”；雌激素分泌过多，则会增加患妇科癌症的风险。而葛根含有活性很高的植物雌激素异黄酮，可双向平衡女性体内的雌激素，调节女性内分泌，使女人即使人到中年也能健康美丽。近年来，葛根被冠以“女性保护神”的头衔，正是因为这个原因。这一种天然的植物雌激素，是大豆异黄酮的100~1000倍，对于滋养卵巢、延缓女性衰老有着显著的作用，尤其对中年女性和绝经期女性的保健作用最为明显。

关于葛根对女人的功效，我国古代还流传着一个美丽的传说。相传盛唐年间，某山脚下住着一对夫妻，男称付郎，女叫畲女。男读女耕，十年寒窗，付郎高中进士。本是喜从天降，付郎却烦恼满怀，只因长安城里富家女子个个艳若牡丹，丰盈美丽，想妻子长年劳作，瘦弱不堪，于是有心休掉畲女。他托乡人带信回家，畲女打开只见两句诗“缘似落花如流水，驿道春风是牡丹”。畲女明白付郎要将自己抛弃，终日茶饭不思，以泪洗面，更是容颜憔悴。山神得知后，怜爱善良苦命的畲女，梦中指引畲女每日到山上挖食葛根。不久，畲女竟脱胎换骨，变得丰盈美丽，光彩照人。付郎托走乡人后，思来想去：患难之妻，怎能抛弃？于是快马加鞭，赶回故里，发现妻子变得异常美丽，更是大喜过望，夫妻团圆，共享荣华。从此畲族女子便有了吃食葛根的习俗，而且个个胸臀丰满，体态苗条，肤色白皙。

葛根对女人的作用如此明显，自然成为“女人茶”的茶材中备受青睐的选择。接下来的内容中，我们将给各位读者推荐几款以葛根为茶材的好茶，以供女性朋友参考。

1. 名称：葛根茶

材料：新鲜葛根30克或干葛根5~10克。

制作方法：①将葛根洗净切成薄片。②把葛根片放入杯中，用沸水冲泡约20分钟后即可饮用。③可反复冲饮直至味道淡却。

保健功效：解热生津，保肝解酒，调节内分泌，缓解女性更年期不适。

健康提示：①泡葛根茶的第一泡最好用沸水，以利于葛根茶里的水溶性葛根素和葛根黄酮充分被溶解释放。②气虚胃寒，食少泄泻者不宜饮用。

2. 名称：葛根川七茶

材料：葛根15克，独活10克，白芍10克，川七20克。

制作方法：①将葛根、独活、白芍、川七用水过滤，放入保温杯中，用热开水冲泡。②泡置15分钟后，即可饮用。

保健功效：镇静，消除疼痛，改善肌肉酸痛、头痛等症状。

健康提示：气虚胃寒，食少泄泻者不宜饮用。

3. 名称：葛根钩藤茶

材料：生葛根 15~18 克，钩藤 6~9 克。

制作方法：①将葛根、钩藤研成粗末。②每取 20~30 克放入纱布包。③将纱布包放在保温瓶中，冲入沸水适量，盖闷 10~20 分钟后即可饮用。

保健功效：升清生津，平肝息风，适用于高血压伴有兴奋、烦躁、头痛、口渴、肩背拘急者。

健康提示：早晚分服；阳虚中寒者慎用。

正因葛根对女人来说有诸多保健功效，近些年来一直被人们尊为“女性保护神”，几乎成了女性朋友一生都离不开的好茶材。所以，无论是工作之余，还是生活之中，你都可以饮上一杯适合自己的葛根茶饮。

桃花茶：行气活血

“暖暖的春风迎面吹，桃花朵朵开，枝头鸟儿成双对，情人心花儿开……”春天来临，粉红的桃花热热闹闹地开遍大江南北。春天是恋爱的时节，俗话说“人面桃花别样红”，女性朋友们本该多走桃花运。但如果整天顶着一张灰暗粗糙满是色斑的脸，看上去总是黄恹恹的，没有好气色，也没有好精神，本来要撞到你身上的桃花运看来也会绕道而行了。

桃花，即蔷薇科植物桃树盛开的花朵，原产于中国中部、北部，现已在世界温带国家及地区广泛种植。桃花味甘、辛，性微温，入肝经，具有很好的养血调经、美容养颜、减肥瘦身的作用。《千金方》记载：“桃花三株，空腹饮用，细腰身。”《名医别录》也说：“桃花味苦、性平，主除水汽，利大小便，下三虫。”这都说明了桃花具有消食顺气，治疗闭经的功效。桃花中含有多种维生素和微量元素，这些物质能疏通经络，扩张末梢毛细血管，改善血液循环，促进皮肤营养和氧供给，滋润皮肤，防止色素在皮肤内慢性沉淀，有效地清除体表中有碍美容的黄褐斑、雀斑、黑斑等。对女人来说，桃花的滋养可以说是由内至外，由里及表，因此在保健功效上也深得广大女性朋友的青睐。

用桃花一个比较好的方法就是泡成桃花茶。可以用中药店里加工好的桃花瓣，也可以用自己动手采来的新鲜桃花。这种茶活血效果奇佳。如果脸上已经有一些黄褐斑和色斑，就每天一杯，坚持喝两周左右，你会发现，脸色开始变得红润，皮肤则变得光滑有弹性，那些恼人的色斑也会逐渐消退。为此，我们接下来就详细为您介绍一些桃花茶的制作方法及其功效：

1. 名称：桃花茶

材料：桃花 5~8 朵。

制作方法：①将桃花放置于茶杯之中，先用少许开水冲泡润湿。②加盖闷 5 分钟后，即可饮用。

保健功效：调节经血、减肥瘦身、活血化瘀。

健康提示：孕妇和月经过多者忌用。

当然，如同别的茶材一样，桃花也可以与其他材料搭配，调制出味道鲜美，营养丰富的茶饮。

2. 名称：桃花祛斑茶

材料：干桃花 4 克，冬瓜仁 5 克，白杨树皮 3 克。

制作方法：①将干桃花、冬瓜仁、白杨树皮放到茶杯中，用沸水冲泡。②泡置 10 分钟后，即可饮用。可反复冲饮直至味道淡却。

保健功效：美白养颜，可祛除面部黑斑、妊娠色素斑、老年黑斑等。

健康提示：因为桃花具有活血作用，故孕妇和月经过多者不宜饮用。

3. 名称：桃花蜜茶

材料：桃花 3~5 克，蜂蜜适量。

制作方法：①杯中放入桃花，用沸水冲泡。②泡置约 5 分钟后，加入适量蜂蜜即可饮用。每次冲饮完可以续水，直到桃花味淡为止。

保健功效：这款茶的功效是排毒通肠、顺气消食，同时可以滋润肌肤，令面色红润。

健康提示：①桃花具有泻下的作用，故腹泻之人不宜饮用。②桃花茶每次少量饮用才具有美容效果，喝得太多反而会损耗元气和阴血，导致月经周期和内分泌紊乱。

4. 名称：桃花百合柠檬茶

材料：桃花 3 克，百合花 3~5 朵，柠檬 1~2 片。

制作方法：①把百合花、桃花、柠檬一同放入杯中，用沸水冲泡。②泡置5~10分钟后即可饮用。可反复冲泡直至茶味淡却。

保健功效：桃花活血养颜、化瘀止痛；百合花镇静安神、润肺止咳；

柠檬富含维生素 C 和矿物质。这款茶既能滋润肌肤，还能润肺消炎，帮助缓解肺部不适。

健康提示：桃花活血，月经量过多及孕妇不宜喝这道茶。

5. 名称：桃花枸杞茶

材料：桃花 1~3 克，枸杞 4~6 粒。

制作方法：①把桃花和枸杞一同放入杯中，沸水冲泡。②泡置 5 分钟左右即可饮用。

保健功效：中国古代最早的药学专著《神农本草经》中就曾提到桃花能够“令人好颜色”。这道茶饮最主要的功效就是美颜，长期饮用能有效祛除黄褐斑、黑斑，改善面色灰暗等面部色素性症状，对防止皮肤干燥、粗糙，抑制皱纹有特殊疗效，并且能增强皮肤的抗病能力。

健康提示：桃花还可煎水洗脸，长期坚持能使面色红润、肌肤细腻。

就像人们喜欢用“人面桃花”这个词来赞美女子如桃花般娇美的姿容，在喝了桃花茶之后，女性朋友们大多可以是“人面桃花相映红”，健康运连连，美丽想躲都躲不掉了。

益母草茶：活血利尿

提到“益母草”，很多女性应该都不陌生。无论是市面上专为女士设计的蜂蜜，还是广告里大力宣传的女性保健品，往往都少不了它的“身影”。

益母草，别名茺蔚、坤草、红花艾等，味苦、辛，性微寒，是一种草本植物。春日抽茎，方形，每节对生，长柄叶，轮生淡紫色小形花，一花生四子。关于它，民间还有一个非常感人的传说：古代有一小孩，名叫茺蔚，母亲生他时得了产后病，多年不愈，非常痛苦。茺蔚心痛母亲，便历尽艰辛，四处为母亲求医找药。一日，茺蔚借宿古庙，庙祝被他的孝心感动，赠与他四句诗：“草茎方方似麻黄，花生节间节生花，三棱黑子叶似艾，能医母疾效可夸”。茺蔚按庙祝指引，找到了诗中所说的植物，母亲服后很快痊愈，于是人们将此植物取名益母草，将其种子叫茺蔚。

《本草纲目》中也曾载道：“此草及子皆茺盛密蔚，故名茺蔚，其功宜于妇人及明目益精，故有益母草之称。”千百年来，益母草就像是为女人而生的草，与女人的身体关系密切。它含有益母草碱、水苏硷、益母草定、益母草宁等多种生物碱及苯甲酸、氯化钾等，其作用类似妇科常用的西药——麦角，具有行血去瘀、活血调经之功效，能够促进子宫收缩恢复活力等，治疗妇女产后出血，是妇女产后调理、治疗月经不调之良药。不仅如此，益母草还含有多种微量元素，具有抗氧化、抗疲劳、增强免疫细胞活力的功效，而且可以预防心脏病。

正是由于上述如此多的保健祛病之功效，医学界将益母草尊为“妇科圣药”。同时，益母草也成了女性健康茶饮中不可或缺的茶材之一。除了单独泡饮益母草外，把益母草科学地与其他茶材相配伍，不仅可以充分发挥益母草活血利尿等主要功效，而且还可以有针对性地解决不同的妇科病症，堪称是女人一生的良伴益友了。

接下来，我们就为广大女性朋友们推荐几款常见的益母草保健茶饮。

1. 名称：益母草茶

材料：干益母草 80~100 克，或鲜益母草 160~200 克。

制作方法：①将干益母草或鲜益母草洗净，放入保温杯中。②倒入沸水，冲泡 15 分钟后即可饮用。每剂可分 2~3 次饮服，一日 1 剂。

保健功效：活血利尿，也适用于治疗急性肾小球肾炎、眼睑水肿、神疲乏力、腰酸痛等。

健康提示：阴虚血少或妇女经期忌用此茶。

2. 名称：益母草鸡冠花茶

材料：益母草 20 克，红鸡冠花 15 克，白鸡冠花 15 克，红糖适量。

制作方法：①将益母草、红鸡冠花、白鸡冠花洗净，加水煎煮。②待汁变浓后，停火，取汁，加糖调服，代茶饮。

保健功效：清热利湿、凉血止血、收敛涩肠，适用于治疗月经不调等症。

健康提示：阴虚血少者忌服此茶。

3. 名称：益母草绿茶

材料：干益母草 20 克，绿茶 2 克。

制作方法：①将干益母草与绿茶放入杯中，加入沸水。②加盖闷泡 5 分钟后，即可饮用。可多次冲饮，直至味道淡却。

保健功效：活血行血，还可辅助治疗原发性高血压、痛经等。

健康提示：孕妇忌服此茶。

4. 益母红糖甘草茶

材料：益母草 200 克（鲜品 400 克），绿茶 2 克，甘草 3 克，红糖 25 克。

制作方法：①将益母草、绿茶、甘草放入锅中，加水 600 毫升，煮沸。②5 分钟取汁，即可。一次分 3 次温饮，每日 1 剂。

保健功效：补血益气，活血调经，适合用于痛经、盆腔炎等妇科疾病。

健康提示：孕妇忌服此茶。

另外，还需要注意的是，由于益母草活血功能很强，孕妇不宜饮用。同时，益母草可能引起身体一些过敏反应，如胸闷心慌、呼吸急促、皮肤红痒等，所以过敏体质的女性不宜饮用。

芍药花茶：养血滋阴

古人评花，牡丹第一，芍药第二，谓牡丹为花王，芍药为花相。北宋时，芍药备受珍爱，孔武仲的《芍药谱序》记载说“扬州芍药，名于天下，与洛阳牡丹，俱贵于时。”

芍药花，别名将离、离草、婪尾春、余容、犁食、没骨花、黑牵夷、红药，是中国栽培历史最悠久的传统名花之一。宋郑樵《通志略》记载：“芍药著于三代之际，风雅所流咏也。”据载：“芍药犹绰约也，美好貌。此草花容绰约，故以为名。”芍药也因其花大色艳，妩媚多姿，故又称为“娇客”“余容”；古人以芍药赠送别离之人，以示惜别之情，故亦名“将离”“司离”；芍药花开于春末，故为春天最后一杯美酒，且又称“婪尾春”；因是草本花卉没有坚硬的茎秆，故还称“没骨花”等。

芍药与牡丹花期不同，每年 4~5 月开花，色泽鲜妍绚丽多彩。但因为与牡丹比开花较迟，芍药又被称为“殿春”。有谚曰：“谷雨三朝看牡丹，立夏三朝看芍药。”芍药是春天百花园中压台好花，每当春末夏初，红英将尽，芍药正含苞待放。对此，苏轼也有诗云：“多谢花工怜寂寞，尚留芍药殿春风。”

芍药品种繁多，宋《芍药谱》载 31 种，明《群芳谱》载 39 种，《花镜》载 88 种，至清时扬州芍药达百余种。其性味苦酸、凉，具有补血敛阴、柔肝止痛、养阴平肝的功效，可用于泻痢腹痛、自汗、盗汗、湿疮发热、月经不调等症。在中医里，芍药被称为女科之花，而且芍药根也是著名的中药材。其根的主要化学成分是芍药甙，此外还含有牡丹酚、安息香酸、挥发油、树脂、鞣质、糖类、淀粉、三萜类成分等。芍药甙对中枢神经有抑制作用，并有较好的解痉、镇痛、镇静、解热、抗惊厥、抗炎、抗溃疡、扩张冠状动脉及后肢血管、降血压等药理作用。同时，芍药花可使容颜红润，改善面部黄褐斑和皮肤粗糙，经常使用可使气血充沛，精神饱满。此外，芍药花也可食用，熬粥、做汤、泡茶均可，色香味俱佳。

芍药花具有这么多的作用，下面我们就为广大女性朋友介绍几种芍药花茶饮。

1. 名称：芍药花茶

材料：芍药花 1~2 朵。

制作方法：①芍药花冲洗干净，放入茶杯中，用沸水浸泡。②加盖闷 5 分钟后，即可饮用。

保健功效：此茶具有清淡芳香、养血柔肝、敛阴收汗的功效，可改善面色及肤质。

健康提示：血虚者慎服此茶。

2. 名称：芍药蜂蜜茶

材料：干芍药花瓣 1 匙，蜂蜜适量。

制作方法：①将干芍药花瓣用水洗净，放入杯中，倒入沸水冲泡。②加盖闷 10 分钟后，加入蜂蜜，即可饮用。

保健功效：此茶养血柔肝、祛斑养颜，是女性日常滋阴养血的健康茶饮之一。

健康提示：妇女产后忌服此茶。

3. 芍药桂草茶

材料：炒白芍 60 克，桂枝 20 克，甘草 20 克。

制作方法：①将炒白芍、桂枝、甘草放入研钵中，研为细末。②每次用 30 克置保温瓶中，冲入沸水适量。③闷泡 15 分钟后，代茶饮用。每日 1 剂。

保健功效：此茶具有和营止痛之功效，主治产后失血过多、小腹隐痛、喜按、恶露量少、色淡，伴见头昏心悸、舌质淡红、苔薄、脉虚而细。

健康提示：腹痛拒按，恶露色紫夹有瘀块，或恶露量多，舌质红，口渴者忌用此茶。

4. 名称：柴胡芍药饮

材料：白芍 20 克，柴胡 20 克，甘草 10 克，青皮 10 克，枳实、香附子 15 克，川芎 15 克，白糖 30 克。

制作方法：①将柴胡、白芍、枳实、甘草、香附子、川芎洗净切片，青皮同放瓦锅内，加水适量。②置武火上烧沸，再用文火煎煮 25 分钟。③停火，过滤，去渣留汁液，加白糖搅匀即成。每日 3 次，每次 150 毫升。

保健功效：此茶具有活血化瘀、祛湿除痰之功效，对肿瘤患者尤佳。

健康提示：孕妇忌服此茶。

5. 名称：赤芍牡丹饮

材料：赤芍 15 克，牡丹皮 15 克，桂枝 15 克，茯苓 15 克，桃仁 15 克，白糖 30 克。

制作方法：①将赤芍、牡丹皮、桂枝、茯苓、桃仁洗干净，其中桃仁要去皮尖，放瓦锅内，加水适量。②大火煮沸，再用文火煎煮 25 分钟。③停火，滤渣，在汁液内放入白糖搅匀即成。每日 3 次，每次 150 克。

保健功效：此茶具有祛瘀血、止白带、消癌肿之功效，对子宫癌初期患者有较好疗效。

健康提示：不宜与藜芦同用。

6. 名称：芍药甘草茶

材料：芍药 18 克，甘草（炙）9 克。

制作方法：①将芍药与甘草研成粗末，置保温瓶中，以沸水适量冲泡。②用盖子闷泡 15 分钟后，去渣饮用。1 日内服完，每日 1 剂。

保健功效：此茶具有缓急止痛之功效，尤适于阴阳气血不和或肝木乘脾所致的痛症，如胃神经痛、胃炎及消化性溃疡疼痛等。

健康提示：胃肠有实热、积滞者忌用此茶。

第二章 老年人的健康茶饮

人们常用早上八九点钟的太阳来形容朝气蓬勃的青年，而用日薄西山来描述垂垂老矣的老人。衰老是不可避免的自然规律。我们任何人也不能躲过岁月的雕刻刀。当老年向我们姗姗走来时，我们心中会生出一种莫名的恐惧。因为我们的身体会变得衰弱，动作会变得僵硬，皮肤会变得松弛，各种疾病会成为拜访我们的常客。如何才能提升自身的活力，减少衰老带来的病痛呢？这时，老年朋友们可以根据身体情况选择一些适宜自己饮用的茶饮。

生姜茶：活血暖身

生姜是日常生活中最常用的调味品之一。无论是做菜，还是调馅儿，我们总是会选择切上一些姜丝或姜末。有了姜丝或姜末的加盟，做好的饭菜中便少了几分膻味，多了几分鲜味。不过，调味品并非是生姜唯一的身份。它还拥有许多众所周知的药用价值。

从古至今，生姜收获了无数的赞誉。比如这些耳熟能详的谚语，“早上三片姜，赛过喝参汤”“每天三片姜，不劳医生开处方”；又如著名的教育家孔子就提倡“每食不撤姜。”宋代大诗人苏东坡更是举出了一位因为长期服食生姜而享有高寿的僧人的例子。

生姜真的有如此神奇吗？严格地说，一点也不夸张。我国传统医学运用生姜入药的时间已有千年之久。早在汉代，关于生姜入药的情况就已经有了详细的记录。《名医别录》指出：生姜“味辛，微温。主治伤寒头痛、鼻塞、咳逆上气，止呕吐。又，生姜，微温，辛，归五藏。去淡，下气，止呕吐，除风邪寒热。久服小志少智，伤心气。”《本草图经》也指出：“以生姜切细，和好茶一、两碗，任意呷之，治痢大妙！热痢留姜皮，冷痢去皮。”

其实，生姜是一味性温味辛的中药，能够深入脾经、胃经和肺经，具有开胃止咳、发汗散热、化痰止咳的功效。而肠胃功能不佳、伤风感冒等正是老年人目前迫切需要面对的巨大难题。若能根据自己身体的情况饮用生姜茶，老年人遇到的这个难题就可以得到很好的解决。

据传统中医理论认为，清晨是人体阳气生发之时。而生姜是助阳之物，自古以来中医便有“男子不可百日无姜”的说法。如果能在每天早上饮用一杯生姜茶，就可以帮助老年人提高自身的免疫力，使他们远离感冒、腹泻、肠炎的烦恼。

现在生活水平提高了，每到夏天的时候，人们总喜欢通过长时间地开空调来缓解炎炎夏日给自己带来的酷热。然而，需要注意的一点是，并非空调开得时间越长，我们就会感觉到越凉爽。相反的，稍不留心我们还会患上“空调病”。开始之时，年轻人是患上“空调病”的主力军，而现在越来越多的老年人也加入了患此病的队伍。

患上“空调病”的老人因为身体的抵抗力与免疫力等大不如前，所以会出现更加严重的情况。腹痛、吐泻、伤风感冒、腰肩疼痛是老年人患上“空调病”之后最典型的表现。中医认为，生姜具有发汗解表、温胃止呕、解毒三大功效。常常待在空调屋中的老人只要经常喝点姜汤或是生姜茶，就可以有效地防治“空调病”。

生姜虽然看起来非常不起眼，却是妙处多多。一杯小小的生姜茶可以帮助老年人解决很多困难。难怪许多老年人都亲切地称它为“还魂草”呢！

生姜茶的种类众多，以下便是最常见的几种。

1. 名称：姜茶饮

材料：鲜姜40克，红茶30克。

制作方法：①将准备好的红茶放入锅中，加入适量清水，用文火（即小火）煎煮半小时。②将煮好的茶汤进行过滤，放好备用。③向锅中再次加入适量清水，用文火煎煮半小时。④将第二次煮好的茶汤进行过滤，并将过滤好的两次茶汁倒入事先准备好的茶杯中。⑤将准备好的鲜姜捣碎，并装入事先准备好的纱布包中。⑥将从鲜姜中绞出的汁液加入茶汁中。⑦按照自己的口味加入适量的白糖，搅拌均匀之后即可饮用。

保健功效：姜茶饮具有养胃暖身、活血解毒的功效。饮用姜茶饮可以帮助老年人治疗肠炎、腹泻及细菌性疾病等病症。

健康提示：①注意鲜姜与红茶之间的配伍比例。②一定要掌握鲜姜的用量，不宜过多，以免对老年人的肠胃造成过度的刺激。

2. 名称：生姜感冒茶

材料：生姜 25 克，红糖少量。

制作方法：①将准备好的生姜切成碎末。②将姜末与事先准备好的红糖放入茶杯中。③向装有原料的茶杯中倾入适量的沸水。④加盖稍稍静置片刻之后，即可饮用。

保健功效：生姜感冒茶具有发汗解表、暖胃养身的功效。饮用生姜感冒茶可以帮助饮用者尤其是上了年纪的老年人用温和的方式来治疗外感风寒、鼻子不通、流清鼻涕或是肚子痛、头痛发烧等症状。

健康提示：①生姜感冒茶不宜一次饮用数量过多。②一定要注意生姜的新鲜度。③生姜感冒茶不宜晚上饮用。④如果有喉痛、喉干、大便干燥等阴虚火旺症状，就不适宜饮用此茶。

3. 名称：生姜紫苏饮

材料：生姜 15 克，紫苏子 10 克，红糖 20 克。

制作方法：①将准备好的生姜、紫苏子放入砂锅中。②向装有原料的砂锅中加入 500 毫升清水，并开始加热。③加热至沸腾之后，放入红糖，搅拌均匀之后即可饮用。

保健功效：生姜紫苏饮具有平喘润肠、止咳化痰的功效，是老年人保健养生的好帮手。饮用生姜紫苏饮可以帮助饮用者远离外感风寒与风热带来的烦恼。

健康提示：①注意生姜与紫苏之间的配伍比例。②注意生姜的新鲜度。③患有便秘、目赤内热、痈肿疮疖症候的患者不宜饮用此茶。

菖蒲茶：益智延年

人们常说“人老心先老”。在现实生活中，很多人一迈进老年的门槛就会有一种感觉，那就是自己不可避免地衰老了，再也找不回当初意气风发的感觉了。不仅腿脚变得不灵便，而且原本跳动有力从不生病的心脏有时也要罢工了。不少老年朋友会时常感到胸闷气短、心神不宁，甚至会忘记自己刚刚才说过的话。这到底是怎么回事呢？

原来这都是因为心脏出了毛病。在传统中医理论中，心脏在五行中对应的是火。心主血脉，是我们身体的君主之宫。当出现“心火上窜”的情况时，我们就需要采用“舒”和“养”的方法来养心安神、清心除烦。唯有如此，我们才能获得好精神。同时，心还控制着人体的神智。所以养心安神、益智延年的工作对于老年人来说尤为重要。

如何才能又方便又快捷地达到这一目标呢？答案是饮用菖蒲茶。

菖蒲，又名臭菖蒲、水菖蒲、泥菖蒲、大叶菖蒲、白菖蒲，是一种天南星科的多年水生草本植物。它喜欢生活在池塘、湖泊岸边的浅水区、沼泽地或袍子中，在我国南北各地均有广泛分布。最适宜菖蒲生长的温度是20~25℃。它在冬天会像莲花一样以地下茎的方式潜入泥中度过寒冷的冬天。

同时，菖蒲还是一种毒性很大的植物。据中国植物图谱数据库的记载，菖蒲是全株有毒的植物，它的茎和根均为毒性较大的部分。然而就是这样全株有毒的植物却是一味不可多得的中药。

菖蒲可以入药的部分是它的根和茎。据《神农本草经》记载，菖蒲“久服轻身，不忘，不迷惑，延年，益心智，高志不老”。中医认为菖蒲是一味性温味辛的中药，能够入心经、脾经和肝经，具有醒神益智、化湿开胃、开窍祛痰、延年益寿的功效。所以说饮用菖蒲茶是老年人养心安神、益智延年的最佳选择。

迈过了老年的门槛，很多人会患上冠心病、心绞痛、健忘症，甚至是老年痴呆症。饮用菖蒲茶则可以帮助老年人摆脱癫痫痰厥、热病神昏、失眠健忘、气闭耳聋、心胸烦闷的烦恼，还可以帮助他们疏通血脉、治疗顽固的关节炎。

伟大的教育家孔子曾在63岁的时候这样形容自己——“发愤忘食，乐以忘忧，不知老之将至”。当一个人专心工作，心怀愉悦的时候，他就会忘记自己会衰老这件事情。虽然如此，衰老还是会来临。当然老年朋友也不必因此而自卑，只要根据自己的身体情况选择合适的茶饮，再加上合适的锻炼等，老年人也可以顺利地做好益智延年的工作。

以下便是几种简单的冲制菖蒲茶的配方，请老年朋友们根据自己的情况选择。

1. 名称：菖蒲梅枣茶

材料：九节菖蒲1.5克，酸梅肉、大枣肉各2枚。

制作方法：①将准备好的菖蒲切成片，放入茶杯中。②将准备好的大枣、酸梅、红糖一起放入锅中煮沸。③将煮好的汤汁连汤带肉一起倾入茶杯。④稍稍静置片刻之后，即可饮用。

保健功效：菖蒲茶具有静心安神、芳香辟浊的功效。饮用菖蒲茶可以帮助饮用者尤其是老年人治疗心虚胆怯、失眠健忘或是由突然受到惊吓之后导致的惊恐心悸等病症。

健康提示：①注意菖蒲、酸梅、大枣之间的配伍比例。②酸梅的用量不宜过多，以免对老年人的胃产生过度的刺激。③烦躁汗多、咳嗽吐血的阴虚阳亢者不宜饮用此茶。

2. 名称：菖蒲茉莉茶

材料：石菖蒲、茉莉花各 6 克，乌龙茶 10 克。

制作方法：①将准备好的石菖蒲、茉莉花及乌龙茶放入茶杯中。②向装有原料的茶杯中倾入沸水。③加盖静置 10 分钟之后即可开盖饮用。

保健功效：菖蒲茉莉茶具有理气化湿的功效。饮用菖蒲茉莉花可以帮助老年人远离不思饮食、心烦气躁的症状。

健康提示：①注意石菖蒲、茉莉花与乌龙茶之间的配伍比例。②此茶在一年四季皆可饮用。③烦躁汗多、咳嗽吐血的阴虚阳亢者不宜饮用此茶。

西洋参茶：养阴调肺

西洋参，顾名思义，就是从国外经过了无数风浪之后运抵本国的人参。这种人参同我国原产的人参有很大的不同。身为东北三宝之一的人参自幼生长于深山老林之中，是一种性温滋补性极强的植物。若是不小心服用过量就会出现流鼻血的症状。而西洋参的滋补特性比较平和，没有太多的禁忌。所以，很多不适宜服用人参的人士都改用西洋参来进行身体上的调理。西洋参真有如此神奇吗？下面就让我们一起走进西洋参的世界吧。

西洋参，又名花旗参、广东人参、美国人参，原产于美国北部与加拿大南部一带，有活化石之称。它于清朝康熙年间传入我国。当西洋参传入之后，清代太医院的太医们对西洋参进行了集体鉴别研究，并按照中医理论研究了它的性味、归经、功能与主治病症。与此同时，清代的著名医者汪昂特地在《本草备要》上将西洋参作为增补的第一味药。

由此可知，西洋参在传入之初便进入了我国传统医学界的视野，并迅速成为医书中药物的一员。

中医理论认为，西洋参是一种性凉、味苦甘的中药，能够归入肾经、肺经与心经，具有养阴调肺、清退虚火、生津止渴的功效。饮用西洋参茶可以帮助饮用者治疗肺虚久咳、虚热烦倦、气虚阴亏、咽干口渴等症。

进入老年之后，人们的身体状况通常会发生很大的变化。不少老年人都会出现气血两虚的状况。这种状况将在夏日来临之际变得更加明显。在高温的炙烤下，气血两虚的老年人可能会出现由肺虚引起的久咳不止、精力不济、口干舌燥、厌食等症状。而此时饮用一杯西洋参茶是一个不错的选择。因为西洋参兼具性凉和善滋补两种特性，最适于身体虚弱又容易上火的人士饮用。炎炎夏日会使老年人的气血受到很大程度上的损耗，所以，简单的一杯西洋参茶将会为老年人提供一个遮风挡雨的避风港。

西洋参茶的种类很多，以下便是几种常见的茶饮。

1. 名称：西洋参茶

材料：西洋参切片3~6克。

制作方法：①将准备好的西洋参切片放入保温杯中。②向装有参片的保温杯倾入沸水。③加盖闷制15分钟之后即可开盖饮用。

保健功效：西洋参茶具有益气滋阴、生津止渴的功效。时常饮用西洋参茶，饮茶者尤其是老年饮茶者便可以远离体虚、精力不济或是夜间口干舌燥的困扰。另外，西洋参茶还有帮助饮用者抗击癌症侵袭的功效。

健康提示：①脾胃有寒湿阻滞者不宜饮用此茶。②冲泡西洋参茶时不宜使用铁器。③喝西洋参茶的同时不宜同时饮用传统茶饮或是吃萝卜。④慢性乙肝患者不宜饮用此茶。

2. 名称：西洋参枸杞花茶

材料：西洋参1片，枸杞子5颗，贡菊两朵，金银花8朵，红枣1颗，胖大海1颗，莲子芯8粒，陈皮2片，冰糖适量。

制作方法：①将准备好的各种原料放入茶杯中。②向装有原料的茶杯中倾入沸水。③加盖静置片刻之后即可饮用。

保健功效：西洋参枸杞花茶具有生津润肺、稳定血压的效果。饮用西洋参枸杞花茶可以帮助老年人摆脱夜间口干舌燥及高血压的困扰。

健康提示：①注意冲制此茶各原料之间的配伍比例。②不宜使用铁器来冲泡西洋参茶。③西洋参茶不宜与萝卜或是传统茶饮同时饮用。④患有高血压、慢性乙肝或是性情太过急躁的人要慎重饮用此茶。

3. 名称：西洋参红枣茶

材料：西洋参 3 片，红枣 5 粒。

制作方法：①将准备好的红枣洗净后去核。②将去核的红枣和准备好的西洋参放入茶杯中。③向装有原料的茶杯中倾入沸水。④加盖闷制 20 分钟之后即可开盖饮用。

保健功效：西洋参红枣茶具有益气安神、滋阴补虚的功效。饮用此茶可以帮助老年人增强自身体质，提高身体免疫力，解除体虚、精力不济及口干舌燥带来的烦恼。

健康提示：①注意西洋参和红枣之间的配伍比例。②慢性乙肝与高血压患者要慎重饮用此茶。

罗布麻茶：软化血管

1952 年农业经济学家董正钧在罗布泊发现了一种野麻，并定名为罗布麻。罗布麻是一种夹竹桃科的多年生草本植物。我国秦岭淮河昆仑山以北的各省区均有罗布麻分布。我们平时饮用的罗布麻茶所用的原茶就是罗布麻的叶或根。

罗布麻本身拥有极强的耐盐碱、耐寒、耐旱、耐沙、耐风等特性，能够在岸边、山沟、海滨盐碱低湿地、干旱沙漠或内陆盆地等地区生存。不过，近年来随着生态环境的变化，野生的罗布麻渐渐变少，如今我们可以看到的罗布麻大部分是人工培育的。

虽然罗布麻在 1952 年才被发现，但是据研究发现，实际上民间在很早之间就已将罗布麻用作治病的药材了。《三国志·华佗列传》中华佗就是利用罗布麻来为一位病人治疗眩晕症的。古代中医中并没有“血压”这个医学术语。华佗所说的“眩晕症”其实就是由高血压引起的头晕、胸闷、心肌梗死等病症。而这些病症正是经常会出现在老年人身上的主要病症之一。所以，罗布麻在老年人保健养生的过程中扮演着相当重要的角色。

中医认为，罗布麻是一味性凉味苦甘的中药，能够归入肝经，具有平抑阴阳、软化血管、清热利尿等功效。饮用罗布麻茶将会帮助饮用者尤其是老年人治疗头晕目眩、水肿、心悸失眠、高血压、高脂血等症，还可以帮助饮用者抗过敏、抗癌、抗辐射、延缓衰老。

如今，很多曾经的上班族和努力耕作的人们都已经进入了老年人的行列。随着一贯忙碌的生活节奏的消失，各种病症也不断找上门来。这时，老年朋友们千万不要慌张，一定要根据自己身体的情况及时与医生进行沟通，选择适合调理自己身体的茶饮。

降解烟毒、解酒保肝、安神助眠是罗布麻茶最擅长的功能。若是遇到心悸失眠、血压血脂升高等情况，不妨在和医生沟通之后为自己泡上一杯罗布麻茶吧。它可以让你在轻松的氛围中远离烦恼。

虽然罗布麻茶能为老年朋友们提供很多便利的养生途径，但是它却并非百无禁忌。所以，在按照以下配方进行自制罗布麻茶的冲制时一定要注意。

名称：罗布麻茶

材料：新疆罗布麻叶 3~6 克。

制作方法：①将准备好的罗布麻叶放入茶杯中。②向装有原料的茶杯中倾入沸水。③加盖静置片刻之后即可开盖饮用。

保健功效：罗布麻茶具有平抑阴阳、软化血管、清热利尿的功效。时常饮用罗布麻茶，可以达到治疗高血压、眩晕症的目的。

健康提示：①在中药店购买的罗布麻叶具有轻微的毒性，所以要在仔细咨询医生之后再购买。②此茶不宜长期冲泡饮用。③选择正规厂家生产的食字号罗布麻叶，因为这些产品在加工过程中已经将其中的有害成分去掉了。经过加工的罗布麻叶更适合作为保健茶饮。

甜叶菊茶：养阴生津

一看到甜叶菊，经常喝茶的朋友们就会在心中生出熟悉之感。它在各类茶饮中常常充当冰糖或是其他各种糖类的替代物，而且通常情况下是为了方便糖尿病患者。甜叶菊到底有什么神奇的功效呢？为什么对糖避之唯恐不及的糖尿病患者可以饮用加入甜叶菊的茶饮呢？要想得出正确的答案，我们就需要深入甜叶菊的世界去一探究竟。

甜叶菊原产于南美洲的巴拉圭和巴西的原始森林小山坡的杂草丛中。一位日本教授于 1969 年在巴拉圭发现了它，人们都叫它甜叶菊。甜叶菊是一种双子叶菊科的多年生草本植物。由于它甜度高、热量低，因而被人们亲切地称之为“最甜的叶”和“时髦的甜味品”。我国自 20 世纪 80 年代开始才引进了这种茶。目前，甜叶菊的足迹已经遍及北京、河北、江苏、福建、云南等27个省区。

随着甜叶菊引种的成功，我国的医学界也开始了对甜叶菊的研究和临床应用。据中医理论认为，甜叶菊是一味性寒味甘的药物，能够深入人体的肺经与胃经，具有生津止渴、养阴降血糖的功效。饮用甜叶菊茶可以帮助饮用者尤其是老年人治疗消渴症、糖尿病和高血压、高脂血等症。

在众多功效当中，治疗糖尿病是甜叶菊最擅长的功能。引起糖尿病的原因有很多，比如遗传、肥胖、年龄、激素异常等。糖尿病的种类也有很多种，比如1型、2型、继发性糖尿病等。不过，无论原因如何，种类如何，糖尿病患者都有一个共同的禁忌，那就是不能吃精制的甜食，如果症状比较严重的连普通的糖类也不能食用。

这时，一些患者尤其是一些老年糖尿病患者就会变得很“馋”。他们就像儿童一样，希望通过各种方式来求得家人的允许来吃一点甜食。而这时，家人们也很无奈，看着自己辛苦一辈子的父辈竟然会为这样一点小事而绞尽脑汁。可是为了他们今后的健康，只能狠心地拒绝他们。

自从甜叶菊出现之后，这种现象得到了很大程度的改善。先是临床医生发现了甜叶菊可以作为代糖的用途，建议家人们可以允许比较嘴“馋”的糖尿病患者通过服用甜叶菊来解一解甜“瘾”。后来，医学研究发现甜叶菊还可以帮助患者尤其是老年人降低血压和血糖，促进身体的新陈代谢，并达到强身健体的目的。于是，甜叶菊成为很多国家竞相引进与开发的药物。医学专家也多次向糖尿病患者推荐可以常饮甜叶菊茶来养生保健。

就是这样一株小小的植物解决了医学界和患者的一个大难题。不过，由于甜叶菊的甜度是普通砂糖甜度的200~300倍，所以我们在按照以下方法冲制甜叶菊茶时一定要注意甜叶菊的用量，以免茶饮过腻的情况出现。

名称：甜叶菊茶

材料：甜叶菊3~9克。

制作方法：①将准备好的甜叶菊放到茶壶中。②将500毫升的沸水倾入装有原料的茶壶中。③加盖静置片刻之后即可饮用。

保健功效：甜叶菊茶具有养阴生津的功效。它是治疗容易发生在老年人身上的口渴、糖尿病、高血压等症的好帮手。

健康提示：①注意甜叶菊的用量，不可使茶饮变得过腻。②甜叶菊可以充当任何花草茶的配伍，代替砂糖和蜂蜜作为甜味剂使用。③饮用甜叶菊茶不会使血糖升高。

雪茶：平肝养心

雪茶，又名地茶、太白茶，是地衣类茶科植物。它的形状就像空心草芽，重量特别轻，形状好像白菊的花瓣。雪茶还可以根据颜色分为白雪茶和红雪茶。

与其他茶饮的原茶可以经过人工栽培来扩大产量不同，雪茶因为只能生长在4000米以上的雪域高山上，所以只能采摘天然野生的雪茶，而无法进行人工栽培。也正是因为如此，雪茶才显得特别珍贵。

虽然在普通人眼中，雪茶是一个名不见经传的小角色。但实际上，雪茶拥有极高的观赏价值和药用价值。早在明朝时期，西藏的土司就将雪茶作为贡品进献到朝廷，供皇室品尝享用。到了清代之后，医学大家赵学敏就将它收录到《本草纲目拾遗》当中。据《本草纲目拾遗》记载，“雪茶本非茶类，乃天生一种草芽，土人采得炒焙，以代茶饮烹食之，入腹温暖，味苦凛香美”。

中医认为，雪茶是一种性凉味甘的中药，具有滋阴润肺、平肝降火、补血养心、清心开窍、生津止渴、清热解毒的功效。饮用雪茶可以帮助饮用者治疗高血压、冠心病、肥胖症、神衰体弱等病症。

如今，很多刚刚跨入老年行列的朋友迅速加入了“三高”的队伍。高血压、高血糖、高脂血时时压得老年朋友们喘不过气来。而雪茶中富含雪茶酸、鳞片酸、羊角衣酸、甘露醇、氨基酸，多种维生素和微量元素。这些健康元素将帮助饮用雪茶的老年人迅速排除体内的毒素，增强自身体质，缓和“三高”对他们带来的影响，直至治愈。

过去，雪茶身上总笼罩着一层神秘的色彩，因为它是只有皇室贵族才能享用的贡品。而现在，雪茶早已走进了寻常百姓家，成为老年人保健养生的备选佳品。

雪茶虽然很珍贵，但是并非泡制非常麻烦的茶饮。我们可以按照以下几个简便的方法来学习如何冲制雪茶。

1. 名称：白雪茶

材料：白雪茶1~3克。

制作方法：①将准备好的白雪茶放入茶杯中。②向装有白雪茶的茶杯注入沸水。③稍稍静止片刻之后即可饮用。

保健功效：白雪茶具有平肝降火、清心开窍、滋阴润肺、生津止渴的功效。它可以帮助饮用者尤其是老年人治疗高血压、冠心病，还可以帮助他们降低血脂，达到减肥的效果。

健康提示：①白雪茶属于珍贵的藏药，一定要去正规的药店进行购买，以免上当受骗错买假药。②虽然雪茶有红白颜色之分，但是二者的功效是相同的，并无本质上的区别。③白雪茶可以与绿茶一起混泡。

2. 名称：红雪茶

材料：红雪茶 1~3 克，红茶少许。

制作方法：①将准备好的红雪茶与红茶放入准备好的茶杯中。②向装有原料的茶杯中注入沸水。③稍稍静置片刻之后即可饮用。

保健功效：红雪茶具有平肝降火、清心开窍、滋阴润肺、生津止渴的功效。它是老年人治疗高血压与冠心病的重要帮手。除此之外，红雪茶还能够降低饮用者的血糖，帮助他们达到减肥的效果。

健康提示：①注意红雪茶与红茶之间的配伍比例。②虽然雪茶有颜色之分，但二者功效相当，没有本质上的区别。

银杏茶：润肺止咳

银杏是植物王国的活化石，至今已经存活了两亿多年。与它同时代的动植物早已随着地球环境的不断演化而相继灭绝，只有银杏克服了种种困难还在顽强地进化和生长着。它又名白果、公孙树、鸭脚树、蒲扇，是一种多年生的落叶乔木，5 月开花，10 月成熟，果实是橙黄色的。虽然从表面上看，银杏的开花结果所间隔的时间并不长，但是一颗银杏树的长成要经过 20 多年的时间。正因为如此，银杏已经被我国列入了珍稀品种的行列。

不过，由于银杏还是特种经济作物，所以在经过了一番艰辛的努力和探究之后，人们终于发现可以通过嫁接的方式来促使银杏加快成熟。目前，我国已经在江苏、浙江、广西等省区培育出优良的银杏品种。

银杏不仅是十分美观的观赏植物，有着很高的食用价值，还有着非常重要的药用价值。其主要体现在医药、农药和兽药三个方面。我国著名的医学家李时珍认为银杏能够“入肺经、益脾气、定喘咳、缩小便。”清代医学大家张璐璐所著的《本经逢源》中记载“白果（即银杏）有降痰、清毒、杀虫之功能。”可治疗“疮疥疽瘤、乳痈溃烂、牙齿虫龋、小儿腹泻、赤白带下、慢性淋浊、遗精遗尿等症”。

传统中医理论认为银杏是一味性平味苦甘的中药，能够归入心经与肺经，具有润肺止咳、治疗冠心病的功效。饮用银杏茶可以帮助饮用者尤其是老年人降低血压血脂胆固醇、治疗消化不良、提高整体免疫力。

目前，很多老年人都是“三高”队伍中的成员。而银杏茶中含有丰富的蛋白质、氨基酸、矿物质和维生素等多种营养元素。这些营养元素将会帮助老年人清热解渴，强化血管，恢复心脏弹性的功能。同时，饮用银杏茶还可以帮助老年人抵抗衰老和癌症的进攻，并起到治疗老年痴呆症的功用。

银杏是世界上最古老的植物。它虽然已经经过了两亿多年岁月的侵蚀，却依然没有失去青春的活力。银杏全身都是宝，它一直在以自己顽强的毅力向我们传达着健康的信息。

由于银杏中含有有毒成分，所以我们在按照下列配方进行银杏茶的泡制时一定要注意。

1. 名称：银杏茶

材料：银杏茶 3 克。

制作方法：①将准备好的银杏茶放入茶杯中。②向装有原料的茶杯中注入沸水。③加盖静置 10~15 分钟之后，即可开盖饮用。

保健功效：银杏茶具有润肺止咳、治疗冠心病的功效。有了银杏茶的保护，饮用者尤其是老年人就可以达到治疗肺虚咳喘、冠心病、高脂血、心绞痛等病症的目标了。

健康提示：①购买时需要选择已经制好的银杏叶。②银杏叶不宜同菊花一同泡茶喝。③银杏茶不宜与其他心血管用药及阿司匹林并用。

2. 名称：银杏党参茶

材料：制好的干银杏叶 2~3 片，陈皮、党参少量。

制作方法：①将银杏干叶、党参、陈皮放入准备好的茶杯中。②向装有原料的茶杯中注入沸水。③加盖静置 10~15 分钟之后即可开盖饮用。

保健功效：银杏党参茶具有润肺止咳、治疗冠心病的功效。它是治疗老年痴呆和耳鸣等症的重要辅助物。

山楂茶：健脾益胃

山楂又名胭脂果、山里红，柿楂子，酸梅子，山梨。我们儿时记忆中美丽的零食——冰糖葫芦就是用山楂做成的。山楂是我国特有的药果兼树种。它一般生长在山谷或山地的灌木丛中，具有很强的适应能力。我国的河北、辽宁、山东、河南等省是山楂的主产区。

山楂不仅易于成活，而且品种繁多，味道极佳。也正是因为如此，山楂还是田旁、宅院周围绿化的良好观赏树种。

除去观赏价值和食用价值之外，山楂还有极高的药用价值。元代医学大家朱震亨认为："山楂，大能克化饮食。若胃中无食积，脾虚不能运化，不思食者，多服之，反克伐脾胃生发之气也。"《本草通玄》则指出："山楂，味中和，消油垢之积，故幼科用之最宜。若伤寒为重症，仲景于宿滞不化者，但用大、小承气，一百一十三方中并不用山楂，以其性缓不可为肩弘任大之品。核有功力，不可去也。"《本草再新》也载道：山楂"治脾虚湿热，消食磨积，利大小便。"

在传统中医理论看来，山楂是一种性微温味酸甘的中药，能够深入脾经、胃经和肝经，具有健胃消食、顺气止痛、益脾止泻、解毒醒脑的功效。饮用山楂茶可以帮助饮用者治疗肉食滞积、症瘕积聚、腹胀痞满、瘀阻腹痛、痰饮、泄泻、肠风下血等症。

自从迈入老年的门槛后，很多老年朋友就会发现自己身上会出现一些以前从来没有出现过的症状，比如消化不良、肝火头痛、暑热口渴、高血压、高脂血等。这时，如能按照自己的身体情况适量地饮用山楂茶，可以使这些症状得到很大程度的缓解，进而达到治愈的效果。因为山楂本身含多种维生素、山楂酸、酒石酸、柠檬酸、苹果酸等，还含有黄酮类、内酯、糖类、蛋白质、脂肪和钙、磷、铁等矿物质。这些健康元素会帮助老年人加速脂肪类食物的消化，促进胃液的分泌，扩张血管、调节血脂和胆固醇的含量。

山楂茶的种类很多，以下几种是最为常见的。

1. 名称：山楂消食饮

材料：鲜山楂 20 克，鲜白萝卜 30 克，鲜橘皮 5 克，冰糖适量。

制作方法：①将准备好的山楂、白萝卜、橘皮洗净，备用。②将山楂拍破，将萝卜切成小块，将橘皮撕碎，然后将这些原料一同放入事先准备好的锅中。③向装有原料的锅中放入500毫升的清水。④加盖煎煮10~15分钟，加入冰糖，然后取汁饮用。

保健功效：山楂消食饮具有消食化积的功效。它可以促进饮用者胃液的分泌，从而达到加速脂肪类食物消化的目的。

健康提示：①注意鲜山楂、白萝卜和鲜橘皮之间的配伍比例。②注意山楂的用量不可过多，以免对饮用者的胃造成强烈的刺激。③脾虚胃弱无积滞、气虚便溏、脾虚不食者不宜饮用。

2. 名称：山楂香柠茶

材料：山楂5克，丁香3克，柠檬3克，香茅3克，冰糖适量。

制作方法：①将准备好的山楂、丁香、柠檬、香茅放入茶壶中。②向装有原料的茶壶中注入500毫升沸水。③静置5分钟后，按照自己口味加入适量冰糖，搅拌均匀之后即可饮用。

保健功效：此茶具有促进脂肪代谢的功效。

健康提示：①注意山楂与丁香、柠檬、香茅之间的配伍比例。②脾虚胃弱无积滞、气虚便溏、脾虚不食者不宜饮用。

3. 名称：山楂双耳糖水

材料：蜂蜜山楂50克，银耳、黑木耳、冰糖各30克。

制作方法：①将准备好的山楂、银耳、黑木耳放入砂锅中。②向盛有原料的砂锅中加入清水，并用中火煮20分钟。③20分钟之后加入冰糖进行调味，调味完成之后即可饮用。

保健功效：山楂双耳糖水具有强精、补肾、美容、嫩肤、强心、壮身、补脑、提神、润肠、益胃、补气、和血、延年益寿的功效。

健康提示：①注意山楂、银耳、黑木耳之间的配伍比例。②脾虚胃弱无积滞、气虚便溏、脾虚不食者不宜饮用。

四药茶：气血双补

李济仁教授是新安医学“张一帖”的传人，他的夫人张舜华女士同样是一位国内外知名的中医教授，夫妇二人一生育有五个子女，全部都是医学专家，其中有三个儿子相继成为博士后，四个子女被评为教授。“一门三博士，两代六教授”，被医学界传为美谈。而他们的大儿子，就是写出了《养生大道：张其成讲读〈黄帝内经〉》《〈易经〉养生大道》《一本书学会中医养生》等诸多养生类畅销书的张其成博士。

在李教授50多岁的时候，由于高强度的工作压力，他患上了严重的高血压，最高的时候高压达到200多，低压120，经常感觉头晕目眩。《黄帝内经》中说："气血失和，百病乃变化而生"，人体健康有一个重要的标准，那就是气血充盈而调和，血充足了，四肢百骸、五脏六腑才能够得到濡养，气充足了，这些濡养才能得以完成。作为中医专家的李教授自然知道，自己这个情况属于气血亏虚，因为气血无法濡养头脑了，所以出现头晕的症状。于是，他经过缜密思考，给自己配制出了一帖药茶。

如今，李老已经年逾八十高寿了，但看上去脸色红润，肤质细腻，一点也没有衰老的迹象。而且李老的精神出奇的好。现在他每天都是晚上12点睡觉，早上7点起床，然后从8点开始坐诊，直到下午一两点才休息。这样的工作强度，连跟着他抄方的学生都有点受不了，但他却并不感到疲倦。李老还特别喜欢旅游，基本上每年都要出国一两次。

这样神奇的变化，让见到李老的人羡慕不已。恐怕你也在琢磨：这究竟是什么样的茶，居然有如此的神效？其实，这不是一杯普通的茶，而是李老精心研究出来的药茶。

名称：四药茶

材料：黄芪10~15克，西洋参3~5克，枸杞子6~10克，黄精10克。

制作方法：①把四味药材放到茶杯里，用开水冲下去，然后用盖子把它盖起来。②闷5~10分钟就可以了。一天一杯，水没了就续一点，最后把杯底的药材吃掉。

功效：西洋参与偏温的枸杞子相配，就是寒温并用，共奏补气、补血之功。另外，黄芪为"补药之长"，可以补养五脏六腑之气；黄精有"补诸虚，填精髓"的功效，主要用来补血。四药相合，就能够达到调理气血，通经活络的效果。

健康提示：四药茶虽然好，但并非人人适宜的，喝前请您一定要咨询专家，并且正患感冒的人不要喝。另外，手脚经常冰凉和容易腹泻的病人，最好也要少喝。

正如李老在《中华医药》中写道："我这杯茶主要是气血双补，调理气血，调理经络，通经活络，中医讲气血调和就百病不生，人生病主要是气血不和，关键在个和，所以我这杯茶下去，不单是头昏方面好了，身体方面，皮肤方面实际上都有一定的好处的。"气血和则百病消，老年人常喝这种茶，岂能不健康长驻呢？

第三章 特殊人群的健康茶饮

所谓特殊人群，在营养学的范畴内主要指下列两大类人群：一类为不同生理或病理状况的人群，另一类是在特殊的工作环境中从事特殊职业的人群。在我们的日常生活中，就有很多这样的人存在。比如特殊行业的人、准妈妈、孕妇、中年男士，以及从事着需大量用脑或动手的不同工作者等。呵护这些特殊人群的健康，同样是全社会关注的一个重点。下面，我们就根据一些典型的情况为您介绍数款健康的茶饮。

常接触电脑者的健康茶饮

随着我们的世界开始迈向信息化、全球化，电脑渐渐发展成了我们日常生活中不可或缺的工具。诚然，无论是工作还是休闲，我们已经越来越离不开它，它为我们的工作带来了很多的便利，也为我们的生活增添了许多的乐趣。

然而，当享受着电脑给我们生活带来便利的同时，你是否发现了一些新的问题呢？例如头痛头晕，记忆力减退，多梦易醒，视力下降等。一项研究证实，电脑屏幕发出的低频辐射与磁场，容易引发多达十几种病症，包括鼠标手（即腕关节综合征）、干眼症、颈背综合征、皮肤过敏、失眠、短暂失去记忆、内分泌紊乱、电脑忧郁症及电脑狂躁症等；而对于女性朋友而言，还会造成生殖机能和胚胎发育的异常。因此，电脑族的健康问题已经引起了大家的关注，作为电脑一族的你，思考过怎样避免这些病理保持健康吗？

一般来说，长时间在电脑前工作，一定要注意连续工作4小时以上，就要起身活动一下身体，远望窗外，或者做些简单的保健操。此时，如果再来上一杯适合您口味和特征的保健茶饮，那就真是有百利而无一害了。我们常用于电脑族中的保健茶饮药材就包括了红枣、伸筋草、枸杞子、决明子等。下面，就让我们看看有哪些具体的茶饮配方适合您吧！

1. 名称：绿豆薏苡仁饮

材料：绿豆 200 克，薏苡仁 200 克，白糖适量。

制作方法：①将薏苡仁用水浸泡 3 小时，完成后将绿豆洗净，然后一并放入锅中。②加入适量清水，待到煎煮到熟烂时，加糖搅拌均匀，再熬煮片刻即可出锅。③取汤水即可。

保健功效：这款茶有利尿消肿，清热解毒，健脾益气之功效。

健康提示：此茶特别适合经常熬夜的电脑一族。如果你感到心烦气躁，便秘，口干舌燥或是患有青春痘等症状，饮用这款茶饮也是非常合适的。

2. 名称：黄芪桂枝芍药茶

材料：黄芪 20 克，桂枝、芍药各 6 克，生姜 12 克，红枣 10 颗。

制作方法：①将生姜洗净后切片。②与其他四种原料一并装入茶包袋中，放入装有 1000 毫升的锅中煮沸。③代茶饮用。更可做早餐或是下午茶的茶饮。

保健功效：这款茶有助于减缓长期使用键盘和鼠标后的手腕酸痛现象。若单独冲泡红枣饮用，亦有增加血液循环和镇静利尿的功能。

健康提示：黄芪表实邪盛，食积停滞、气滞湿阻，以及阴虚阳亢者，均需禁服。而红枣本身吃多容易胀气，所以舌苔黄，湿热重的人不宜服用。另外，由感冒引起的多汗症以及感冒咽喉痛者忌饮。

3. 名称：枸杞茶

材料：枸杞子 15 克。

制作方法：①将枸杞子放入锅中，倒入适量冷水。②煎煮约 30 分钟后即可，代茶饮用。

保健功效：对于电脑一族来说，经常用眼看着电脑屏幕是必不可少的，而此茶对于眼睛酸涩、疲劳以及近视加深都有不错的辅助治疗效果。

健康提示：枸杞不是所有的人都适合服用，由于它温热身体的效果相当强，所以身体有炎症、腹泻、正在感冒发烧或是高血压患者最好别吃。

4. 名称：伸筋茶

材料：伸筋草 20 克，天门冬、枳壳各 12 克，鸡血藤 15 克，甘草 6 克，红糖适量。

制作方法：①将伸筋草、天门冬、枳壳、鸡血藤、甘草一并装入茶包中，并置于大茶杯内，倒入1000毫升沸水冲泡后闷15分钟。②待到茶水泡到深红色时再加入适量红糖调制均匀即可，可连续冲泡2次。③代茶饮用。

保健功效：此茶能够除湿消肿，并且可帮助长期静坐使用电脑者疏通经络，祛风散寒，活血。

健康提示：女性经期时，这款茶切勿饮用。

5. 名称：密蒙花茶

材料：密蒙花3~5克。

制作方法：①在茶杯中放入干燥的密蒙花花瓣。②加入沸水后闷泡10分钟即可。可根据各人口味加入红糖或蜂蜜一同饮用。还可与绿茶、蜜糖一同加水煎煮后代茶饮用。

保健功效：这款茶具有明目退翳、清热养肝之功效。

健康提示：睡前一杯密蒙花茶有益健康，并且没有任何副作用。但目疾属阳虚内寒者慎用。

6. 名称：枸杞菊花桑叶茶

材料：枸杞子12克，菊花、桑叶各6克，谷精草3克，蜂蜜适量。

制作方法：①将枸杞子与菊花、桑叶、谷精草一并装入到茶包中。②放入大茶杯，倒入1000毫升沸水闷泡10分钟。③待到茶水变为淡黄色时，加入适量蜂蜜均匀调制，代茶饮用。

保健功效：这款茶具有清热解郁，清肝明目之功效。除此以外，菊花茶还可吸收由于长时间对着电脑造成的荧光屏辐射。

健康提示：经常饮用这款茶可以有效减缓久盯屏幕而产生的两眼干涩、两眼昏花等症状，还可以阻止视力的衰退。另疏散风热多用黄菊花（杭菊花），平肝明目多用白菊花（福田白菊或滁菊花）。

7. 名称：杜仲茶

材料：杜仲12克。

制作方法：①把杜仲放入杯中，浇上开水。②闷盖3分钟，打开盖，即成香甜的美味饮品。

保健功效：此茶具有补血，强筋壮骨之功效，冷饮或冰镇口味更佳，亦可依各人口味调以菊花、灵芝、蜂蜜、果糖饮用。

健康提示：杜仲茶的成分与一般茶叶不同，由于不含咖啡因，故常饮也不致失眠，更没有上瘾等副作用。

以上这些都是我们为您精心挑选的适合电脑一族的保健茶饮。愿您能找到一款属于您的健康茶饮。

应酬族的健康茶饮

在职场，应酬不可挡。临近过年，单位聚餐、酬谢客户、亲朋相聚、赶场吃年饭是常见的事。但觥筹交错之间，几顿大餐下来，不少人的健康就出了问题。混乱的作息时间，暴饮暴食，饮酒过度缠绕着现代人。再加上平时日常工作中坐多动少，以致不少应酬族都出现了消化不良、高血压、肥胖以及失眠等症状，严重者甚至还患上了胃出血、酒精性胃病、酒精肝、糖尿病等危险的疾病。因此如何在保证我们正常的社交应酬的基础上找到一种健康的生活方式，就成了我们要思考的问题。

首先，我们平时应尽量减少一些不必要的应酬，调整我们的休息时间，控制高热量食物的摄入，减少吸烟喝酒，并且尽量多做些运动来调整我们的身心。另外，我们还为您推荐了几款特别适用于“应酬族”饮用的健康茶饮，相信一定会给您的健康带来福音。

1. 名称：洋甘菊茶

材料：洋甘菊 3~5 克，蜂蜜适量。

制作方法：①将干燥的洋甘菊放入茶杯中，倒入开水后闷泡 10 分钟。②待到茶色变成金黄色后再酌加适量蜂蜜或冰糖，代茶饮用。

保健功效：此茶具有平肝明目，镇定安神，祛风解表之功效。

健康提示：①此茶勿过量食用，怀孕妇女不宜饮用。②低血压，寒性体质者根据自身情况酌量饮用。

2. 名称：洋参麦冬五味子茶

材料：洋参 5 克，麦冬 10 克，红枣 2 颗，五味子 3 克，冰糖适量。

制作方法：①将红枣洗净后与洋参、麦冬、五味子一同放入到砂锅中，加入 500 毫升清水。②待煎煮至 300 毫升时，加入冰糖调匀，代茶饮用。每日 1 剂。

保健功效：这款茶具有健脾开胃，益气养阴的效果。

健康提示：此茶对于长期应酬导致的气阴不足，气短懒言，精神不振，疲乏无力者具有很好的保健作用。

3. 名称：山楂降脂茶

材料：山楂 10 克，陈皮 5 克，红茶 3 克。

制作方法：①将原料一并放入到茶杯中。②用沸水闷泡 10 分钟后即可代茶饮用。

保健功效：这款茶有助于帮助我们理气消食以及降低脂肪，尤其适合高脂血的人饮用。

健康提示：胃酸过高以及溃疡病患者不宜饮用此茶。

4. 名称：葛根醒酒茶

材料：葛根 30 克。

制作方法：①将葛根置入锅中，加入适量清水后煎煮。②去渣取汁，待稍凉后代茶饮之。

保健功效：这款茶具有升阳止泻，发表解肌以及解酒毒等功效。

健康提示：葛根具有改善脑部血液循环之效，所以葛根茶具有清热、分解酒精、醒酒健胃、解酒护肝等功效。此茶尤其适用于饮酒过量者饮用。

5. 名称：麦芽山楂茶

材料：炒麦芽 10 克，炒山楂 3 克，红糖适量。

制作方法：①将炒麦芽，炒山楂一并置于锅中。②加水煎煮后，去渣取汁。③加入适量红糖调制均匀。代茶饮用。

保健功效：这款茶具有和中散瘀，消食下气之功效，适用于饮食失节及食滞停积而致的呕吐、因食积中焦而使脾胃运化功能失常等。

健康提示：①脾胃虚弱者慎服。②孕妇不宜食用，因山楂破血破气，容易动伤胎气、导致流产。③空腹不宜多食，因山楂所含的酸性成分较多，空腹多食，会使胃中的酸度急剧增加，容易导致胃痛甚至溃疡。

6. 名称：川芎茶

材料：川芎 5 克，茶叶 10 克。

制作方法：①将川芎与茶叶一并研磨成细末后。②置于茶杯中以沸水冲泡后代茶饮。每日 1 剂。

保健功效：此茶有助于祛风止痛，活血行气。

健康提示：①月经过多，孕妇及出血性疾病者慎服。②阴虚火旺者禁服。

以上是我们为各位“应酬族”推荐的几款比较健康的茶饮，各位可根据自己的情况和喜好加以选择。希望大家在平时的日常生活中能更多地关注自身的健康，在合理工作和休闲的同时，切勿给自己的身体亮红灯。

体力劳动者的健康茶饮

一般来说，体力劳动者多以肌肉、骨骼的活动为主，他们能量消耗多，需氧量高，物质代谢旺盛。一般中等强度的体力劳动者每天消耗 3000~3500 千卡的热量，重体力劳动者每天需消耗热量达 3600~4000 千卡，其消耗的热量比脑力劳动者高出 1000~1500 千卡。体力劳动者的健康，与劳动条件和劳动环境有着密切的关系。体力劳动者以筋骨肌肉活动为主，体内物质代谢旺盛。体力劳动者有很多种类型，比如夏天从事高温作业的人、采矿工作者、搬运工、建筑工人等。

不同的体力劳动者在进行生产劳动时，身体都需保持一定体位，采取某个固定姿势或重复单一的动作，局部筋骨肌肉长时间地处于紧张状态，负担沉重，久而久之可引起劳损。故《素问·宣明五气篇》有“久视伤血、久卧伤气、久坐伤肉、久立伤骨、久行伤筋，是调五劳所伤”之论。体力劳动者往往大汗淋漓，体内容易缺乏 B 族维生素、维生素 C 以及氧和钠等，造成营养比例失调。还有可能接触一些有害物质，如化学毒物、有害粉尘以及高温高湿等。

因此，体力劳动者应该多吃些新鲜蔬菜和水果，以及咸蛋、咸小菜、盐汽水等，以补充维生素 C、B 族维生素以及氧和钠。从事铅作业的人，为了防止铅中毒，要补充维生素 C，每天需要补充 150 毫克左右。在膳食中要增加新鲜蔬菜和水果，同时供给低钙、正常磷的膳食，以减少铅在体内的蓄积。不过，除了合理膳食，茶饮也是不错的选择。常用于体力劳动者的健康茶饮药材有枸杞、干菊花、胡萝卜等，至于具体做法，下面几款就是非常不错的选择。

1. 名称：枸杞普洱茶

材料：普洱茶 3 克，枸杞 3~5 克，干菊花 2~3 朵。

制作方法：①将茶、枸杞和干菊花放入玻璃杯中。②以开水冲泡服用，或者用水煮沸后服用。

保健功效：这款茶具有养肝明目、缓解疲劳以及养精补气之功效。

健康提示：①枸杞性热，所以一次不必放入太多枸杞，一般一杯茶中 7 粒左右即可。②性情过于急躁或体质偏热的朋友不宜过多饮用此茶。③冲服时，注入开水后不要立即服用，应该让茶、枸杞和干菊花在水中充分浸泡后再喝，效果更好。

2. 名称：杞汁滋补饮

材料：鲜枸杞叶 100 克，苹果 200 克，胡萝卜 150 克，蜂蜜 15 克，冷开水 150 毫升。

制作方法：①将鲜枸杞叶、苹果、胡萝卜洗净，切片。②同放入搅汁机内，加冷开水制成汁，加入蜂蜜调匀即可。每日 1 剂，可长期饮用。

保健功效：此茶具有强身壮阳、美颜、抗疲劳之功效，在工作过于劳累及运动过量时饮用，能消除困倦疲劳，恢复元气，增强健康。

健康提示：阴虚精滑的人慎服。

脑力劳动者的健康茶饮

科学家研究发现，人脑的重量虽然只占人体重量的 2%左右，但大脑消耗的能量却占全身消耗能量的 20%。脑力劳动者是指长期从事科技、文艺、教育、卫生、财贸、法律、管理等领域的人员，以及那些体力劳动强度不大而神经高度紧张的群体，如观测、检验、仪表操作等人员。他们存在工作时间不规律、肌肉活动少等问题。因此，一些职业病也困扰着脑力劳动者。

对他们来说，高档的工作环境暗藏诸多健康杀手，经常从事视屏作用会导致视觉紧张，长时间保持静态作业会形成不良工作体位，压力大、竞争性强使精神无法松弛，封闭工作室制造了不良微环境，导致空调病、肌肉不适、僵硬、酸麻、刺痛感、腰背痛、头痛、眼干、眼痛、视力下降、结膜发红等视觉问题，更严重时还会出现抑郁症、心脑血管病，甚至过劳死。

所以，对于脑力劳动者来说，如何保障一天的工作质量和身体健康，就成了我们讨论的重点。就像合理的饮食及生活习惯会对我们合理用脑产生一定的积极作用一样，一款健康的茶饮也会给脑力劳动者带来一些意想不到的功效。针对长时间坐位作业、体力活动少等特点，大多数脑力劳动者宜选择绿茶、薄荷、桂圆、桑葚、黄芪、红花及枸杞等中药配伍组成的茶饮。其中，下面几款就非常不错，朋友们不妨一试。

1. 名称：薄荷灵芝茶

材料：新鲜薄荷叶 4 片、灵芝 3 克、冰糖 5 克。

制作方法：①将鲜薄茶叶、灵芝清洗干净。②将灵芝放入锅中，加入 500 毫升清水煮沸。待煮沸后加入冰糖，再煮三分钟。③将汁液沥出，泡入新鲜薄荷叶，浸泡五分钟后即可饮用。

保健功效：此茶具有提神醒脑、补中益气、健胃消疲的功效。

健康提示：脾胃虚寒者慎用。

2. 名称：核桃桂圆芝麻汤

材料：核桃肉 500 克，桂圆肉、芝麻各 125 克，白糖适量。

制作方法：①核桃肉、桂圆肉、芝麻共同放入盆中。②加白糖适量，捣烂、调匀后装瓶。③每日早、晚各取 1 匙以沸水冲服。

保健功效：此茶具有益智补脑的功效。

健康提示：肠滑便溏者不宜服用。

3. 名称：鲜桑葚蜂蜜饮

材料：鲜桑葚 100 克、蜂蜜 25 克。

制作方法：①将鲜桑葚洗净、绞汁。②取汁倒入小锅内，用文火煮浓，再调入蜂蜜 25 克，冷却后装瓶。③每日早、晚各取 1 匙，用沸水冲汤饮用。

保健功效：这款茶具有益智补脑的效果。

健康提示：胃寒、便溏者不宜饮用。

4. 名称：梅子绿茶

材料：绿茶 5 克，青梅汁与冰糖适量。

制作方法：①将冰糖加入热开水中煮化。②加入绿茶浸泡 5 分钟，滤出茶汁。③加入青梅及少许青梅汁拌匀即可。

保健功效：消除疲劳，增强食欲，能够帮助消化，并有杀菌抗菌作用。

健康提示：此茶适用于下午工作疲倦时饮用。

另外，我们还可选用西湖龙井 5 克与 2~3 颗桂圆一同用开水冲泡饮用。此茶具有健脑益智、抵抗辐射、振奋精神、抗衰老等功效。当然，绿茶不一定非选西湖龙井，也可以根据个人口味选择碧螺春、六安瓜片、信阳毛尖等名品绿茶代替饮之。

经络损伤者的健康茶饮

在现代忙碌的工作学习中，人们常常会受到一些小病痛的困扰。经络损伤便是其一。经络是人体用以运行气血、联络脏腑、沟通内外、贯穿上下的通路，调节着人体的平衡。如果经络出现了问题，则人体就会不通畅，因而影响人的健康。

经络内属脏腑，外络肢节，人体内的毒素和代谢物通过经络而流注于全身，常蕴积于经络脏腑，造成经络脏腑不通。经络出现问题时，常伴有不明原因的游走性疼痛、明显的气虚和体质下降等。如果不加以治疗，经络瘀塞会导致癌症。

在传统的医学理念中，经络的损伤是不可复原的，所以也就是不可治愈的。但是，随着医学的不断进步，有一些中医高手在实践中得出了另一个结论：经络损伤虽不好复原，但经络却是有再生性的，在正确的手法治疗和有效的药物刺激下，经络可以绕过损伤处，另辟蹊径重新工作。

医学研究还发现，经络保健茶能够兼入五脏，畅通脏腑的经络，令人体的代谢废物和毒素排泄等有很好的出路，起到疏通经络，行气活血的作用。遇到口苦口干，痰湿瘀结，经络瘀塞等症状时，经络保健茶会有较好的医疗作用。但是对于经络病来说，只有真正的老茶才有显著的效果，例如喝一些较粗老的岩茶或单丛，三年以上的熟普洱等。下面，我们来了解一下对于经络损伤的茶疗验方。

1. 名称：玫瑰全当归红花茶

材料：玫瑰花9克，全当归3克，红花3克。

制作方法：①将锅内加入适量水。②将三味药放入锅内，水煎。③煎完后，留汤取汁，即可。

保健功效：此茶具有行气破血之功效，可用以治损伤瘀痛、外伤血瘀肿痛或痹证经络不通之肿痛。

健康提示：饮时用白酒少量对服。阴虚有火者勿服。

2. 名称：木瓜青茶

材料：木瓜5克，青皮3克，秦皮3克，松节3克，花茶3克。

制作方法：①将锅内加入300毫升开水。②将五味药放入锅内冲泡。③当冲饮至味淡即可。

保健功效：此茶具有舒筋活络、调肝明目之功效，适用于治疗肝气不舒，湿滞经络，筋脉不舒之屈光不正、视物模糊等。

健康提示：体质虚弱及脾胃虚寒的人，不要水冷后食用。

教师的健康茶饮

说得神圣些，教师是“太阳底下最光辉的职业”“人类灵魂的工程师”，是春蚕，是蜡烛。说得实在些，教师是受过专门教育和训练，在学校中向学生传递人类科学文化知识和技能，发展学生的体质，对学生进行思想道德教育，培养学生高尚的审美情趣，把受教育者培养成社会需要的人才的专业人员。也正是由于职业的特殊性，很多疾病也是不断地困扰着他们。

首先，教师常需在黑板上书写、绘图进行讲解，在消磨了数以万计粉笔的同时，鼻孔也不可避免地吸入了大量的粉笔灰，鼻炎就这样悄悄来到身边。而由于工作性质关系，用嗓过度、发声不当引起声带息肉、声带小结所致声音嘶哑是教师的现代职业病。教师工作压力大，事务性工作多，不少教师临睡前还在备课，考虑近期工作，因此有睡眠问题的教师就特别多。而长期睡眠不足，大脑得不到足够休息，还会出现头疼、头晕、记忆力衰退、食欲不振、抑郁等现象。教师需要长时间伏案低头工作，姿势又持续固定不变，因此教师易犯肩颈痛。此外，长期面对电脑，近距离用眼，几乎是当下教师的通病。

不得不承认，这些日常间细微的疾病，很容易为教师们带来诸多严重疾病的隐患。为此，我们就为广大老师们推荐几款养生保健茶饮，兼顾日常保健与防病祛病双重目的。

1. 名称：观音罗汉茶

材料：铁观音5克，罗汉果1颗。

制作方法：①将罗汉果洗净后拍烂切碎，加水后用慢火煲约1小时。②铁观音用滚水迅速洗茶，将水倒掉。③用罗汉果水泡铁观音茶，约2分钟后即可饮用。

保健功效：此茶具有化痰止咳，清热润肺，缓解慢性咽炎之功效。

健康提示：罗汉果是一种清火润喉的良品，非常适合过度用嗓的老师泡茶饮用，此茶同样也适合吸烟人士或被动吸二手烟的人群饮用。

2. 名称：牛膝炭母草茶

材料：火炭母草、土牛膝各 15 克，地耳草 11 克，肉桂、甜菊叶各 7 克。

制作方法：①将火炭母草、土牛膝、地耳草、甜菊叶等药材用水过滤。②在包好的药材中加入 4 碗水，用大火煮开后再转入小火续煮 40 分钟。③将药材倒出来过滤，并倒入肉桂闷 5 分钟后即可连同肉桂一起服用。

保健功效：此茶是治疗跌打损伤，腰酸背痛的良品，还可行气活血。

健康提示：此茶饮为中药配方，需根据自身情况饮用。

3. 名称：葛根川七茶

材料：葛根 15 克，独活、白芍各 11 克，藏红花 3.75 克，川七 22.5 克，甘草 7.5 克。

制作方法：①将葛根、独活、甘草用水过滤。②再将所有药材用 450 毫升的开水冲泡 15 分钟，汤药倒出来过滤即可饮用。

保健功效：此茶具有改善肌肉酸痛，祛风湿，缓解髋膝酸痛的功效。

健康提示：请遵医嘱，且饮此茶不宜过频，上述方为 1 天的剂量，3 天服用 1 次即可，30 天为一个周期。

总之，无论是护嗓还是缓解腰酸背痛，都希望以上几款茶饮对广大辛勤工作的教师能有一定的帮助。

准妈妈的健康茶饮

众所周知，准妈妈就是指那些怀孕了、不久要生小孩子、准备当妈妈的一类女人。说得专业些，她们就是即将分娩的女人。

这类女性朋友一方面可以享受即将晋升为妈妈的喜悦，另一方面也要格外小心地照顾自己的身体。因为在怀孕期间，孕妇体内会分泌大量的黄体素来稳定子宫，减少子宫平滑肌的收缩，但同时也会影响胃肠道平滑肌的蠕动，造成营养不良，造成反胃、呕酸水等现象。同时，孕妇还会出现水肿的现象。例如在妊娠晚期脚部水肿等，就是非常常见的现象。不仅如此，流产也为妇产科常见疾病，其主要症状为出血与腹痛。对此如处理不当或处理不及时，可能遗留生殖器官炎症，或因大出血而危害孕妇健康，甚至威胁生命。另外，妊娠期间贫血也是常见的病症。如果严重的话，还会诱发心脏病、围产儿死亡率高，甚至牵连到宝宝出生后也发生贫血。

由于准妈妈在妊娠期间会出现以上种种病症，所以积极的预防和治疗是必不可少的。而我国中医自古以来对其深有研究，推荐准妈妈如遇呕吐症状可适当饮些清淡的茶饮，可以紫苏梗、陈皮、生姜、鲜芦根、核桃等茶材为主；如出现妊娠水肿可选冬瓜皮、灯芯草、鲜竹叶、玉米须等茶材；如想保胎可选择桑寄生、莲子、艾叶、南瓜蒂等茶材；若出现妊娠期间贫血可选择当归、人参、荔枝、红枣等茶材。

下面，我们就以上述茶材为主，为处于妊娠时期的准妈妈们推荐几款健康保健茶饮，希望大家可以根据自身的需要有所选择，从而实现母子健康平安。

1. 名称：黄连苏叶茶

材料：黄连 3 克，紫苏叶 8 克。

制作方法：①将黄连捣碎，紫苏叶揉碎。②再用沸水冲泡，加盖闷 10 分钟即可，代茶饮用。每日 1 剂。

保健功效：这款茶具有泻火解毒，理气安胎，清热燥湿的功效。

健康提示：妊娠呕吐，证属胃热者，胃虚呕吐、脾虚泄泻、五更肾泻者慎服此茶。

2. 名称：橘皮竹茹茶

材料：橘皮、竹茹各 12 克。

制作方法：①按原方比例剂量，将橘皮、竹茹研成粗末备用。②用沸水适量冲泡，盖闷 15 分钟后即可饮用。③1 日内分 3~4 次服完。每日 1 剂。

保健功效：这款茶具有益气清热，降逆止呕的功效。

健康提示：本方所治乃胃虚有热，气逆不降所致之证。胃虚宜补，胃热宜清，气逆宜降，故本方从清补降逆立法。对于胃虚有热之呃逆、干呕最为适合。

3. 名称：甘蔗茶

材料：甘蔗 100 克，生姜 10 克。

制作方法：①将甘蔗、生姜榨汁。②两种汁液混合加水 200 毫升后煮沸。代茶饮。

保健功效：这款茶具有良好的和胃止呕效果。

健康提示：胃肝不和之妊娠恶阻特别适合饮此茶。

4. 名称：白术陈皮茶

材料：白术 15 克，陈皮 10 克，大腹皮 10 克，茯苓 10 克。

制作方法：①将白术、陈皮、大腹皮、茯苓制成粗末。②用沸水冲泡，加盖闷 30 分钟，代茶饮用。

保健功效：此茶具有利水消肿、健脾益气的功效。

健康提示：这款茶特适用于妊娠水肿症状的女性朋友。

5. 名称：五皮芪术茶

材料：茯苓皮 15 克，五加皮、桑白皮、生姜皮各 6 克，大腹皮 10 克（或冬瓜片 15 克），生黄芪 10 克，白术 10 克。

制作方法：①将上药共制成粗末。②分成 10 份，每次取一份用沸水冲泡后加盖闷 30 分钟代茶饮用。每日 1 剂。

保健功效：这款茶具有利水消肿、健脾益气的功效。

健康提示：面目四肢水肿或遍及全身的妊娠水肿患者尤适于饮用此茶。

6. 名称：莲子葡萄茶

材料：莲子 90 克，葡萄干 30 克。

制作方法：①将莲子去皮芯后用水洗净。②与葡萄干一同加水 800 毫升煎煮至莲子熟透即可。

保健功效：这款茶具有健脾益肾，安胎的功效。

健康提示：大便燥结及中满痞胀者忌饮此茶。

7. 名称：南瓜蒂茶

材料：南瓜蒂 3 个。

制作方法：①将南瓜蒂切片，加水煎煮后去渣取汁。②从怀孕后半个月起代茶饮，每日 1 剂，可连续服用此茶 5 个月效果更佳。

保健功效：此茶具有安胎养气之功效。

健康提示：有习惯性流产的孕妇适饮此茶。

8. 名称：天冬茶

材料：天门冬（带皮）50 克，红糖适量。

制作方法：①将天门冬洗净后加水约 1000 毫升煎煮。②待到煎煮至 500 毫升时加入适量红糖，代茶饮用。每日 1 剂，可连饮数日。

保健功效：此茶具有清热安胎之功效。

健康提示：风寒咳嗽及虚寒泄泻者禁止饮用。

9. 名称：当归藕节茶

材料：当归 10 克，藕节 20 克，红糖少许。

制作方法：将当归、藕节洗净后放入锅中加水煎汤，之后加入少许红糖，代茶饮用。

保健功效：此茶具有补血止血之功效。

健康提示：这款茶特别适用于女性朋友妊娠期间贫血时补血饮用。

10. 名称：当归黄精茶

材料：当归、黄精各 10 克，茶叶 5 克，红糖少许。

制作方法：①将当归、黄精及茶叶一同制成粗末，倒入杯中。②用沸水冲泡后加盖闷 10 分钟，加入适量红糖调至均匀，代茶饮用。

保健功效：这款茶具有补血填髓的效果，除了适用于妊娠贫血之用外，还适用于缺铁性贫血。

健康提示：具体选择何种茶叶请根据自身情况遵医嘱，脾胃不好者慎服此茶。

11. 名称：人参荔枝红枣茶

材料：人参 2 克，红枣 7 枚，荔枝干 7 枚。

制作方法：将人参、荔枝干和红枣一同加水煎汤，代茶饮用。

保健功效：这款茶具有很好的益气补血之功效，尤其适于气虚而导致的妊娠贫血。

健康提示：阴虚火旺及痰湿阻滞者，不宜饮用。

以上便是我们给孕妇朋友们推荐的数种保健茶饮。需要指出的是，各人都须根据自身的情况和体质去选择适合自己茶饮，怀胎十月，步步小心。我们也愿各位准妈妈们都能保持愉悦的心情，良好的生活习惯，健康的生活方式，用最好的状态去迎接我们新生命的诞生。

哺乳期女性的健康茶饮

说完了妊娠期的茶饮保健，下面我们就该说说女性朋友哺乳期的保健了。一般来说，哺乳期是指产后产妇用自己的乳汁喂养婴儿的时期，就是开始哺乳到停止哺乳的这段时间，一般长约10个月至1年。这期间，女性朋友的健康容易被很多疾患侵袭。

首先，乳腺炎就是产褥期的常见病之一，尤其是初产妇最容易患此病。这种病是乳腺的急性化脓性感染，是引起产后发热的原因之一。其次，产后腹痛也是新妈妈们大都会遇到的一个问题。由于妇女下腹部的盆腔内器官较多，出现异常时，容易引起产后腹痛。一般说来，引起女性下腹部疼痛的原因，可以分为月经周期相关引起的疼痛和非月经周期引起的下腹疼痛。再次，产后便秘也是最常见的产后病之一。产妇产后饮食如常，但大便数日不行或排便时干燥疼痛，难以解出者，称为产后便秘。一般出现产后便秘的原因有：体质虚弱、腹壁肌肉松弛、内分泌变化、肛门周围肌肉收缩力不足、缺乏活动等。最后，还有一个大家关注较多的，也是产妇的常见病理之一，即产后缺乳。产妇在哺乳时乳汁甚少或全无，不足够甚至不能喂养婴儿者，称为产后缺乳。此外，说完产后缺乳，那么就还有一个重要的问题不得不提——产后的回乳断奶了。回乳对于许多女性朋友来说是件十分麻烦而又痛苦的事情。

针对上述诸多高发问题，我们这里为广大哺乳期女性朋友推荐多款优质的保健茶饮。你可以根据自己的情况来选择，从而远离病患威胁，成为一位健康快乐的新妈妈。这些茶的具体配方如下：

1. 名称：银花地丁茶

材料：金银花、紫花地丁各30克。

制作方法：①将金银花和紫花地丁加水煎汤。②去渣取汁，代茶饮用。

保健功效：这款茶能有效预防乳腺炎。

健康提示：气虚疮疡脓清及脾胃虚寒者忌服。

2. 名称：刘寄奴茶

材料：刘寄奴60克。

制作方法：①将刘寄奴加水煎煮。②去渣取汁，代茶饮用。

保健功效：这款茶具有活血行瘀、调经止痛之功效，且能有效防止乳腺炎。

健康提示：易患腹泻、脾胃弱、气血虚者慎用。

3. 名称：红糖胡椒茶

材料：胡椒1.5克，红糖15克，红茶3克。

制作方法：①将胡椒研磨成细末。②把红糖炒焦后加入胡椒末和红茶一同用沸水冲泡饮之。

保健功效：此茶具有止痢止痛，清热化滞之功效。

健康提示：阴虚有火者忌服此茶。

4. 名称：菊花根茶

材料：白菊花根 3 枚。

制作方法：①将白菊花根洗净后，放入杯中。②用沸水冲泡，代茶饮用。

保健功效：这款茶具有化瘀利水、清热解毒之功效。

健康提示：产后感受到湿热邪气而导致的小腹疼痛者适饮此茶。

5. 名称：导气通便茶

材料：葱白 5 克，芥末 3 克。

制作方法：①将葱白和芥末放入茶杯中，用沸水冲泡。②待温热后代茶饮用。

保健功效：这款茶具有不错的导气通便之功效。

健康提示：忌服大黄。

6. 名称：柏子仁茶

材料：柏子仁 15 克。

制作方法：①将柏子仁除去残留的外壳和种皮后研碎，瓷器贮存。②每日早晚各取15~20 克，放保温杯中，冲入沸水盖闷 15 分钟后，即可饮用。

保健功效：这款茶具有生津润燥、养心安神、益智润肠之功效。

健康提示：大便溏泻者忌用。

7. 名称：番薯茶

材料：番薯 500 克，生姜 2 片，红糖适量。

制作方法：①将番薯削去外皮后切成小块。②加入适量清水，待煮至熟透时，加入红糖和生姜片继续熬煮片刻。③去渣取汁，代茶饮用。

保健功效：此茶具有宽中下气，生津润燥之功效。

保健提示：此茶不仅适用于产后便秘的妇女，同样适用于老人的肠燥便秘。

8. 名称：催乳汤

材料：党参 15 克，当归、红枣、王不留行各 10 克，北芪 10 克。

制作方法：①将以上五味茶材加水煎煮30分钟。②去渣取汁，代茶饮用。

保健功效：此茶具有良好的通乳效果。

健康提示：产后乳汁稀少或乳汁迟缓者，可服用此茶，效果明显。

9. 名称：猕猴根茶

材料：猕猴桃根50克，白糖30克。

制作方法：①将猕猴桃根加水煎煮40分钟。②去渣取汁后加入适量白糖，代茶饮用。

保健功效：此茶具有祛风利湿、活血下乳、清热解毒之功效。

健康提示：此茶尤其适用于产后缺乳的朋友服用。

10. 名称：豌豆红糖饮

材料：豌豆100克，红糖适量。

制作方法：①将豌豆用温水浸泡数日。②取之用微火熬煮60分钟，取汁后调入红糖，代茶饮用。

保健功效：此茶具有通乳的作用。

健康提示：由脾胃不和而导致的乳汁不下尤其适合饮用此茶。

11. 名称：枇杷回乳茶

材料：枇杷叶60克。

制作方法：①将枇杷叶放入锅中，加水700毫升，微火煎至400毫升。②去渣取汁后代茶饮用。早晚各服用一次，连续服用2~6日。

保健功效：此茶具有良好的回乳功效。

健康提示：请遵医嘱，在服用此茶期间妈妈应减少汤水的摄入，且不要再让孩子吸吮。

以上便是我们为各位新妈妈们精心准备的哺乳期间适合您饮用的健康茶饮，相信也一定会有几款适合您的特点和口味。

中年男士的健康茶饮

几乎每个年过40的中年男子，每天清晨一睁眼，就能感到肩头的重担，因为他是太太的好先生，儿子的楷模父亲，父母的孝顺儿子，社会的中坚力量。而这些中年男人最容易透支的就是健康。长此以往，各种各样的疾病就会悄然袭来。

总体来看，年过40的中年男人，记忆力开始衰退，性生活不和谐，啤酒肚鼓了出来，；由于饮食结构不合理，脂肪高蛋白类丰富，蔬菜、水果缺乏，再加上饮酒吸烟等不良生活习惯，使得男性发生脂肪肝的概率大大增加；由于生活压力过大，勃起功能障碍及谢顶等都是高发之患。此外，他们还常常面临前列腺疾病、心血管疾病等威胁，严重危害健康与生活。

那么，这些中年男士朋友们该如何避开或走出自己的健康危机呢？首当其冲的，我们就要为中年男士进行饮食调节，使营养均衡摄入。在保证饮食的同时，工作之余喝上一杯有针对性的保健养生茶，也是非常不错的选择。

常用于男性日常保健的茶饮药材包括了枸杞子、沙苑子、西洋参以及龙眼肉等。这里，我们为大家挑选几款专门为中年男士准备的保健养生茶饮，你可以根据自己的具体情况进行选择。

1. 名称：沙苑子茶

材料：沙苑子10克。

制作方法：①将沙苑子洗净后捣碎，放入茶杯中。②用沸水冲泡10分钟后便可饮用。

保健功效：此茶具有涩精止遗，补肾益肝的效果。很多中年男士不免会有阳痿不举、虚劳泄精、腰膝酸软等症状，饮用此茶改善效果明显。

健康提示：相火炽盛，阳强易举者忌服。

2. 名称：韭菜子茶

材料：韭菜子20粒，食盐少许。

制作方法：①将韭菜子与适量食盐一并放入锅中。②加入清水煎汤，去渣取汁。代茶饮用。

保健功效：此茶具有益肾固精、养阴清心之功效，对于许多中年男士的遗精早泄、房事不振、心胸烦闷等现象具有较好的缓解和治疗效果。

健康提示：阴虚火旺者忌服。

3. 名称：爵床红枣汤

材料：红枣30克，鲜爵床草100克（干者50克）。

制作方法：①将鲜爵床草洗净后切碎，与红枣一并放入锅中，加水1000毫升煎煮。②待将水煎至约400毫升时取药汁。③吃枣，代茶饮用。

保健功效：此茶具有利水解毒之功效，可有效预防和治疗前列腺炎。

健康提示：①不宜多饮，上述方剂每日1剂，分2次饮用即可。②脾胃虚寒、气血两虚者不宜饮用。

4. 名称：益阳茶

材料：枸杞子12克，山茱萸、淫羊藿、沙苑子各9克，五味子5克。

制作方法：①将这五味药研磨成粗末后，用纱布包好，置于大茶杯中用沸水加以冲泡。②闷泡10分钟，代茶饮用。

保健功效：此茶具有助阳益智、滋肾补肝之功效。由于阳虚者所导致的困倦乏力、神经衰弱以及记忆力减退等病症都适合于饮用此茶。

健康提示：具体服用剂量请遵医嘱，不宜超量服用。

5. 名称：菊花龙井茶

材料：菊花10克，龙井茶5克。

制作方法：①在茶杯中放入菊花和龙井茶，调匀后用沸水冲泡。②闷泡10分钟，代茶饮用。

保健功效：此茶具有清肝明目、疏散风热之功效，对慢性肝炎、早期高血压、结膜炎以及风热头痛还具有辅助治疗作用。

健康提示：胃寒食少者不宜过量饮用此茶。

6. 名称：龙眼洋参茶

材料：龙眼肉30克，西洋参6克，白糖3克。

制作方法：①将龙眼肉与西洋参一并放入炖锅内，加水约200毫升。②先用武火炖煮，水沸后再转用文火煎煮15分钟即可。③食用时加入些许白糖调匀。每日1次，每次50毫升，代茶饮用。

保健功效：此茶具有益智安神，补气养血之功效。多用于治疗神疲乏力、心悸气短、劳累过度以及失眠多梦的患者，也同样适用于老年气血两亏者。

健康提示：在冲泡和煮制的过程中最好不要使用金属锅，金属锅会让药效大打折扣。

男人的中年危机跟更年期的妇女一样，切不可大意。往往很多老年的疾病就是在这个时期不经意间造成的。因此我们要学会关爱自己，关爱家人的健康。顺利地度过中年，我们的家庭才会更加的和谐、幸福。希望以上几款茶饮能对您有所帮助。

第五篇

美丽花草茶，留住青春芳华

花草茶，顾名思义，就是以花或草本类为茶，泡制出别具一格、风味独特的花式茶饮。花草茶不仅色泽诱人、味道芳香，而且它还具有很好的美容养颜、纤体瘦身等功效。在追求绿色健康的今天，花草茶成了人们必备的饮品之一，特别受到众多女性的青睐。各式各样的花、草组成了功效不同的茶饮，在这一花一草的世界，蕴含着茶饮文化的新特色。

第一章　美容润肤茶饮

花草茶是一道纯天然的绿色健康饮品，特别是近年来，都市女性掀起了一股喝“花草茶”美容润肤的时尚热潮。花草茶种类繁多，功效各异。经医学研究发现，多种鲜花有淡化脸上的斑点，抑制脸上的暗疮，延缓皮肤衰老，增加皮肤弹性与光泽等美容功效。将这类鲜花与绿色草本植物、水果等搭配成“美容润肤茶饮”，在色彩缤纷、香馨沁人的茶中不仅让人们享受到美容润肤的功效，而且还享受到了精神上的愉悦、轻松。

润白雪奶红茶

润白雪奶红茶，顾名思义，就是一款美白效果极佳的润肤花茶。选用香浓美味的牛奶，搭配浓郁芬芳的玫瑰花，在香气中享受“肤如凝脂”的美，可以说是美白肌肤的“圣品”，长期饮用，效果十分显著。

玫瑰花和牛奶是大多数女生所迷恋的美容养颜“武器”，小洁就是一位“牛奶控”。她不仅喝牛奶，还用牛奶洗脸，甚至有时候用牛奶泡澡。后来她得知用牛奶泡花茶，与玫瑰同饮，更能滋润肌肤。于是她就每天制作这款“润白雪奶红茶”，现在人人都叫她“白雪公主”，那“吹弹可破”的水灵肌肤就是这样喝出来的。此茶不仅营养丰富、味道鲜美可口，而且制作也很简便。

接下来，我们就给大家具体介绍一下这款“润白雪奶红茶”。

名称：润白雪奶红茶

材料：鲜牛奶200克，玫瑰花5克，红茶3克，蜂蜜适量。

制作方法：①将玫瑰花与红茶一同放入干净的茶杯中，倒入150毫升的沸水，加盖冲泡5分钟至散发出香气。②然后滤去茶渣，留取茶汁，将200克的鲜牛奶倒入茶汁中，一起混合搅匀。③最后加入适量的蜂蜜调味，搅拌均匀后即可饮用。

保健功效：牛奶的营养十分丰富，含有大量的蛋白质、维生素、脂肪、乳糖及钙、铁、镁、锌等多种矿物质元素。特别是含有较多B族维生素，它们能滋润肌肤，保护表皮、防裂、防皱使皮肤光滑柔软、娇嫩白皙，从而起到美白肌肤的美容作用。此外，牛奶中所含的铁、铜和维生素A，也有美容养颜作用，可使皮肤保持光滑滋润。牛奶中的乳清对面部皱纹有消除作用。牛奶还能为皮肤提供封闭性油脂，形成薄膜以防皮肤水分蒸发，给肌肤提供所需的水分，是一道天然的美白润肤佳品。而玫瑰花也含有丰富的维生素，能改善因内分泌失调引起的皮肤粗糙、黯淡，可调理气血，促进血液循环，具有美白养颜的功效。将牛奶和玫瑰花搭配，再加入适量排毒养颜、滋润肌肤的蜂蜜，这款"润白雪奶茶"的美容润肤功效更佳，是女性拥有白皙润滑肌肤的首选饮品。

健康提示：不可空腹服用此茶，也不可在此茶中加入果汁混合饮用。老年人不宜多喝此茶。

杞枣冰糖养颜茶

枸杞、红枣的美容养颜功效众所皆知，自古以来就是滋补养颜的上品，特别是补血养颜的作用显著，更有民间俗语"每天三颗枣，青春永不老"一说，枸杞也因其具有美容养颜的功效，又被称之为"却老子"。将枸杞、红枣两大养颜圣品搭配在一起泡制而成的"杞枣养颜茶"是人们美容的必选饮品。此外，这款枸杞红枣花草茶还是滋补保健的良方，在美容养颜的同时，又具有补中益气、滋补肝肾的保健功效。

名称：杞枣冰糖养颜茶

材料：枸杞6粒，红枣3颗，冰糖适量（依个人口味酌情增减）。

制作方法：①首先将枸杞、红枣用清水洗净，一同放入干净的茶杯中。②将150毫升的沸水倒入杯中，冲泡5~8分钟。③待枸杞、红枣泡好后，放入适量的冰糖粒调味，并搅拌均匀，放温后即可饮用。

保健功效：枸杞含有丰富的枸杞多糖、脂肪、蛋白质、氨基酸、甜菜碱、维生素、矿物质等，特别是类胡萝卜素含量很高，可以有效补充人体所需的营养元素，提高机体免疫力。不仅如此，枸杞还具有美容养颜、补气强精、滋补肝肾、延衰抗老、降血压、降血脂、止消渴、抗肿瘤的功效。其与红枣搭配而成的“杞枣冰糖养颜茶”，兼枸杞与红枣的功效于一体，是人们补血养颜、补中益气的最佳选择。

健康提示：①枸杞温热身体的效果很强，因此患有感冒发烧、高血压、身体有炎症的人慎食。②脾胃虚寒，腹泻腹胀者忌食枸杞。③红枣糖分丰富，糖尿病患者应少食。④枣皮纤维含量很高，不容易消化，食用过多容易胀气，特别是肠胃道不好的人一定不能多吃；牙病患者及便秘患者需慎食；湿热重、舌苔黄的人也不宜食用红枣。⑤红枣忌与海鲜同食，以免引起身体不适。

柠檬甘菊美白茶

拥有雪白通透的肌肤是众多女性梦寐以求的目标，有句俗语说得好——“一白遮三丑”。但并不是所有的女孩都能像“白雪公主”般有着雪白的肌肤，有些人是与生俱来的黑，还有一些人是因为后天的生活环境造成皮肤变黑。那么，怎样才能美白肌肤呢？市面上层出不穷的美白护肤品、美白秘方等，让人眼花缭乱，效果也各有差异，甚至有一些产品在使用后引起了皮肤的过敏，给肌肤造成一定的伤害。

倩倩夏天在海滩度假，皮肤被晒黑，于是她使用了各种各样的美白护肤品、吃了许多美白的食品，不仅没有收到美白的效果，反而让原本光洁的脸上冒出了不少痘痘和红血丝。正当她感到万分苦恼的时候，无意间得知了一道关于美白护肤的花茶，也就是这款“柠檬甘菊美白茶”。她坚持长期服用，两个月后脸上的痘痘神奇地消失了，红血丝也淡化了，更让她感到高兴的是皮肤也变白了一些，朋友们见了她都说变得年轻漂亮了。

其实，“柠檬甘菊美白茶”就是将酸甜爽口的柠檬与清香淡雅的甘菊一起冲泡，加入几粒美容养颜的枸杞。虽然制作简单，但它不仅增加了茶的色泽和营养，而且美白润肤的功效也十分的显著，长期食用，效果甚佳。

名称：柠檬甘菊美白茶

材料：柠檬 2 片，洋甘菊 4 克，枸杞 6 粒。

制作方法：①首先将枸杞洗净，与洋甘菊一同放入茶杯中。②将400毫升的沸水倒入茶杯中，冲泡3~5分钟。③待洋甘菊泡开后，加入柠檬片，放温即可饮用。

保健功效：柠檬的营养价值极高，富含多种维生素，特别是水溶性维生素C的含量极高，是美容的天然佳品，具有很强的抗氧化作用，对促进肌肤的新陈代谢、延缓衰老及抑制色素沉着等十分有效，具有很好的美白作用。柠檬中还含有丰富的有机酸、柠檬酸，其中柠檬酸与钙中和，可大大提高人体对钙的吸收率，增加人体骨密度，进而预防骨质疏松症。此外，柠檬还含有钙、钾、锌、镁等多种人体必需的微量元素。而洋甘菊有镇定肌肤、保护敏感性肌肤、明目、退肝火、治疗失眠、降低血压的功效，可治疗焦虑和紧张造成的消化不良，且对神经痛及月经痛、肠胃炎都有所帮助，安抚焦躁不安的情绪、治疗便秘、舒解眼睛疲劳等。再加上枸杞的益气养颜功效，长期饮用这道“柠檬甘菊美白茶”可以增强皮肤的抗敏性、增加肌肤的光泽度，达到很好的美白养颜功效。

健康提示：①柠檬中含有大量的有机酸、柠檬酸，因此胃溃疡患者以及胃酸分泌过多者忌食；且患有龋齿者和糖尿病患者也需慎食。②洋甘菊有通经的效果，孕妇避免饮用。③消化不良、腹胀腹泻、脾胃虚弱者不宜食用枸杞。

桃花消斑茶

许多朋友脸上都有着斑的困扰，在洁白光滑的肌肤上却长着一片片斑点，直接影响着美丽的容颜。19岁的玉菲有着一张精致可爱的娃娃脸，可是在脸颊上却有两大片黄褐色的雀斑，漂亮的脸蛋一下就减了不少分数。花样年华的她也因此被一些男生嘲笑成“黄脸婆”，这让玉菲深受打击，后来在去乡下奶奶家的时候，村里的大妈告诉了她一款绿色健康的消斑秘方，用干桃花与橘皮、冬瓜仁一起泡制成茶，每天适量饮用，长期坚持，斑就会慢慢淡化直到消除。她抱着试试的心态，每天坚持饮用这款“桃花消斑茶”，半年后脸上的雀斑淡化了许多，不仔细凑近看根本看不出。就是这么简单的几道食材，搭配成这么一款神奇的“桃花消斑茶”，让不少朋友获得了更美的容颜。

名称：桃花消斑茶

材料：干桃花5朵，冬瓜仁6克，橘皮、蜂蜜适量（依个人口味酌情增减）。

制作方法：①首先将冬瓜仁用清水洗净，取一干净的锅，置于火上，把洗净的冬瓜仁放入锅中用微火炒香至黄白色，盛出晾凉备用。②将橘皮切成细丝（取3-5根丝即可），待用。③将桃花、橘皮丝、冬瓜仁一同放入干净的茶杯中，倒入300毫升的沸水冲泡10分钟左右。④待茶温后，加入适量蜂蜜搅拌均匀，即可饮用。

保健功效：冬瓜仁含有脂肪油酸、瓜胺酸等成分，有淡斑的功效，对美化肌肤有较好的效果。在《日华子本草》一书中关于冬瓜仁的功效记载：去皮肤风剥黑皯，润肌肤。蜂蜜也有很好的美容润肤作用。长期服用上述两者与具有美颜润肤功效的桃花搭配而成的“桃花消斑茶”，可令肌肤光泽有弹性，慢慢淡化直至消除面部斑点。

健康提示：桃花、蜂蜜都有很好的通便效果，因此肠胃不好，腹泻者忌服；孕妇也不可饮用此茶。

桑叶美肤茶

相传在宋代的某一天，严山寺来了一位游僧。他身体瘦弱而且胃口极差，每夜一上床入寐就浑身是汗，醒后衣衫尽湿，甚至被单、草席皆湿。为此，他四处寻医问药，但二十几年来均无果。他到了严山寺以后，监寺和尚得知了他的病情，对他说：“不要灰心，我有一祖传验方，治你的病保证管用，还不花你分文，也没什么毒，何不试试？”游僧听了表示愿意。于是，第二天天刚亮，监寺和尚就带着他来到一棵桑树下，趁晨露未干时，采摘了一把桑叶带回寺中。监寺和尚叮嘱他要焙干研末后每次服二钱，空腹时用米汤冲服，每日1次。游僧照做了，但令他没有想到的是，连服3日后，缠绵自己二十几年的沉疴竟然痊愈了。游僧与寺中众和尚无不惊奇，佩服监寺和尚药到病除。

其实，这虽然只是个传说，但其中的桑叶确实存在。桑叶又称霜桑叶，农历节气霜降前后采摘，在我国有着悠久的种植历史，如今全国大部分地区均有种植。它味甘、苦，性寒，无毒，入肝、肺经。关于桑叶治病入药，应该说始于东汉。《神农本草经》里将它列为“中品”，其意是养性，同时还指出“桑叶除寒热、出汗”。不仅如此，《丹溪心法》中亦有“桑叶焙干为末，空心米汤调服，止盗汗”的语录。近年来，现代中医也对桑叶进行了更为深入的研究，并将它列入辛凉解表类药物中，作疏风清热、凉血止血、清肝明目之用。

说得通俗些，桑叶自古以来就被用作药材来治病，具有很好的滋补保健功效，素有“人参热补，桑叶清补”之美誉。而相比它的药用价值，我们更为熟知的是，桑叶用来饲养蚕，是蚕的主要食材。后来经科学烘焙等工艺将桑叶制成茶叶来饮用，除去了桑叶中有机酸的苦味、涩味，经开水冲泡后口味甘醇、清香怡人、茶汁清澈明亮，尤其是对一些不宜饮茶的人提供了一种新型的饮品，在饮用桑叶茶过程中得到一定的保健效果。

名称：桑叶美肤茶

材料：干桑叶 5 克。

制作方法：①将干桑叶稍微过水洗净，沥干水分后撕成碎片放入茶包中，备用。②将备好的桑叶包放入干净的茶杯中，加入 200 毫升的沸水冲泡约 5 分钟，滤出茶包即可饮用。

保健功效：桑叶中富含黄酮化合物、酚类、氨基酸、有机酸、胡萝卜素、纤维素、维生素及铁、锌、铜等多种人体必需的微量元素，这些物质对改善和调节皮肤组织的新陈代谢，特别是抑制色素沉着的发生和发展均有积极作用。它们可以减少皮肤或内脏中脂褐质的积滞，对脸部的痤疮、褐色斑都有比较好的疗效。同时，桑叶还有很好的清热解毒作用，长期饮用可以排除体内毒素，增加皮肤光泽。此外，桑叶在降压、降脂、降低胆固醇、抑制脂肪积累、抑制血栓生成、抑制有害的氧化物生成、抗衰老等方面同样疗效显著，其最突出的功能是防治糖尿病，对头晕眼花、眼部疲劳、痢疾、水肿等也有一定的疗效。所以，常饮这种简单泡制的桑叶美肤茶，既可以收获白皙水嫩的肌肤，又可以收获清爽与健康，何乐而不为呢？

健康提示：桑叶性寒，故脾胃虚寒者慎服此茶。

桂花润肤茶

在我国，桂花有着悠久的种植历史，自古以来都深受人们的喜爱，在众多文学作品中都有关于对桂花的赞美。桂花不仅具有极高的观赏价值，而且还有着广泛的药用价值，此外，桂花也是一道美味的食材，经常被人们用来制作成糕点、糖果、茶饮等。到了八月桂花飘香的季节，采上新鲜的桂花用阳光晒干成花茶，每日取一些与乌龙茶搭配成“桂花润肤茶”，在享受桂花茶香的同时，又达到美容润肤的功效。特别是在皮肤干燥的秋冬季节，坚持饮用，补充皮肤水分，让肌肤莹润光泽。

名称：桂花润肤茶

材料：干桂花 3 克，乌龙茶 2 克，蜂蜜适量（依个人口味酌情增减）。

制作方法：①首先将桂花与乌龙茶一同放入干净的茶壶中。②将 400 毫升的沸水倒入壶中，加盖冲泡约 5 分钟。③待茶泡好后，加入适量的蜂蜜，搅拌均匀，倒入茶杯中即可饮用。

保健功效：桂花中含挥发油，其中有 β-水芹烯、橙花醇、芳樟醇，这些物质在美白肌肤、排解体内毒素等方面有较好的药用价值。而且桂花含有的月桂酸、肉豆蔻酸、棕榈酸、硬脂酸等物质也对美白肌肤、改善肤质有一定的作用。中医还指出，桂花性温、味辛，有温中散寒、暖胃止痛、化痰散瘀、养生润肺、维护心血管的功能，对血管硬化及高血压等症有缓解作用，对食欲不振、痰饮咳喘、痔疮、痢疾、经闭腹痛也有一定的疗效。脾胃虚寒及脾胃功能较弱的人可以适当饮用桂花茶温胃。乌龙茶中含有丰富的氨基酸、维生素、有机酸、糖类、茶多酚、蛋白质以及矿物质等营养物质，不仅可以补充人体的能量，具有降压降脂等保健功效，而且还具有美容作用。所以长期饮用这款“桂花润肤茶”，可以活气补血，消除皮肤暗沉，改善气色，具有很好的亮肤效果。

健康提示：胃脘灼热疼痛、口干舌燥、食欲低下、小便色黄等症状的脾胃湿热患者不适合饮用此茶。

清香美颜茶

许多人在饮茶时特别讲究茶的味道，一般清香淡雅的花茶深受人们喜爱，在休闲惬意的时光中，品上一杯清香的美颜茶，简直就是一种艺术的享受。这款“清香美颜茶”选用甘香微苦的洋甘菊、淡雅清香的苹果花、养颜补血的枸杞粒和酸甜可口的柠檬汁一起冲泡而成，是一道色、香、味俱全的美颜饮品。

名称：清香美颜茶

材料：洋甘菊 3 克，苹果花 3 克，枸杞 3 克，鲜柠檬 1 片。

制作方法：①首先将枸杞用清水洗净，沥干备用。②将洋甘菊、苹果花和备好的枸杞一同放入干净的茶壶中，倒入 300 毫升的沸水，加盖闷泡3~5分钟至洋甘菊、苹果花充分泡出香味。③待花茶泡好后，取鲜柠檬片挤出果汁放入茶杯中；然后将适量花茶倒入杯中；最后把整个柠檬片也泡进茶杯中，搅拌均匀即可饮用。

保健功效：唐代名医孙思邈曾说苹果花可“益心气”；元代忽思慧认为苹果花能“生津止渴”；清代名医王士雄称苹果花有“润肺悦心，生津开胃，醒酒”等功效。经现代药理学研究发现，苹果花中含有一种多酚类，极易在水中溶解，因而易被人体所吸收。苹果酚有抗氧化的作用，能祛痘美白、具有美容养颜的功效。此外，常饮苹果花还能够抑制血压上升，预防高血压。苹果花能补血活血、帮助消化、健胃整肠，调理气血、明目、解毒、治疗神经痛、治疗肝斑、黑斑、面疱、粉刺等症。其与能够加速分解黑色素、提升肌肤美白效果的洋甘菊相互搭配入茶，并补以具有抗氧化作用的柠檬和具有补血养颜作用的枸杞，可以彻底从内到外对皮肤进行呵护。所以这道“清香美颜茶”美白养颜、滋润肌肤的效果极佳，而且也特别适合敏感性肌肤患者饮用，在增强皮肤抗敏性的同时，又实现肌肤的健康美丽。

健康提示：①洋甘菊有很好的通经效果，孕妇忌服。②胃酸分泌过多及胃溃疡患者慎食柠檬。

第二章　纤体瘦身茶饮

纤体瘦身是当下最为时尚的话题之一，人们几乎把“瘦”定义为新的审美标准，甚至被诸多女性视为一种生活目标。于是，跟随着瘦身风潮的兴起，层出不穷的减肥产品也漫天铺盖，各式各样的减肥方法让人们眼花缭乱。其实，纯天然的花、草植物就是很好的瘦身良方，比如荷叶、山楂、柠檬草、迷迭香等，将这些绿色健康的茶材制作成茶饮，坚持科学地服用，纤体瘦身效果尤佳。

柠檬茉莉茶

生活中，有很多朋友并不是真正的肥胖，而是因为水肿，让人看起来觉得很胖。某白领小优就是其中一个例子。

小优有着完美的骨感身材，可是胖嘟嘟的脸却与这瘦弱的身材显得格外不搭，为此她尝试过多种减肥消脂的办法，可是每次都只是减少身上的肉，脸依旧“很胖”。朋友还因此给她取了个“大脸妹”的外号，这让小优十分厌烦。每次都害怕与别人谈论“小脸”这个话题，看到杂志上的那些“小脸美眉”，小优心里是又爱又恨。后来在一次同学聚会中，无意间得到了一款消除水肿，打造小脸的秘方，回家后她马上尝试了这款秘方——“柠檬茉莉茶”，并每天坚持饮用，半年过后，整个脸小了一圈，五官更加的精致突出，不仅消除了水肿，而且肌肤光洁如玉、通透白皙，变成了人人嫉妒的“大美女”，并终于摆脱了“大脸妹”的称号，直到现在，小优还坚持着饮用“柠檬茉莉茶”。

名称：柠檬茉莉茶

材料：柠檬2片，茉莉花2克。

制作方法：①首先将柠檬片、茉莉花一同放入干净的茶杯中。②倒入

300 毫升的沸水冲泡，约 3 分钟，温饮即可。

保健功效：关于柠檬和茉莉花各自的具体功效，前文已经阐述过了，但就两者结合到一起对纤体瘦身方面的功效，我们不得不在这里用浓重的笔墨来说一下，因为二者的结合绝对是妙上加妙。这款柠檬茉莉茶，即使柠檬对人体新陈代谢方面的保健功效——维持人体各组织和细胞间质的生成，并保持它们正常的生理机能——得到很好的发挥，又使茉莉花充分发挥其清肝明目、生津止渴和通便利水的作用。换而言之，在这款柠檬茉莉花茶中，柠檬与茉莉花两种茶材的“通”和“利”功效互相加强，特别是通便利水的方面，从而可以使人体排出毒素，消除水肿，达到“纤体瘦身”的效果。

健康提示：①胃溃疡患者、胃酸分泌过多者忌食柠檬；患有龋齿者和糖尿病患者也需慎食。②孕妇不宜饮用此茶。

荷叶茶

提起荷叶，我们最先想到的就是荷花“出淤泥而不染，濯清涟而不妖”的高尚品质，殊不知荷花下肥硕的荷叶有着广泛的药用功效。早在秦汉时代，先民们就将荷叶做成茶作为滋补药用，特别是它的减肥功效在众多医书中都有记载：“荷叶减肥，令人瘦劣”。

对于处在快节奏都市生活中的我们来说，饮食油腻、久坐气血不通，身体臃肿，腰腹鼓胀等几乎成了都市人的一种普遍特征，长期饮用含添加剂的咖啡、奶茶、调味汽水等，更是加重了身体的负担。那么，你是否也想要放松心情、缓解肥胖、排毒轻体呢？每天喝上一杯纯天然的荷叶茶，可以让身体健康地调节肠道，排出体内积累的毒素，达到身轻、腹瘦、神清气爽、肤色好的效果。让我们在清香淡雅的荷叶中感受大自然的清新，唤醒身体深处那远离自然已久的轻盈灵魂。

名称：荷叶茶

材料：干荷叶 25 克，冰糖适量。

制作方法：①首先将干荷叶洗净，沥干水分后撕成碎片，备用。②取一干净的锅，置于火上，将备好的荷叶片放入锅中，倒入 1000 毫升的清水，用大火煮沸后转小火慢煮 20 分钟。③待茶汤色泽碧绿，散发出阵阵荷香时，滤出荷叶渣，然后加入适量的冰糖粒，待其充分融化并搅拌均匀。④最后将煮好的荷叶茶静置晾凉，放入冰箱冰镇后饮用口感更佳。

保健功效：荷叶味苦涩、微咸，性辛凉，具有清热解暑、升阳发散、祛瘀止血、抑菌、解痉等作用。与此同时，荷叶的减肥效果也很佳。荷叶茶进入人体后，能在人体肠壁上形成一层脂肪隔离膜，有效阻止脂肪的吸收，并能分解脂肪、润肠通便、利尿排毒，达到减脂瘦身的功效。常饮荷叶茶还能降血压、调节血脂，对于肥胖人士来说，它不仅是一款减肥的良方，也是治疗高血压、高脂血、高胆固醇的有效药材。

健康提示：①荷叶性辛凉，脾胃虚寒者慎服。②荷叶有收涩止血的作用，不适合经期女性饮用，孕妇也最好不要饮用。③胃酸过多、消化性溃疡和龋齿者，以及服用滋补药品期间忌服用荷叶茶。④不宜空腹饮用荷叶茶。若在空腹时食用会增强饥饿感并加重原有的胃痛。

三叶茶

三叶茶是曾经风靡一时的一款减肥茶，因其采用多种纯天然的青草茶为原料，是一道绿色健康的自然饮品，对于想要纤体瘦身的朋友来说是不错的选择。通过饮用三叶茶实现减肥的例子很多，婷婷就是其中一个。

婷婷属于典型的水肿型身材，也就是我们常说的“虚胖”。她身上有好多肉，无论是腰上还是腿上，而且非常松弛。她总和朋友们半开玩笑地说：“我的肉密度太小，徒有其庞大的体积，分量却不足，所以既不耐寒也不好减。”尽管如此，朋友们都能感觉到她内心的那种无奈与苦恼。曾有人为她推荐按摩，可由于工作原因，她没去两回就坚持不了了。她特别希望找到一种可以不耽误工作的减肥方法。于是诸多贴心闺蜜到处为她寻找绝招秘典，找着找着就遇到了一款叫“三叶茶”的方子。在朋友的介绍下，婷婷尝试了这款“三叶茶”。她每天坚持3杯，几个月后身体神奇般地变得轻盈了许多，而且没有反弹；更神奇的是皮肤也变得光泽、嫩滑了。同时更令她欣喜的是，这种茶在家就可以自己动手制作，既可以兼顾了工作与生活，又可以节省不少体力。

如果你正在为自己水肿的身材而苦恼，那么，来一杯清香的三叶茶，缓解身体的水肿，排除体内多余脂肪，在青草茶中享受更多的保健作用。

名称：三叶茶

材料：干荷叶5克，淡竹叶5克，干桑叶5克，新鲜蒲公英5克，枸杞2克，柠檬汁5毫升，蜂蜜5克。

制作方法：①首先将荷叶、淡竹叶、桑叶、蒲公英、枸杞清洗干净，沥干水分备用。②取一干净的锅，置于火上，倒入1500毫升的清水，将备好的荷叶、淡竹叶、桑叶、蒲公英、枸杞一同放入锅中，以大火煮沸后转小火续煮约1个小时。③待茶汤煮好后，滤出所有的材料，留取茶汤，静置待凉备用。④将柠檬汁与蜂蜜加入放凉的茶汤中，搅拌均匀后倒入茶杯中即可饮用。

保健功效：这款三叶茶一方面利用了荷叶清热解毒、分解脂肪、利尿减肥的功效，另一方面兼顾了淡竹叶能清除体内活性氧自由基、诱导生物体内部的抗氧化酶系的活性、延缓衰老进程的保健作用。同时，在此茶中，淡竹叶的利尿功效得到了很好的发挥。两者入茶，再配以具有清肺润燥、平抑肝阳、降脂利尿功效的桑叶，和能够改善消化系统、促便利尿的蒲公英，更加充分地发挥茶材的利尿效果，从而有效消除水肿型肥胖，达到较好的减肥功效。

健康提示：①孕妇忌服此茶。②体质虚寒、脾胃虚弱、肾功能不好的人忌服此茶。

玲珑消脂茶

玲珑消脂茶的减脂塑身效果可以说是快速、有效、安全，为短期内想要获得减肥效果的朋友带来了福音。秀秀是一位即将跨入婚姻殿堂的准新娘，穿上神圣的婚纱、拥有最美的时刻是每个女孩梦寐以求的愿望，可是对于身材较胖的秀秀来说，既充满欣喜又有一丝遗憾。在拍摄婚纱照的时候，让秀秀深受打击，穿上婚纱的她，腰上的赘肉一圈又一圈，完全没有那种美美的感觉，反而显得更加的臃肿。正在这时婚纱摄影师告诉了她一款快速瘦身的“玲珑消脂茶”，于是秀秀推迟了婚纱照的拍摄，开始了这道减肥计划，经过两个月，秀秀如愿地瘦了一大圈，当她再次来到婚纱摄影店穿上那款婚纱时，就像美丽的白雪公主，在每一张照片上都流露出了充满幸福的笑容。

其实，这款“玲珑消脂茶”之所以能有如此神奇的功效，都是因为它选用了天然减肥良方柠檬马鞭草、甜菊叶等，每天饮上一杯，让你拥有完美身材。

名称：玲珑消脂茶

材料：柠檬马鞭草3克，柠檬香茅1克，甜菊叶5片，老姜适量。

制作方法：①首先将柠檬马鞭草、柠檬香茅、甜菊叶、老姜清洗干净，沥干水分，然后把柠檬香茅剪成小段、老姜切片备用。②将备好的所有材料一起放入茶壶中，冲入400毫升的沸水，加盖闷泡5分钟后，滤出茶渣留取茶汤，倒入茶杯中即可饮用。

保健功效：柠檬马鞭草具有解毒、消炎、退热、利尿减肥的功效，可提神、镇静、消除恶心感，并可促进消化、改善胀气。以其入茶，有助于刺激肝功能、强化肝脏的代谢功能、促进胆汁分泌以分解脂肪、强化神经系统、减缓腿部水肿。柠檬香茅含有柠檬醛，有消毒、杀菌与治疗神经痛、肌肉痛的效果。用它来泡茶，可减缓筋骨酸痛，腹部绞痛或痉挛。并且其中的柠檬醛可提高人体消化机能，达到健胃消脂的功效。所以，它对于女性有利尿、防止贫血、肠内净化及瘦身减肥的效果。甜菊叶中则富含“甜菊素”，该物质能够促进消化、促进胰腺和脾胃功能；并能滋养肝脏，养精提神；调整血糖，减肥养颜。正因如此，甜菊叶成为糖尿病患者的饮食和瘦身食品中常用的甘味料。临床研究还发现，甜菊叶有一定降血压作用，并可降低血糖。综上，这款以柠檬马鞭草、柠檬香茅和甜菊叶为主要茶材的“玲珑消脂茶”，具有迅速分解体内脂肪、消脂塑身的保健功效，从而为女性朋友打造玲珑身材。

健康提示：①过量饮用马鞭草可能会刺激胃部，因此不可大量饮用。②孕妇及低血压者忌服此茶。

塑身美腿茶

纤长的美腿总能吸引人们的眼球，特别是在炎热的夏季，那些“长腿美女们”更是一道靓丽的风景。而对于拥有“大象腿”“萝卜腿”的美眉来说，却害怕夏天的到来，即使天气十分炎热，她们也不敢穿上那凉爽的短裙。为了瘦腿，她们尝试了各种各样的方法，有选择“抽脂减腿”、也有选择“药物瘦腿”，其实，我们身边就有很多的美腿的茶材，可以通过绿色健康的花草茶来达到塑身美腿的效果。

在这方面，马鞭草可谓是诸多茶材里的佼佼者。很多朋友觉得它的名字很陌生，其实，从历史上讲它是一种很了不起的“草”。在过去，一般人认为疾病是受到魔女诅咒的时代里，它常被插在病人的床前，以解除魔咒；在古欧洲，它被视为珍贵的神圣之草，在宗教庆祝的仪式中被赋予和平的象征。如果把它与柠檬草、迷迭香和薄荷叶科学地配伍，将会制出一道清爽的塑身美腿茶。

如果你还在为自己的粗腿烦恼，那么，赶快行动起来，趁着夏天还没到来之前，让这款“塑身美腿茶”帮你打造出细长迷人的美腿。

名称：塑身美腿茶

材料：马鞭草 3 克，柠檬草 3 克，迷迭香 3 克，薄荷叶 3 克。

制作方法：①首先分别将马鞭草、柠檬草、迷迭香、薄荷叶清洗干净，沥干水分；马鞭草揉碎，备用。②取一块干净的纱布，将备好的柠檬草、迷迭香、薄荷叶与马鞭草混合均匀，缝入纱布袋中做成茶包。③将缝好的茶包放入茶壶中，倒入 500 毫升的沸水，加盖闷泡 3~5 分钟至散发出香味后，取出茶包，将茶汤倒入茶杯中即可饮用。此外，可以反复冲泡直至茶味变淡。

保健功效：马鞭草具有活血散瘀、截疟、解毒、提神、平缓情绪、消除呕心、促进消化，利水消肿的功效，特别是它能有效解决下半身水肿的困扰，具有很好的瘦腿效果，特别适合因需长时间坐在办公室而引致腿肿的人饮用。将它与柠檬草和、迷迭香和薄荷叶配伍而成的塑身美腿茶，不仅充分发挥了其自身功效，同样使柠檬草的健胃助消化、利尿解毒、化湿消脂、祛除胃肠胀气等功效得到很好的发挥，再加上同样具有消除胃气胀等功效的迷迭香和能够疏散风热、清利咽喉的薄荷叶，可谓是在茶汤清爽得让人回味无穷之际，轻轻松松实现了塑身美腿的美丽愿望。

健康提示：①孕妇忌饮此茶。②马鞭草、迷迭香都不可过量食用，以免中毒。

车前草陈皮茶

在诸多纤体瘦身茶中，车前草陈皮茶也是一道不错的选择。关于这道茶，顾名思义，以车前草和陈皮为主要茶材。大家恐怕对陈皮已经非常了解了，但对于车前草多半还比较陌生。在此我们详细为大家介绍一下。

车前草又名车轮菜，生长在山野、路旁、花圃、河边等地。关于它名字的由来，还有一个小故事。相传在西汉年间有一位叫马武的将军。一次，他率军队去戍边征战，被敌军围困在一个荒无人烟的地方。时值六月，酷热异常，恰好又遇天旱无雨。由于缺食少水，士兵和战马因饥渴交加，一个个肚子胀得像鼓一般，痛苦不堪，尿像血一样红，小便时刺痛难忍。经军医诊断为尿血症，需要清热利尿的药物治疗。因为无药，大家都束手无策。正在这时，一位名叫张勇的马夫在一天无意间发现他饲养的马都不尿血了，而且精神也大为好转。这一奇怪的现象引起了张勇的注意，他发现马啃食了附近地面上生长的像牛耳形的野草。他猜想大概是马吃了这种草治好了病，于是他拔了一些，煎水一连服了几天，小便恢复了正常，他也用此方治好了全军的士兵和马。因为这种野草是在马车前采集到的，所以就有了“车前草”这个名字。

后来车前草治病的美名广为流传，它也逐渐被人们用来泡茶。而这款车前草陈皮茶将车前草与陈皮、绿茶一起搭配，有着清新的口感和众多的保健作用。如果正打算减肥的朋友，不妨来试一试。

名称：车前草陈皮茶

材料：车前草 2 克，陈皮 3 克，绿茶 3 克。

制作方法：①首先将车前草洗净，沥干水分备用。②将陈皮、车前草、绿茶一同放入干净的茶杯中，倒入 500 毫升的沸水冲泡约 3 分钟。③待茶泡好后，滤出茶渣，留取茶汤，温饮即可。

保健功效：车前草具有清热利尿、凉血解毒的功效，再加上绿茶富含氨基酸、维生素、茶多酚、咖啡碱等物质，对降脂减肥有一定的功效，特别是茶叶中含有的咖啡碱具有提高胃液的分泌量、助消化、提升分解脂肪能力的功效。将它与具有温胃散寒、理气健脾功效的陈皮配伍入茶，可以大大促进肠道消化液的分泌、排除肠道内积气、利水通便、增加食欲。其中，再加入适量的绿茶，可以使绿茶中能够溶解脂肪的芳香族化合物积极发挥作用，从而防止脂肪积滞体内，有助消化与消脂。可见，这款由车前草、陈皮和绿茶科学配伍而成的车前草陈皮茶，相对于每一种单方茶材而言，具有更好的减肥、排毒功效。

健康提示：①气虚体燥、阴虚燥咳、吐血及内有实热者慎服陈皮，有发热、口干、便秘、尿黄等症状者，也不宜食用陈皮。②阳气下陷，肾虚寒、精滑不固及内无湿热者，慎服车前草。③经期女性及孕妇忌服此茶。

山楂茶

小雨从小就喜欢吃肉食，很少吃蔬菜等素食，她也因此长了一身的肥肉，加上个子不高，胖嘟嘟的身体看起来更加的不协调。特别是上大学后，因为父母不在身边也没有人管制她的饮食，于是放肆地吃肉，在大学期间体重由 65 千克直飚到 80 多千克，她看着身边的同学都有了男朋友，而自己依旧是孤单一人，心里很不是滋味，眼看就要大学毕业了，除了感情，还面临着工作的问题。在一次校园招聘会上，一个企业的经理没有看她的简历，就直接拒绝了她，并说明拒绝的理由就是她的身材问题，会影响一个公司的形象。这让小雨深受打击，于是她下定决心必须减肥，可是对于她这种喜欢吃肉而导致的肥胖，比较难减。她试过很多方子，甚至吃了不少减肥药，结果都反弹了。后来在一次电视节目中看到了“山楂茶”这款专门针对食肉者减肥的良方，她欣喜万分，每天坚持饮用，果然在半年后，减掉了 10 多千克肥肉，也没有出现反弹。

如果你也像小雨一样是爱吃肉的胖美眉，那么，这款“山楂茶”就是你的最佳选择了。长期服用，还会获得更多的保健功效。

名称：山楂茶

材料：山楂 5 克。

制作方法：将山楂放入干净的茶杯中，加入 200 毫升的沸水冲泡 5 分钟，温饮即可。(这里的山楂是采用干山楂片冲泡的，如果有新鲜的山楂也可以制作成茶，不过需要用锅煮熟，取新鲜山楂 3 个，洗净切片，放入锅中，加适量清水，以大火煮沸后转小火煮 3 分钟即可。)

保健功效：关于山楂的保健功效前面已经阐述得非常详尽了，但就其减肥瘦身的作用，这里还需要强调一下。山楂中含有丰富的果胶，几乎居所有水果之首。而果胶具有防辐射作用，可以从人体内带走一半的放射性元素(如锶、钴、钯等)。同时，山楂所含的解脂酶不仅能促进脂肪类食物的消化，还有促进胃液分泌和增加胃内酶素等功能。所以这款简单易做的山楂茶特别适合食欲不振和减肥者。同时，此茶还对肉食积滞、胃脘腹痛、瘀血经闭、产后瘀阻、心腹刺痛、疝气疼痛、高脂血等患者也有很好的辅助治疗效果。

健康提示：①山楂一次不宜食用过多，胃酸分泌过多者及脾胃虚弱者慎食。②山楂有破气作用，吃多了会耗气，影响孕妇的健康和胎儿的发育。同时山楂还能加强子宫的收缩，可引起早产或流产，因此孕妇忌食。③山楂茶不宜与人参等补药同时服用。④山楂含有发酸糖类，是强腐蚀剂，能腐蚀牙齿的珐琅质，引起龋齿，加重牙病，因此患有牙病者慎饮此茶。

茉莉香草茶

在现代快餐饮食中，高脂肪、高热量的油腻食物占绝大多数，人们快节奏的生活也给身体增加了不少的负担。特别是青少年热衷于一些亚健康的快餐食物，在学生族中尤为明显，出现肥胖现象的也越来越多。那么，如何获得更健康的生活，让自己摆脱身上的那些赘肉，拥有健美的身材呢?改善饮食就是关键点，减少油腻食物的摄入，多饮用一些绿色健康的消脂饮品，在美食中我们也同样能享受到美丽。

茉莉香草茶，选用纯天然的茉莉花、柠檬马鞭草、薄荷叶打造而成，是解油腻、消脂肪的良方。饭后饮上一杯“茉莉香草茶”，在浓郁的花香中透着清爽的柠檬、薄荷香，饮之让人神清气爽。

名称：茉莉香草茶

材料：干茉莉花蕾 2 克，柠檬马鞭草干品 2 克，干胡椒薄荷叶 2 克。

制作方法：①首先将干茉莉花蕾、柠檬马鞭草干品、干胡椒薄荷叶放入干净的茶杯中。②在杯中倾入适量沸水，加盖闷泡 3~5 分钟，至散发出香味即可。

保健功效：此茶兼顾了茉莉花行气、解郁、利水与柠檬马鞭草解除油腻、利尿减肥的双方功效，再加上胡椒薄荷的清热解毒、排汗功效，可以促进人体排毒，消除水肿，从而达到“纤体瘦身”的效果。

健康提示：①孕妇不宜服用此茶。②柠檬马鞭草不宜过量食用。

双花蜜茶

“为了减肥，我服用了多种药方，试了很多方法，可是依然没有什么效果。更气恼的是因为服用那些减肥药，感觉到肚子有胀气，难受得让人觉得恶心……”这是小芝的陈述，我们身边应该也有不少朋友，类似于小芝这样的情况，经常服用一些减肥药，而引起食欲不振、肚子胀气、恶心等副作用。减肥最重要的前提就是要健康，如果因为刻意地去减肥，而导致身体出现其他不良症状，即使达到一些瘦身的效果，但是给身体带来的却是更大的伤害，得不偿失。因此，我们必须清醒地意识到，用科学、健康的减肥方法实现自己的瘦身目标才最重要。

那么，什么样的方法才是健康的呢?其实很简单，我们身边的许多花草茶就能帮你实现绿色减脂的梦。比如这款“双花蜜茶”就很适合小芝这种情况，茶中的菊花、金银花都有很好的清热解毒功效，再加上山楂消食助消化、蜂蜜润肠通便的作用，可以让你在瘦身的同时，享受更多的保健功效。

名称：双花蜜茶

材料：干菊花 3 朵，金银花 2 克，山楂 2 克，蜂蜜适量。

制作方法：①将菊花、金银花、山楂一同放入干净的茶杯中。②将 300 毫升的沸水倒入杯中冲泡 5 分钟左右，至散发出香味。③待花茶泡好后，加入适量的蜂蜜调味（因为金银花的香味比较浓，有些人不太能接受，所以可以依个人口味酌情增减蜂蜜），并搅拌均匀，温饮即可。

保健功效：此茶将能够利血气、轻身、延年的菊花和同样具有轻身功效的金银花相配伍，同时又科学地加入山楂和蜂蜜，使得全方具有分解脂肪、促进胃液分泌、通便润肠等功效。长期服用，可以达到较好的瘦身效果。

健康提示：孕妇及脾胃虚寒者不宜饮用此茶。

洛神花蜂蜜饮

洛神花有着迷人的芳香和清爽的口感，而最值得一提的是它令人惊叹的艳丽色泽，经过冲泡后的洛神花茶，如同红宝石般璀璨夺目，让人深深地沉醉在其中。对于长期坐在办公室的朋友来说，这道“洛神花蜂蜜饮”绝对是不错的选择，清爽的酸味让你在疲惫的工作环境中瞬间充满活力，而且它减除腰腹上的赘肉堪称是花茶中的一绝，工作之余饮上一杯洛神花茶，让你的生活变得更加美丽多彩。

名称：洛神花蜂蜜饮

材料：洛神花干品 10 克，蜂蜜适量。

制作方法：①将洛神花放入干净的锅中，加入 300 毫升的清水并以中火煮开，3 分钟后熄火，利用余温再浸泡 5 分钟。②过滤掉茶渣后，将茶水倒入干净的杯中，待洛神花茶晾温后加入适量的蜂蜜调味（高温会破坏蜂蜜的营养，所以茶温不能过高），并充分搅拌均匀，即可饮用。

保健功效：除了在脾胃保健方面有很好的功效，洛神花在减肥保健上同样首屈一指。它不仅可以改善人的体质，促进胆汁分泌来分解体内多余脂肪，而且具有补血、利尿、消除水肿、促进人体新陈代谢的功效。将它与蜂蜜搭配入茶，在饭后饮服，可以促进消化、分解体内多余的脂肪，从而达到纤体瘦身的功效，特别是对腰腹部的赘肉消除有明显的效果。更值得一提的是，饮用这款洛神花蜂蜜饮，我们在纤体瘦身之余，还能解除身体的疲倦，改善便秘和皮肤粗糙。

健康提示：肠胃虚寒者及孕妇不宜服用此茶。

绞股蓝乌龙茶

王女士是一位患有高脂血、高血糖的肥胖者，身体健康严重受到威胁。我们都知道，肥胖是加剧血脂和血糖的罪魁祸首，想要拥有健康的身体，她首先面对的就是要减肥。王女士为了减肥，试过各种各样的办法，可是效果始终不太令人满意。后来她无意间得知绞股蓝乌龙茶可以减肥、降血脂、降血糖，于是抱着试一试的态度，连着喝了 3 个月，体重明显下降了。再去医院检查，她的血糖和血脂也降低了许多，整个人都变年轻了许多。直到现在王女士还一直都坚持服用这款“绞股蓝乌龙茶”。

如果你自己或者身边的朋友有类似王女士这样的情况，不妨亲自尝试或推荐一下这款瘦身茶，可以轻松达到理想的减脂瘦身效果。

名称：绞股蓝乌龙茶

材料：绞股蓝 10 克，乌龙茶 2 克。

制作方法：①首先将绞股蓝烘焙去除腥味，研成细末，备用。②然后将绞股蓝粉与乌龙茶一同放入茶杯中，倒入 500 毫升的沸水冲泡 10 分钟，即可饮用。

保健功效：在减肥消脂方面，绞股蓝由于富含总皂甙，可以在提高人体免疫力的同时，有效清除肠、胃、血管壁上的脂质和其他附着物，降低血黏稠度，阻止脂质在血管壁沉积，进而达到降血脂的目的。不仅如此，这种总皂甙还能调节大脑皮质兴奋和抑制反应的平衡，具有通经活络，减肥、健肠胃等功效。除了总皂甙，绞股蓝还含有有机酸物质，能增进胃肠蠕动，促使肠道中有益菌——双歧杆菌的增殖，援助排出体内毒素。正是由于这两种物质的存在，绞股蓝在很多减肥茶中都是首选的成分，其减肥功效更是久负盛名。将绞股蓝与同样能够减肥降脂的乌龙茶搭配在一起，全方的减脂效果尤为显著，特别适合患有“三高”（高血压、高脂血、高血糖）的肥胖者服用，在减去脂肪的同时又实现身体的健康。

健康提示：孕妇不宜饮用此茶。

第三章 抗衰防老茶饮

自古以来，“抗衰老”都是备受人们关注的话题。几乎每个女人都梦想自己能够“永葆青春容颜”。可是，如何才能实现这一梦想呢？选择食用多种滋补药物，还是频繁地做美容？实践证明，这两种常见的方法都不是最佳的，而以天然的健康方式来抗衰老才是既安全又有效的。于是，抗衰防老的茶饮便在人们的保健生活中有了不可替代的一席之地。如果你能够科学地选择并饮用适合自己的抗衰花草茶，远离岁月的魔手将不再是天方夜谭了。

维 C 抗衰老茶

维生素 C 是人体必需的一种营养元素，有着众多的保健作用，特别是对延缓肌肤的衰老有很好的功效。我们都知道，富含维生素 C 的食物很多，其中柠檬就是最佳代表。其酸爽清新的口感，搭配着香醇诱人的玫瑰花，饮之让人食欲大开、神清气爽。

小荷是一位工厂女工，因为经常上夜班，出现了皮肤粗糙、细纹黑眼圈等严重的衰老问题。后来无意间得知了这款“维 C 抗衰老茶”，她每天都坚持饮用，不仅可以在上班时起到提神的作用，而且皮肤出现的各种问题也慢慢地好转。一年多过去了，小荷并没有因为熬夜而加速老化，这其中都是“维 C 抗衰老茶”的功劳。现在在她们工厂里，这款茶已经成了人人必喝的饮品。

如果你正在为自己逐渐出现老化的肌肤愁眉苦脸，不妨饮用这款“维 C 抗衰老茶”。

名称：维 C 抗衰老茶

材料：鲜柠檬 2 片，玫瑰花蕾 5 克，蜂蜜适量。

制作方法：①首先将新鲜的柠檬洗净，切片；玫瑰花用温水冲泡一下，沥干水分，备用。②把洗净的玫瑰花放入茶壶内，倒入 400 毫升的沸水，加盖闷泡 3 分钟，待其散发出香气后放入切好的新鲜柠檬片，继续加盖闷泡 3 分钟。③最后放入适量的蜂蜜调味，搅拌均匀后，倒入茶杯中即可饮用。(因柠檬较酸，不喜欢酸味过重的朋友可以依照自己的口味增加蜂蜜的量。)

保健功效：含有丰富维生素 C 的柠檬与玫瑰花蕾、蜂蜜一同入茶，可以美白润肤、保持皮肤的张力和弹性，养颜去皱，从而起到很好的抗老防衰功效。长期饮用这款维 C 抗衰老茶，你不仅可以拥有年轻态的容颜，而且还能够增强身体的抵抗力。

健康提示：胃酸分泌过多者及肠胃溃疡患者不宜饮用此茶。

茯苓蜂蜜饮

茯苓是一味珍贵的中药材，自古就被视为“中药八珍”之一，它在我国医学史上有着悠久的药用历史，许多药方中都能见到茯苓的身影。其实，除了药用以外，茯苓还是很好的茶饮材料。因其独特的保健功效，近年来，开始在茶饮中流行起来，特别是这款具有抗老防衰功效的“茯苓蜂蜜饮”，深受广大女性的青睐。味甘性平的茯苓加入甜蜜香浓的蜂蜜，在口感上得到大大的提升，饮之入口即化的甘美香甜，令人难以忘怀。

名称：茯苓蜂蜜饮

材料：茯苓 2 克，蜂蜜 1 勺（可依据个人口味酌情增减）。

制作方法：①首先将茯苓放入干净的茶杯中。②然后将 200 毫升的沸水倒入杯中，冲泡 8 分钟左右。③待茶变温后，放入蜂蜜调味（过高的水温将破坏蜂蜜中的营养成分，因此需要等到茶变温后才可调入蜂蜜），并充分搅拌均匀，即可饮用。

保健功效：茯苓营养丰富，含茯苓多糖、葡萄糖、蛋白质、氨基酸、有机酸、脂肪、卵磷脂、腺嘌呤、胆碱、麦角甾醇、多种酶和钾盐等多种成分。它具有补气抗衰、健脾和胃、安神宁心的功效，能增强机体免疫功能。此外，茯苓还有很好的利尿效果，能增加尿中钾、钠、氯等电解质的排出，排除毒素；对保护肝脏、抑制溃疡的发生有一定的效果，有降血糖、抗放射等作用。茯苓多糖有明显的抗肿瘤作用。而在茯苓中调入蜂蜜，制成这款茯苓蜂蜜饮，不仅是补充身体营养元素的不错之选，更是抗衰养颜的美味之选。

健康提示：①阴虚而无湿热、虚寒精滑、气虚下陷者慎服此茶。②痰湿内蕴、脾虚泄泻、中满痞胀及大便不实者不宜服用蜂蜜。③蜂蜜不宜与孜然、豆腐、韭菜、葱同食。

玫瑰乌龙茶

玫瑰在各种花茶饮品中出现的概率极高，除了它诱人的芳香和色泽以外，最主要的是它拥有的多种保健功效，抗衰老就是其中的一大典型功效。与之类似，乌龙茶也是一种抗衰老的茶材。在 1983 年，福建省中医药研究所进行了抗衰老试验，他们分别给两组动物加喂乌龙茶和维生素 E，动物的肝脏内脂质过氧化均明显减少，这说明乌龙茶和维生素 E 一样有抗衰老功效。更有诗歌赞美道："安溪芳若铁观音，益寿延年六根清。新选名茶黄金桂，堪称妙药保丹心。久服千朝姿容美，能疗百病体态轻。"

正因如此，将玫瑰花与乌龙茶搭配在一起泡制而成的"玫瑰乌龙茶"，便是很好的抗老防衰饮品。在周末的休闲时光，品上一杯香气馥雅的玫瑰乌龙茶，让身心得到完全的放松，让岁月停下前进的脚步。

名称：玫瑰乌龙茶

材料：玫瑰花 3 朵，乌龙茶 3 克。

制作方法：①首先将玫瑰花、乌龙茶一同放入干净的茶杯中。②然后将 300 毫升的沸水倒入杯中，加盖闷泡 3 分钟至散发出花茶香气，温饮即可。

保健功效：除了前面阐述过的保健功效，玫瑰花更是很好的美容养颜品。它能够排除身体毒素、调理气血、促进血液循环、调经活络、防皱纹，对抗老防衰有很重要的作用。此外，药性温和的玫瑰花还具有从内部彻底调理容颜的健康与美丽的功效。将它与富含多种有机化学成分和无机矿物元素的乌龙茶配伍入茶，抗衰防老的效果更加显著，长期饮用，可以让你拥有年轻的容颜。

健康提示：孕妇忌饮此茶；此茶温服最佳，变凉后不宜饮用。

迷迭香草茶

除了随着时间的流逝人体会出现衰老现象，不当的生活习惯、饮食习惯等也会加速人体的老化进程，特别是过度用脑容易引起细胞的衰老，内分泌的失调，出现各种生理、心理问题，加速老化。而现在用脑力劳动几乎成了普遍的现象，工作、生活各方面的压力都让人开始迈向衰老。为此，针对用脑过度者，在这里介绍这款“迷迭香草茶”，让你在提神解压的同时，又达到抗老防衰的功效。

名称：迷迭香草茶

材料：迷迭香2克，干玫瑰花蕾8朵，柠檬香茅2克，柠檬罗勒2克。

制作方法：①首先将迷迭香、柠檬香茅、柠檬罗勒剪成小段，备用。②然后将剪好的迷迭香、柠檬香茅、柠檬罗勒与干玫瑰花蕾一同放入干净的茶壶中，冲入1000毫升的沸水，加盖闷泡3分钟至散发出清新的香气。③最后滤出花茶渣，留取茶汁，倒入茶杯中即可饮用。

保健功效：迷迭香具有很强的抗氧化性，对防止皱纹、减缓衰老有一定的作用。而且迷迭香的美肤功效，可以帮助清洁毛囊和皮肤深层，并能够让毛孔更细小，让皮肤看起来更细腻更平整，有紧实皮肤的功效，从而减缓肌肤衰老的问题，让人保持年轻的容颜。而玫瑰花能有效排除体内的毒素、调理气血、促进血液循环、调经活络、促进新陈代谢、防止皱纹，也是抗老防衰的重要食材。两者与保健功能广泛的柠檬香茅、柠檬罗勒相配伍而成的“迷迭香草茶”，可以得到更加显著的缓解衰老功效。

健康提示：孕妇慎服此茶。

玲珑保健茶

对于每一个女人来说，“更年期”是不可避免的阶段，这也是令所有人惧怕的一个时期。当更年期来临，也就意味着你的衰老程度在加速，特别是在更年期间引发的各种病状，更易加速人体的老化。想要延缓衰老，我们可以通过健康的饮食来调理，这款“玲珑保健茶”就是不错的“更年茶饮”，即使面对更年期的到来，我们依旧可以保持愉悦、轻松的心情，保持年轻的容姿。

名称：玲珑保健茶

材料：迷迭香 5 克，百里香 3 克，鼠尾草 3 克，苹果半个，橙汁 100 毫升。

制作方法：①首先将苹果清洗干净，切成小丁备用。②然后将迷迭香、鼠尾草、百里香一同放入干净的茶壶中，冲入 500 毫升的沸水，加盖闷泡约 3 分钟。③最后加入切好的苹果丁和橙汁，搅拌均匀，静置 2 分钟后即可倒入茶杯中饮用。

保健功效：迷迭香的抗衰功效我们前面已经阐述过，这里再来看看其他抗衰的茶材。百里香对活化脑细胞，提升记忆力及注意力，抗沮丧及抚慰心灵创伤有较好疗效，可以改善消化系统防止妇科疾病，促进血液循环，增强免疫力，减轻神经性疼痛等。苹果、橙汁含有丰富的营养物质，特别是它们富含的维生素有很好的抗老防衰作用。上述茶材与抗衰“高手”迷迭香配伍而成的玲珑保健茶，能够延缓衰老，让我们拥有年轻的容颜；能够有效安抚躁动的情绪，让我们拥有愉快的心情。此外，此茶还能够缓解更年期的各种病症，是更年期女性的一大福音。

健康提示：妇女哺乳期及高血压患者不宜饮用此茶。

绿茶玫瑰饮

氧化是肌肤衰老的天敌，而强烈的日晒、恶劣的环境、体内的循环不畅、电脑的辐射等，都是身体产生氧化的“罪魁祸首”。在肌肤面临氧化的反应中，会产生一种有害化合物——自由基，它的强氧化性会损害机体的组织和细胞，进而引起衰老。自由基对肌肤的损害时刻都在发生，肌肤氧化也在随时威胁着我们美丽的容颜。

所以，我们就需要抗氧化、扫除自由基，改善机体的组织和细胞，这是实现抗衰防老的关键。据有关部门研究证明：1 毫克的茶多酚清除对人机体有害的过量自由基的效能相当于 9 微克超氧化物歧化酶，大大高于其他同类物质，它的抗衰老效果要比维生素 E 强 18 倍。特别是茶多酚与维生素 B、维生素 E 等配合，能起到补充水分、紧实肌肤等作用，缓解肌肤的衰老。而这款“玫瑰绿茶”就是将绿茶和富含维生素 C 和维生素 E 的玫瑰花配伍入茶，解救那些正面临肌肤氧化者的良方。特别是坐在办公室的电脑族们，工作之余赶紧来一杯玫瑰绿茶吧，舒缓一天的疲劳，给肌肤补充足够的能量。长期坚持饮用，防衰效果更佳。

名称：绿茶玫瑰饮

材料：绿茶 6 克，玫瑰花瓣 3 克。

制作方法：①首先将玫瑰花瓣和绿茶一同放入干净的茶杯中。②然后将 300 毫升的沸水倒入杯中，冲泡 5 分钟左右，至散发出花、茶的清香时即可饮用。

保健功效：具有排毒养颜、去皱防衰功效的玫瑰花与绿茶配伍入茶，富含抗氧化成分，可以有效清除引起人体衰老的自由基，同时也能够从内在调理人体气血循环，从而达到由内到外双重抗衰防老的功效。

健康提示：绿茶叶绿素含量高，对肠胃刺激较大，因此有胃病的患者不宜多饮。

灵芝枸杞茶

灵芝自古以来就被认为是吉祥、富贵、美好、长寿的象征，有“仙草”“瑞草”之誉。中华传统医学长期以来一直将其视为滋补强壮、固本扶正的珍贵中草药。现代医学研究也表明：服用灵芝能促进免疫细胞因子产生，提高机体免疫力，降低患病的可能性；增强白细胞活性达到杀死肿瘤细胞能力、防癌、抗辐射、保肝解毒、改善肝功能；降低及稳定血糖，对治疗冠心病、高脂血有较好疗效。

其实，除了防病治病的保健功效外，在我国灵芝入茶也有悠久的历史了，皇家贵族尤为喜爱。那时，灵芝茶甚至成了身份等级的象征，对于一般的平民百姓来说，是可望而不可即。而到了现在，灵芝茶已成为一种流行的趋势。

例如，每天饮上一杯灵芝枸杞茶，不仅是味觉上的享受，而且它的抗衰老功效，也为这个“亚健康”的时代带来了更多的健康。

名称：灵芝枸杞茶

材料：灵芝 3~4 片，枸杞 6 粒。

制作方法：①首先将枸杞清洗干净，沥干水分备用。②然后把灵芝与洗净的枸杞一同放入茶杯中，倒入 300 毫升的沸水，冲泡 10 分钟，即可饮用。

保健功效：灵芝有极高的营养价值和药用功效，尤其是其抗老防衰功效十分显著。一方面，灵芝所含的多糖、多肽等成分，能够调节代谢平衡、抗自由基，还能显著促进细胞核内 DNA 的合成能力、增加细胞的分裂代数，所以具有非常显著的延缓衰老功效。同时，它还可改善微循环、清除皮肤色素、提高身体机能、保持年轻态，使人容光焕发，青春长驻。另一方面，灵芝是改善失眠、提高睡眠质量的绝佳食材，能“安神”“增智慧”“不忘”，对神经衰弱、失眠有显著效果，能有效调节中枢神经系统，镇静安神作用明显，而这些功效都有助于延缓人体衰老的进程。它与具有同样具有养颜抗衰功效的枸杞一同入茶，能有效地补血养颜、抗衰防老。

健康提示：灵芝中含有一种叫“腺苷”的成分，具有防止血液凝固的作用。因此，需要手术的患者在手术前、后几天应停用灵芝，以免增加手术后出血的概率或影响伤口的愈合。

玫瑰香橙茶

玫瑰香橙茶是一道色泽诱人、口感清爽、营养丰富的“花果茶”，集花与水果的芳香，滑爽中带有酸甜的味道，饮之让人得到身心的彻底放松。对于久居都市的人们来说，在忙碌过后，品上这样一道令人回味的茶饮，确是一种享受。这道“玫瑰香橙茶”特别是对广大的女性朋友来说，是不可多得的抗衰茶饮。

名称：玫瑰香橙茶

材料：干玫瑰花蕾 4 朵，脐橙 2 片。

制作方法：①首先将脐橙切片，取出果肉，备用。②然后将脐橙果肉与干玫瑰花蕾一同放入茶杯中，倒入 300 毫升的沸水冲泡 5 分钟左右，至玫瑰花散发出香气。③最后将沉淀的脐橙果肉搅拌均匀，温饮即可。

保健功效：脐橙营养丰富，含氨基酸、多种维生素、胡萝卜素、糖分及钙、钾、铁、磷等微量元素，能补充人体所需的各种营养成分，维生素对补充肌肤水分、增加皮肤弹性与光泽，防止皱纹有很好的效果。其中钾元素的含量很高，能有效维持体内的酸碱值，可增强体力、舒缓疲劳，有效提高身体抗老化的能力。将脐橙为辅助茶材，与具有调经活络、抗皱防衰、养颜美容作用的玫瑰花一同入茶，具有很好的抗衰老功效，长期饮用可保持傲人的年轻态。

健康提示：①糖尿病患者忌食脐橙。②在喝牛奶前后的 1 小时不宜食用橙子，以防止橙子中酸性物质与牛奶中蛋白质发生反应，造成消化困难和营养成分浪费。

柠檬草蜜茶

柠檬草是一种芳香植物，有着沁人心脾的清香。在许多花草茶饮中都可以看到它的身影，深受人们的青睐。柠檬草茶与不同的花草材料搭配在一起，有着不同的口感与功效。而这款“柠檬草蜜茶”，将柠檬草与蜂蜜结合泡饮，清新怡人的茶香、清淡爽滑的口感让人饮后精神焕发、充满年轻活力。许多办公室的白领丽人，尤为钟爱此茶，在紧张的氛围中获得这一刻的轻松享受，让人拥有更持久的年轻态。

名称：柠檬草蜜茶

材料：柠檬草 5 克，蜂蜜适量。

制作方法：①首先用热水将茶杯温热，然后将其沥干。②把柠檬草放入温热过的茶杯中，倒入 500 毫升的沸水，冲泡 3 分钟至散发出柠檬草香。③待柠檬草泡好茶水变温后，加入适量蜂蜜调味，并充分搅拌均匀，即可饮用。（注意蜂蜜不能过早放入，水温太高，会破坏蜂蜜的营养成分，以 35℃左右的水温为佳。）

保健功效：在抗衰防老方面，柠檬草对去除细纹、改善肤色、促进肌肤年轻化有很大的帮助。其与蜂蜜搭配入茶，具有更好的滋养、润燥、排毒养颜、延缓衰老、提高人体免疫力的功效。不仅如此，长期饮用此茶，还能够有效地缓解疲劳、振作精神。

健康提示：孕妇不宜饮用此茶。

第四章 保持年轻活力茶饮

有人说：活力是生命的创造力。没错，保持年轻活力的状态，不仅可以让人看起来健康乐观，而且更加的美丽动人。但是，随着年龄的增长，人们总是在不知不觉中逐渐失去活力。特别是面临着生活、工作、社会等多方面的压力与挑战时，想保持年轻活力似乎变得难上加难。为此，我们为大家介绍一些可以让人充满活力、激发身体能量的花草茶饮，从而使朋友们每天都能活出轻松、快乐与健康。

迷迭香蜂蜜茶

孙淼是全公司出了名的工作狂，同时她也是全公司出了名的迷糊虫。究其原因，就是每天拼命工作，精力严重不够用。一天 10 几个小时的长时间工作，让她觉得浑身疲惫不堪。而第二天一早再早起上班，一上午多半都迷迷糊糊。有时赶上周末也加班的时候，简直就是腾云驾雾。为此，她试过咖啡、去过健身房，但结果往往是雪上加霜，令整个人更加疲惫。后来男朋友出于心痛，托人给她问了补充精力的秘方——迷迭香蜂蜜茶。每天抽空喝上一杯，补水、补养，更补年轻活力。

可见，迷迭香加入适量的蜂蜜来泡茶服用，是增强年轻活力的不错选择，尤其是清晨上班之前饮一杯迷迭香茶，让你一天充满精气神，活力无限。

名称：迷迭香蜂蜜茶

材料：迷迭香 5 克，蜂蜜适量。

制作方法：①将迷迭香放入干净的茶杯中，倒入 300 毫升的沸水，加盖冲泡5分钟至散发出香气。②待茶泡好后，加入适量的蜂蜜调味，搅拌均匀后即可饮用。

保健功效：迷迭香茶拥有能令人头脑清醒的香味，能恢复脑部疲劳，增强记忆力，可改善头痛，具有提神减压的作用。迷迭香对改善语言、视觉、听力方面的障碍，增强注意力等都有很好的效果，可治疗风湿痛、强化肝脏功能、降低血糖，有助于动脉硬化的治疗，帮助麻痹的四肢恢复活力。在疲惫时饮用一杯迷迭香茶，可以令你神清气爽、精力充沛、充满活力。

健康提示：①孕妇不宜饮用此茶。②迷迭香虽然拥有增强记忆力的强大功效，但是不可过量的食用迷迭香，注意每次的用量要适当。

茉莉薄荷茶

茉莉薄荷茶是当下十分流行的一道舒压解郁茶。芳香浓郁的茉莉花，配以沁人心脾的清爽薄荷叶和柠檬马鞭草，在温润的口感中，流露着一阵阵的清凉冰爽，饮之让人回味无穷。许多办公室的白领丽人都钟爱于这款茉莉薄荷茶。特别是经常加班的朋友，此茶是常备的饮品之一。

名称：茉莉薄荷茶

材料：茉莉花3朵，薄荷2克，柠檬马鞭草2克，蜂蜜适量。

制作方法：①将茉莉花、薄荷、柠檬马鞭草放入干净的茶杯中，倒入300毫升的沸水，加盖冲泡5分钟至散发出清新的芳香。②待茶泡好晾温后，加入适量的蜂蜜调味，搅拌均匀即可饮用。

保健功效：茉莉花能解郁散结。薄荷能刺激中枢神经，对味觉神经和嗅觉神经有兴奋的作用，具有提神解郁、缓解感冒头痛、开胃助消化、消除胃胀气，缓和胃部疼痛等功效。两者与可安神舒压的柠檬马鞭草配伍入茶，再加入适量的蜂蜜，使这款茉莉薄荷茶有着独特的清新提神、消除疲劳、缓解压力、保持活力等功效，经常饮用可保持年轻活力。

健康提示：①阴虚血燥体质，或汗多表虚者忌食薄荷。②脾胃虚寒，腹泻便溏者也不可多食久食。

菩提甘菊茶

菩提甘菊茶是一道安神舒压的花茶饮品，在广大的中老年人群中备受青睐。赵阿姨如今已年近五十，可是在她充满活力的身体上却看不出丝毫衰老的迹象，她身边的同龄朋友也都一个个充满年轻活力，经询问得知，原来她们的法宝不只是我们常说的每天保持乐观积极的心态、适当的身体锻炼，更关键的是坚持饮用这款“菩提甘菊茶”。赵阿姨说自己饮用这款茶已有十几个年头了，这也是让她一直保持着如此年轻姿态的秘方。

你或许会猜想：这么管用的菩提甘菊茶，会不会很难做呢？其实，恰恰相反。它以菩提叶和洋甘菊为茶材，只需简单冲泡便可。下面，我们就为你详细介绍一下吧。

名称：菩提甘菊茶

材料：菩提叶 5 克，洋甘菊 5 克。

制作方法：①将菩提叶、洋甘菊一同放入干净的茶杯中。②取 300 毫升的沸水倒入杯中，加盖冲泡 5 分钟至散发出香气，温饮即可。

保健功效：良好的睡眠质量是充满年轻活力的前提。而这款菩提甘菊茶具有安神镇静、缓解疲劳、舒缓情绪的功效，常饮有助于提高睡眠质量，让人获得更多的年轻活力。

健康提示：孕妇忌饮此茶。

罗汉果绿茶

焦鹏是某公司的产品专员，每天在客户间跑来跑去，而且还要大费口舌地为对方讲述产品的概括、特性等。虽然这份工作是高薪，但非常辛苦，一年多下来，他原本 70 千克的体重，现在剩下不足 60 千克了。而且因为说话较多，经常累得口干舌燥且嗓子嘶哑。他几乎每天下班到家都会央求妻子说：“亲爱的，累死我了，辛苦你来做饭吧？”起初妻子以为他是为了逃避做饭，后来渐渐发现他真的是精疲力竭，经常还没有开饭一个人就酣睡在沙发上了，而且晚上想与他讨论些家里的什么事情，他明显没有什么精神。为此，妻子想尽办法给他“补”。变换了好多方式，焦鹏对妻子为他泡的罗汉果绿茶却情有独钟。用他自己的话说，“喝了这茶，不仅嗓子清爽了许多，整个人都有精神了。”

其实，焦鹏的切身体会正是罗汉果与绿茶相配伍的神奇功效。众所周知，罗汉果是药食两用的名贵中药材，许多疾病的治疗上都会用到它。我们在日常生活中也经常可以见到罗汉果被人们用来泡茶、熬粥或炖汤。特别是将其泡茶饮用，保健功效甚佳。它与绿茶搭配在一起，茶汁香气浓郁，清润甘甜，尤其是在夏季饮上一杯清凉的罗汉果绿茶，整个人都变得清爽、充满活力。

名称：罗汉果绿茶

材料：罗汉果半个，绿茶 6 克。

制作方法：①将罗汉果掰成两半，取其中的一半与绿茶一同放入干净的茶杯中。②然后将 500 毫升的沸水倒入杯中，加盖冲泡 5 分钟左右，温饮即可。

保健功效：罗汉果与绿茶的搭配，可以为人体补充丰富的维生素 C 等营养素，同时还能生津止渴、清喉润喉、舒压醒脑，是驻颜悦色、美声护嗓、保持年轻活力的很好茶饮。

健康提示：孕妇不宜饮用此茶。

五味子绿茶

五味子，因其有辛、甘、酸、苦、咸五种味道而得名，是一种五行相生的中药材。五味子用来泡茶，已有悠久的历史，不仅在我国，在日本、韩国等地也十分流行。独特口味的五味子，用开水冲泡后，五种味道散发在茶中，饮之让人难以忘怀。许多年轻的朋友经常用此茶来增强体力，比如在运动或进行体力劳动前后都可以饮上一杯五味子绿茶来补充能量，增加自己的活力。

名称：五味子绿茶

材料：五味子 5 克，绿茶 5 克，蜂蜜适量。

制作方法：①首先将五味子与绿茶一同放入干净的茶杯中。②然后将

300 毫升的沸水倒入杯中，加盖冲泡 5 分钟。③最后待茶变温后，加入适量的蜂蜜调味，并充分搅拌均匀，即可饮用。

保健功效：五味子含有丰富的有机酸、维生素、类黄酮、植物固醇及有强效复原作用的木酚素（如五味子醇甲、五味子乙素或五味子脂素等），能益气强肝、增进细胞排除废物的效率、供应更多氧气、提高记忆力、促进反应能力、加强精神的集中力、并增强思维清晰，是很好的强身补气、提神健脑食品。正因如此，五味子经常被用于治疗忧郁症、改善烦躁和健忘等状况。此外，五味子还能增强耐力与力气并加速体力复原；是最有效的植物适应剂之一，能增进智能、体能和感官机能，并增强对压力的阻抗力。研究报告显示，五味子常被用作抗老化和益气的补剂。将五味子与富含咖啡碱的绿茶搭配泡饮，对消除疲劳、增强活力有很好的功效，常饮还可以让你保持年轻态，拥有更美丽健康的容颜。

健康提示：外有表邪、内有实热或咳嗽初起、麻疹初发者及孕妇禁服此茶。

莲子心茶

莲子心就是莲子中间青绿色的胚芽，味道极苦，但却具有很好的药用功效。古语有云："良药苦口"，这莲子心就是一个典型的"良药"代表。自古以来，人们就用莲子心泡茶饮用。据史料记载，清代乾隆皇帝每到避暑山庄总要用荷叶露珠泡制莲子心茶，以养心益智，调整元气，清心火与解除体内毒素。这也是他一直保持着健康体魄，充满年轻活力的重要因素之一。

当你疲惫、烦躁时，来一杯莲子心茶，可以有效缓解内心的烦恼、去除心火，让自己拥有好心情。

名称：莲子心茶

材料：莲子心 4 克，甘草 4 克，蜂蜜适量。

制作方法：①将莲子心与甘草一同放入干净的茶杯中，加入 300 毫升的沸水，加盖冲泡 10 分钟。②待茶泡好后，加入适量的蜂蜜调味，并充分搅拌均匀，即可饮用。（因为莲子心味道较苦，所以蜂蜜可以依据个人口味酌情增减。）

保健功效：莲子富含钙、磷和钾等矿物质元素，能有效促进凝血，使某些酶活化，维持神经传导性，镇静神经，维持肌肉的伸缩性和心跳的节律等作用。丰富的磷还是细胞核蛋白的主要组成部分，能帮助机体进行蛋白质、脂肪、糖类代谢，并维持体内的酸碱平衡。莲子还有很好的养心安神功效，对健脑，提升记忆力与工作效率，预防老年痴呆的发生有一定作用。用莲子心泡茶具有清心去热、涩精、止血、止渴、宁神除烦等功效，可治疗心衰、休克、阳痿、心烦、口渴、吐血、目赤、肿痛等病症。莲子心茶是很好的清心火、平肝火、泻脾火、降肺火的饮品。此外，莲子心泡茶饮用，还可以治疗便秘，对减肥有一定的帮助。再加上具有和中益气、舒缓情志的甘草，这款“莲子心茶”能有效解忧除烦、清心安神、帮助睡眠，为人体积蓄能量，让你整个人都充满活力。

健康提示：①孕妇不宜饮用此茶。②湿阻中满、呕恶及水肿胀满者禁服甘草。

素馨花玫瑰茶

素馨花别名耶悉茗、野悉蜜、玉芙蓉、素馨针，以素雅馨香之美深受人们的青睐，并且有着“花香之王”“美容花”“解郁花”等多种美誉之称。在巴基斯坦，素馨花被尊为国花，随处可见的小白花芳香扑鼻，闻之令人神清气爽，有着愉悦轻松的心情。此外，素馨花在古代还常作为妇女的头饰。

关于素馨花的来历，有一个非常感人的传说。一千多年前的南汉时期，有一个名为庄头村的地方，是南汉王的离宫。当时村里有个叫素馨的姑娘，长得非常漂亮。她从小偏爱耶悉铭。其时正值南汉王刘垄登基，广招天下美女，素馨姑娘被选入宫中，深得皇帝喜爱。于是皇帝下令皇家花园全部都种上了耶悉铭。后来，素馨在宫中老死，皇帝很怀念她，在埋葬她的花园里种满了耶悉铭花。南汉王朝结束后，庄头村的村民们将素馨的尸骨迎回安葬。三天之后，人们惊奇地发现素馨的坟头长满了一簇簇洁白的耶悉铭。为了纪念素馨估量，人们将耶悉铭改名为素馨花。

我们将素馨花与各种不同的茶材搭配泡饮，可以得到不同的保健功效。例如，这款素馨花玫瑰茶可以让人沉醉在浓郁芬芳的花香同时，充满活力，并拥有一个好心情。如果你也想拥有充满活力的一天，那就从素馨花玫瑰茶开始吧。

名称：素馨花玫瑰茶

材料：干玫瑰花蕾 5 克，素馨花 5 克，蜂蜜适量。

制作方法：①首先将干玫瑰花蕾和素馨花放入茶壶内，用温水冲洗一遍。②然后倒入 400 毫升的沸水，加盖冲泡 5 分钟至散发出诱人的芳香。③最后将茶汤过滤，加入适量的蜂蜜调味，搅拌均匀后即可饮用。

保健功效：素馨花味辛、甘，性平。花中主要含有乙酸苄酯、芳樟醇、茉莉酮等成分的挥发油，有疏肝解郁、理气止痛、清热散结之功效，可以帮助肝脏排解不良情绪因素，对肝郁气滞、胁肋胀痛、脾胃气滞、脘腹胀痛及泻痢腹痛有很好的疗效。它与能够改善体质、消除疲劳的玫瑰配伍入茶，制成“素馨花玫瑰茶”，特别适合在心情郁闷、食欲不振时饮用，而且在疏肝解郁的同时，还能理气活血，让整个人都充满年轻的活力。

健康提示：孕妇慎饮此茶。

陈皮提神茶

陈皮是一道很好的泡茶材料，在日常生活中也随处可见。刘女士就十分迷恋“陈皮”，每逢秋季橘子收获的季节，她都会把新鲜的橘皮用水清洗干净，然后晒干或烘干，做成陈皮，用来泡茶饮用，特别是困乏的时候，总会饮上一杯陈皮茶来提神。后来经朋友介绍，在陈皮中再加入适量的甜菊叶，提神舒压的效果会更好。于是她尝试着饮用这款新式的“陈皮提神茶”，果然比之前单独泡饮陈皮的效果要明显，而且口感也变得好了，甜菊叶的香甜减少了陈皮的苦味，喝起来，更让人觉得更加的神清气爽。如此有效的提神活力茶，不仅制作起来十分的简便，而且成本也很低，可谓是质高价低的首选茶饮，疲倦时品上一杯“陈皮提神茶”，让自己瞬间充满活力。

名称：陈皮提神茶

材料：陈皮 5 克，甜菊叶 3 克。

制作方法：①首先将陈皮和甜菊叶一同放入干净的茶杯中。②取 300 毫升的沸水倒入茶杯中，加盖冲泡 5 分钟，温饮即可。

保健功效：这款陈皮与甜菊叶配伍而成的“陈皮提神茶”，可以很好地缓解困乏、消除疲劳、养阴生津、促进人体新陈代谢，从而起到提神、舒缓神经的良好功效，为身体增加年轻活力。

健康提示：气虚体燥、阴虚燥咳、吐血及内有实热者不宜饮用此茶。

西洋参枸杞茶

大家都知道冬季是进补的最佳时节，民间更有“今年冬令进补，明年三春打虎”之说。其实在其他的季节，进补也很重要，当然夏季也包括在内。进补可以分为三种，即滋补、清补、平补。对于冬季来说，滋补是主要的，而夏季则适合清补。夏天气候炎热，人体易为暑热所侵犯，出现情绪暴躁容易发火、口干舌燥食欲不振、浑身没劲总犯困等症状，此时服用西洋参之类的清补品就有很好的“降火清凉”的功效。在西洋参中加入一些养颜补血的枸杞，这款“西洋参枸杞茶”让你在烦闷的夏季照样可以拥有充满年轻活力的精神气。

名称：西洋参枸杞茶

材料：西洋参 5 克，枸杞 5 克。

制作方法：①首先将西洋参切成薄片，枸杞洗净沥干水分。②然后将切片的西洋参和枸杞一同放入干净的茶杯中，倒入 300 毫升的沸水，加盖冲泡 5 分钟，待茶温后即可饮用。

保健功效：它可以为你消除疲劳，增强记忆力与身体抵抗力，尤其是对于久病、劳累过度所引起的身体虚弱、元气损伤、营养不足，以及各种出血、贫血、头晕头痛、神经衰弱、精神不振、腰酸背痛等虚弱性病症有很好的效果，从而迅速补充体力，恢复身体健康。

健康提示：虽然此茶选用了滋补效果极佳的西洋参和枸杞为原料，但并不是所有的人都适合饮用。例如，肢冷、腹泻、胃有寒湿、脾阳虚弱、舌苔腻浊等阳虚体质者，就不宜饮用这款西洋参枸杞茶。

薰衣草茉莉茶

近年来，薰衣草茉莉茶深受白领丽人的青睐，在办公室里漫溢着薰衣草的浪漫与茉莉的浓郁芳香，让人一天都充满着年轻活力。薰衣草和茉莉花作为茶饮已有悠久的历史，但是将二者搭配在一起泡制却是一种新式的花茶，不仅在口感上有独特的风味，而且在功效上也有更多的提升。如果你正在因为工作、生活的压力和烦恼而郁郁不欢，不如来一杯“薰衣草茉莉茶”缓解这焦虑烦闷的心情，给自己一个轻松的空间。

名称：薰衣草茉莉茶

材料：薰衣草5克，茉莉花5克，蜂蜜适量。

制作方法：①首先将薰衣草和茉莉花一同放入干净的茶杯中。②然后将300毫升的沸水倒入杯中，加盖闷泡5分钟至散发出香气。③最后待茶汁变温后，加入适量的蜂蜜调味，并搅拌均匀至充分溶解，即可饮用。

保健功效：在充沛精力方面，薰衣草清香怡人，具有缓解神经、怡情养性、宁神镇静、放松身躯、呵护安抚情绪及增强记忆等多种神奇功效。而茉莉花有安定情绪、平肝解郁的功效，加上蜂蜜补充体力、消除疲劳、增强活力的作用，这款“薰衣草茉莉茶”能很好地缓解疲劳、舒缓情绪，让人拥有好心情。

健康提示：①低血压患者请适量饮用此茶，以免反应迟钝想要睡觉。②薰衣草有痛经作用，因此怀孕初期的妇女也不宜服用此茶。

菊普活力茶

菊普活力茶，从字面上就可以得知是一款让人精力充沛的活力茶饮。小佳是一位典型的白领，每天坐在办公室的电脑前处理文件、资料，每到下午就感到眼睛疲劳睁不开，整个人也是晕乎乎的，精力完全不能集中。她还因此在工作上出了几次纰漏，使公司财务报表的数据出现了错误，差点给公司带来了巨大的损失，这更让她感到压力，每天上班都是神经绷得紧紧的，一丝也不敢怠慢，最后引起了严重的头痛乏力等症。后来得知这款“菊普活力茶”，就是针对她这种状况而量身打造的，于是就去药房买了一些材料每天坚持饮用，效果还真的挺好，小佳现在上班整个人都觉着轻松愉悦了，即使到了下午也充满了活力。

你是不是也和小佳一样呢，有时会因为那些烦闷的工作而让你感到头晕脑涨？那就试一试这款“菊普活力茶”，给自己补充一些活力的能量。

名称：菊普活力茶

材料：菊花3克，罗汉果半个，普洱茶3克。

制作方法：①首先将罗汉果分成两等分，取其中一半，与菊花、普洱茶一同放入茶杯中。②然后将300毫升的沸水倒入杯中，加盖闷泡10分钟，即可饮用。

保健功效：菊花与罗汉果、普洱茶一起搭配而成的这款菊普活力茶，不仅能够提神醒脑、缓解疲劳、增强耐力，而且还可以有效治疗头晕眼花、精神不佳等，从而为身体带来足够的活力。

健康提示：肠胃虚寒者及孕妇不宜饮用此茶。

薄荷醒脑茶

薄荷醒脑茶，有着沁人心脾的清爽口感，其味道就足以让人精神振奋，是一款很好的办公室活力茶，特别是对于熬夜的加班族们来说，薄荷醒脑茶是再适合不过的了。据说，在国外某公司，几乎所有的员工每天饮用两杯薄荷醒脑茶，以时刻保持着充沛的活力，这也让这家公司的工作效率很高，在行业内的口碑极佳。

没有想到吧，一杯小小的薄荷醒脑茶，却有着如此大的功劳。它神奇的效果是不容小觑的，当你熬夜筋疲力尽、昏昏欲睡时，泡一杯薄荷茶，给自己注入新的活力元素，从而充满“战斗力”。

名称：薄荷醒脑茶

材料：薄荷叶3克，绿茶4克，蜂蜜适量。

制作方法：①首先将薄荷叶清洗干净，沥干水分备用。②然后将备好的薄荷叶与绿茶一同放入茶杯中，加入300毫升的沸水，加盖冲泡5分钟。③最后待茶温后，加入适量的蜂蜜调味，并搅拌均匀至充分溶解，即可饮用。

保健功效：这款清新的薄荷醒脑茶不仅能够让人迅速提起精神、头脑清醒、提高工作效率，还可以减轻头痛、偏头痛和牙痛等症。

健康提示：①孕妇不宜饮用此茶。②阴虚血燥体质，或汗多表虚者忌食薄荷；脾胃虚寒，腹泻便溏者也不可多食久食。